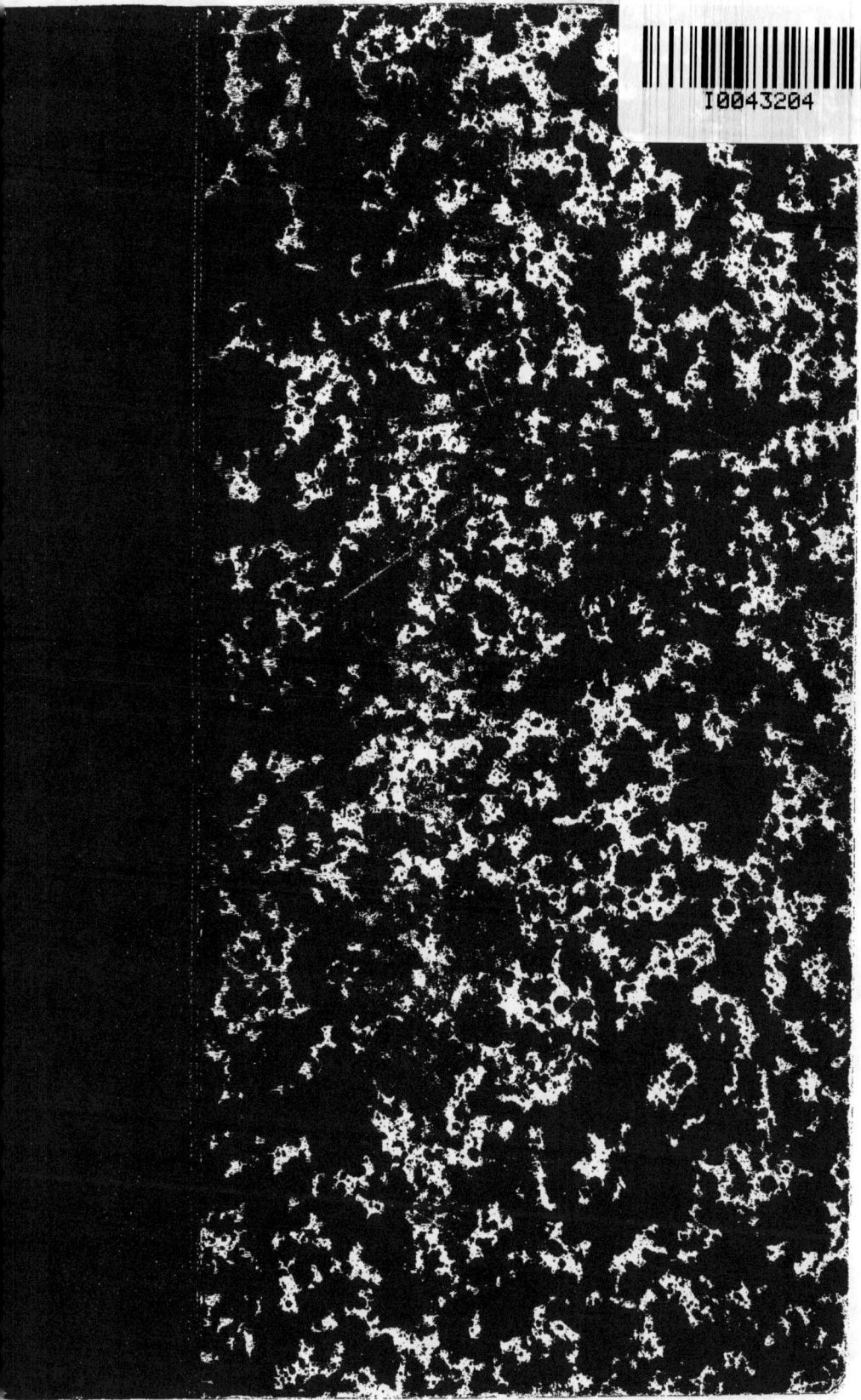

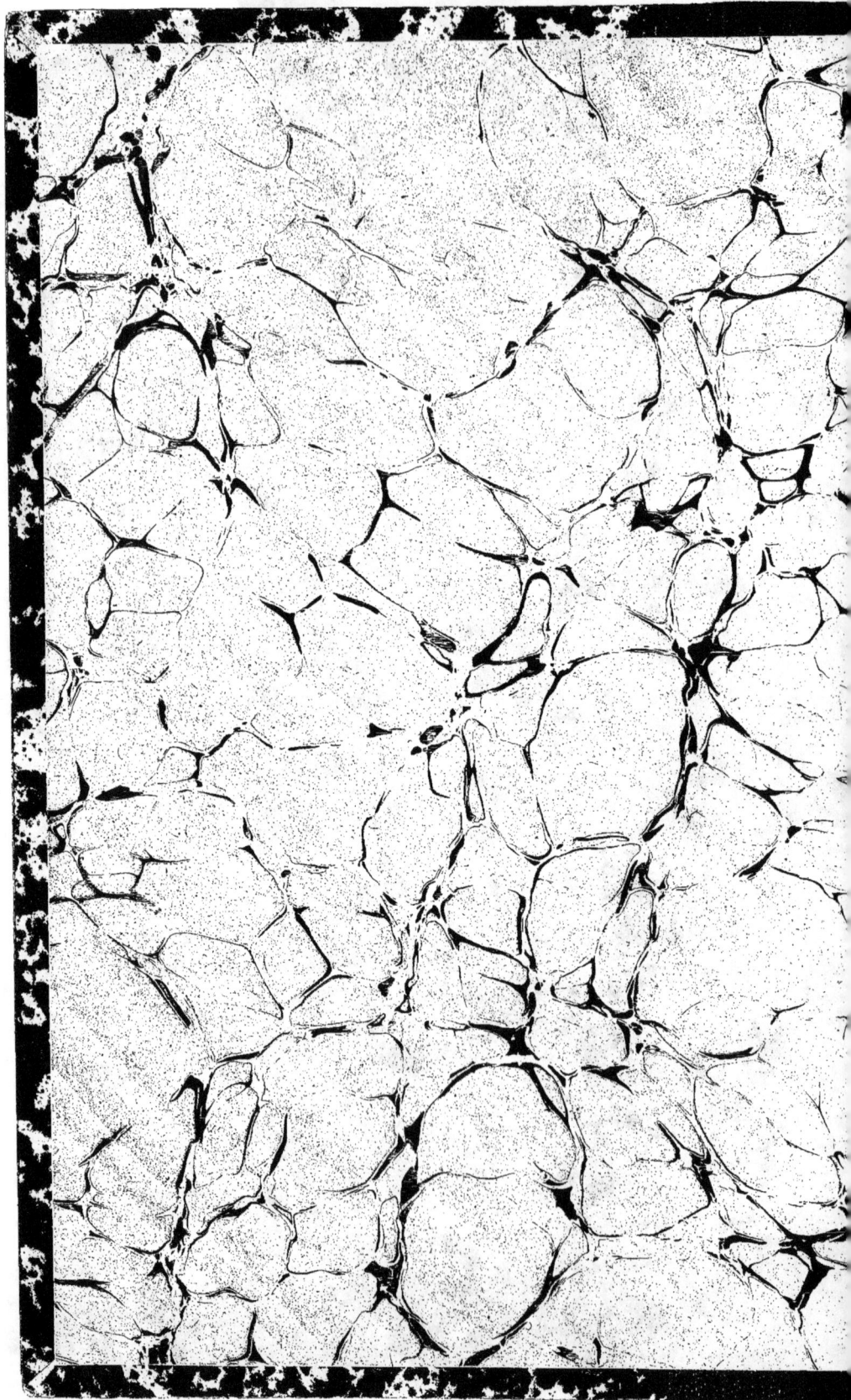

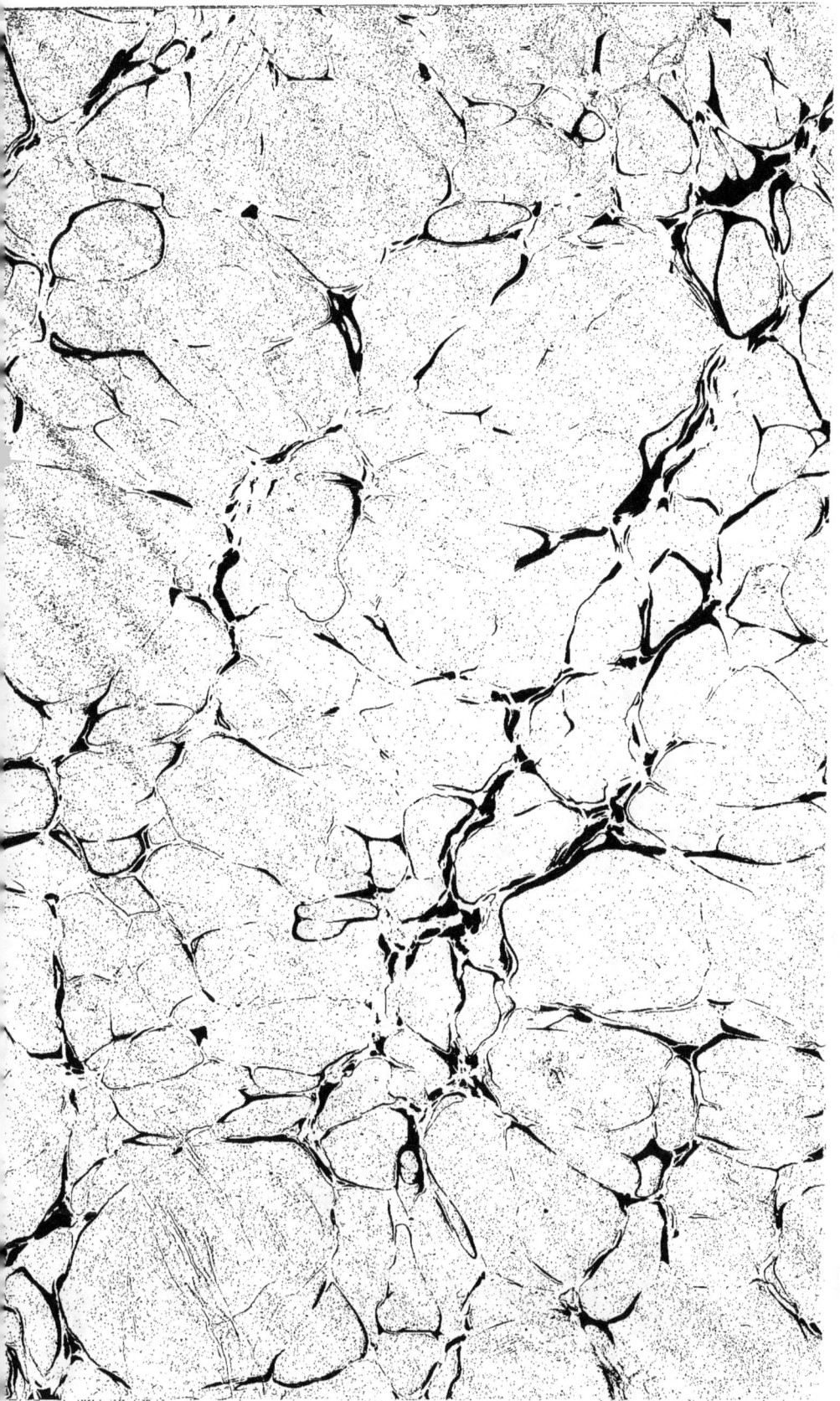

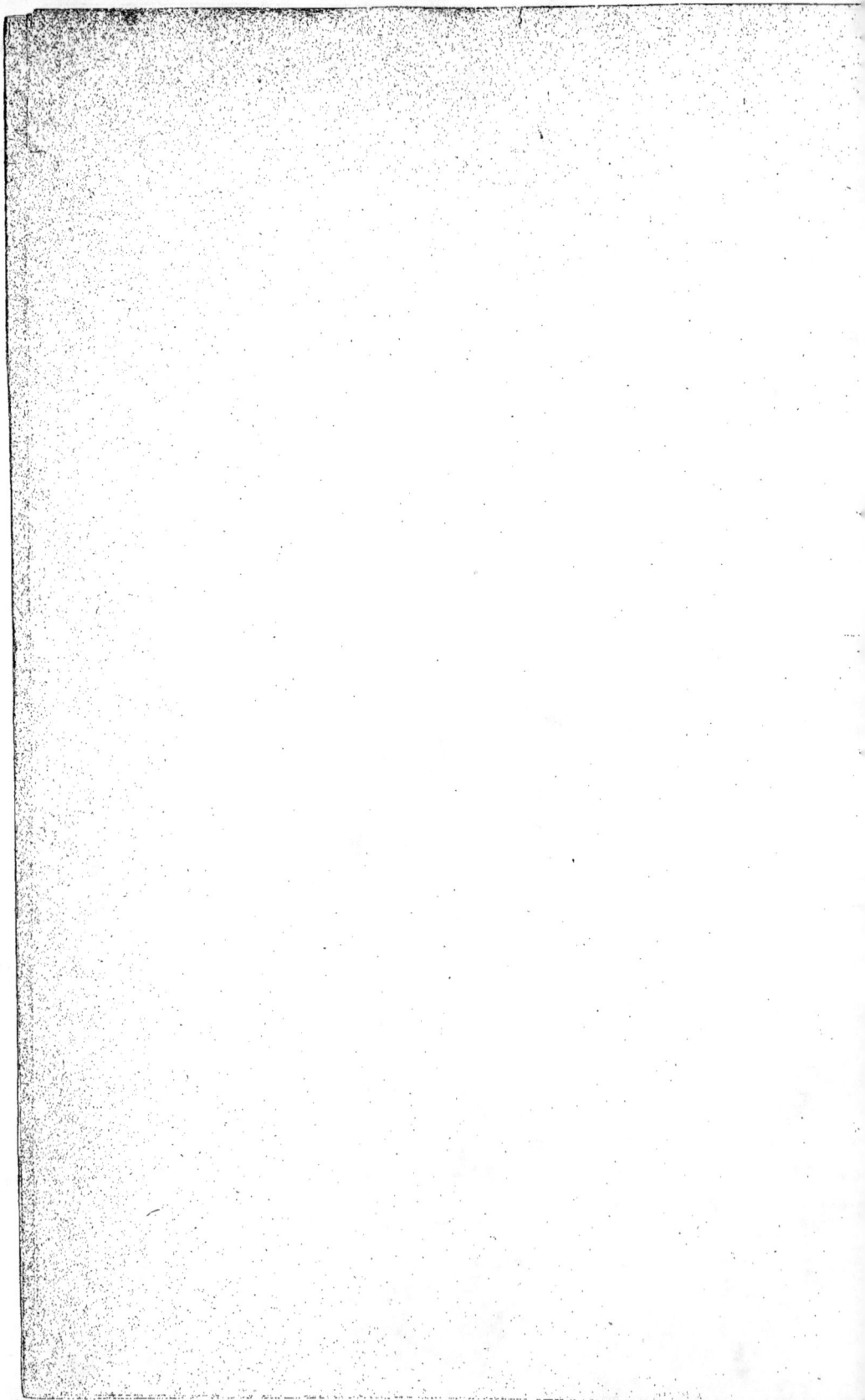

TRAITÉ PRATIQUE

DE

SERRURERIE

TRAITÉ PRATIQUE
DE SERRURERIE

CONSTRUCTIONS EN FER
SERRURERIE D'ART

ORNÉ DE
870 figures
DANS LE TEXTE

PAR
E. BARBEROT
ARCHITECTE

PARIS
LIBRAIRIE POLYTECHNIQUE, BAUDRY ET Cⁱᵉ, ÉDITEURS
15, RUE DES SAINTS-PÈRES, 15
MAISON A LIÉGE, RUE LAMBERT-LEBÉGUE, 19

1888

INTRODUCTION

Le fer est à notre époque l'élément de construction par excellence; il se prête à toutes les exigences des travaux les plus divers; ses qualités de résistance permettent de le faire travailler sous toutes les formes et dans toutes les conditions; employé avec compétence, il est très décoratif, et en outre permet l'exécution d'ouvrages gigantesques.

Nous avons pensé faire œuvre utile en traitant de l'emploi du fer dans la construction, et nous avons à cet effet composé les différents motifs d'application, d'emploi et de mise en œuvre, pouvant servir à bien faire comprendre les procédés décrits, et donnant des modèles propres à servir de base à l'étude d'un projet.

Pour l'ingénieur, l'architecte, la construction métallique fait aujourd'hui partie de l'instruction spéciale reçue, et est en général traitée d'une manière complète, tant au point de vue de l'art qu'à celui de la science.

Cependant, il est des connaissances pratiques que l'on ne possède que si l'on s'est spécialisé, ce qui est l'exception, les constructeurs étant astreints par état à traiter les questions les plus diverses se rattachant à toutes les sciences.

Nous espérons que notre livre sera pour les personnes qui s'occupent de la construction en fer une sorte d'aide-mémoire et un recueil de notes et croquis, propres à être consultés pour l'étude d'un projet.

Pour le chef d'atelier, l'ouvrier, l'art du serrurier se transmet par la pratique et la tradition; cela est bien, mais qu'il nous soit permis de faire remarquer que la pratique et la tradition ne sont pas toujours suffisantes, et que les applications multiples, et aussi les combinaisons de construction et d'assemblage avec les matériaux autres que le fer, nécessitent des connaissances qu'on n'acquiert pas à l'atelier, et qui sont pourtant le complément indispensable de la science seulement pratique.

Notre livre embrasse la construction en fer en général; il comprend :

1° Les constructions métalliques ou grosse serrurerie;

2° Les constructions légères ou moyenne serrurerie;

3° La serrurerie spéciale aux parcs et jardins;

4° La serrurerie artistique, fer forgé, repoussé, etc.

Nous avons classé par chapitres les divers sujets, en commençant par les gros travaux, nécessitant de gros fers et peu de main-d'œuvre, pour, en diminuant graduellement, arriver aux travaux de ferronnerie d'art, où la matière entre pour peu de chose, et où la main-d'œuvre est considérable.

A chaque spécialité, nous avons joint les tableaux ou renseignements se rapportant plus directement au sujet traité.

Enfin, pour faciliter les recherches, outre la classification par chapitre, nous avons établi une table des matières par ordre alphabétique, contenant les noms techniques et leurs synonymes si fréquents dans la construction; cette table permet de trouver immédiatement le sujet cherché.

La serrurerie est l'art de mettre en œuvre le fer en général.

Elle se divise en trois parties principales :

La grosse serrurerie ou constructions métalliques : ponts, charpentes, planchers, etc.;

La serrurerie artistique ou constructions légères : jardins d'hiver, kiosques, marquises, ferronnerie d'art, etc.;

La serrurerie de bâtiment, qui comprend les ferrures d'équerrage, de fermeture, etc.

Les constructions métalliques sont modernes, et ce n'est guère, que vers la fin du siècle dernier, que les premières applications du fer à des constructions d'une certaine importance furent tentées.

Auparavant le fer n'étant obtenu que par barres de dimensions très restreintes, il était difficile et coûteux de l'employer autrement que comme accessoires, tels que chaînes, crampons et ferrures.

Les deux autres parties de la serrurerie, mais pour certaines applications seulement, remontent à la découverte même du fer ; le premier homme qui tira le fer du minerai fut le premier forgeron ; il dut battre son métal avec une pierre, un lingot naturel quelconque, puis se confectionner des outils, la masse ou marteau probablement en premier, puis un ustensile quelconque à son usage, ou, plus probablement encore, une arme offensive, fer de lance ou couteau : la serrurerie était née.

Les progrès furent-ils rapides ? nous ne le savons. La découverte de l'acier, sa trempe permirent la confection d'outils plus durs que le fer, plus perfectionnés, et plus propres par conséquent à le travailler, le burin, le poinçon, etc.

Martelé à la main, chauffé au bois, mais obtenu en lopins de faibles dimensions, le fer ne fut pendant longtemps employé que pour les armes, petits ustensiles et bijoux.

Dans l'antiquité, et jusqu'au moyen âge, on n'employa le fer dans les constructions que sous formes d'agrafes, de crampons, et autres petites pièces ; son usage fut plus étendu comme armes offensives et défensives.

Les procédés primitifs employés pour sa production, avaient l'avantage de lui donner des qualités de ductilité, de malléabilité que sont loin de posséder nos fers actuels ; le lopin forgé était battu à force de bras par les forgerons, qui le convertissaient en barres, en plaques, suivant l'usage auquel on le destinait, et devenait par ces manipulations successives plus tenace, plus souple, plus pur en un mot, et d'autant mieux préparé à se prêter à tous les usages et à toutes les formes.

Mais, si jusqu'ici les procédés de production n'ont pas changé (car nous ne considérons pas l'emploi du martinet mû par l'eau, comme un grand progrès ; on n'avait obtenu qu'une augmentation minime de volume des lopins et les formes des fers restaient très irrégulières), il n'en est pas de même de la main-d'œuvre ; à force de forger, comme dit le proverbe encore en usage, l'homme est devenu forgeron, en travaillant il a observé, retenu les découvertes successives faites au courant du travail; un progrès a facilité et amené le suivant; le forgeron est devenu un artiste, un modeleur au marteau, qui, dans le métal, a obtenu, comme le sculpteur dans l'argile, toutes les formes et modelés désirables.

Les artisans du moyen âge nous ont laissé des exemples qui attestent de leur habileté et de leur connaissance approfondie des qualités et défauts du métal, ainsi que des procédés les plus propres à sa mise en œuvre.

Cependant, malgré tout l'art des forgerons, leur pratique savante des soudures, on ne peut encore faire usage du fer dans les constructions que comme chaînes et armatures; et les pièces les plus fortes, n'atteignent pas 150 kilogr., et encore sont-elles d'un usage très rare jusqu'au XVIIe siècle.

La serrurerie comprend alors : les grilles de clôtures (que les anciens faisaient en bronze coulé, procédé encore employé au IXe siècle), les défenses de baies, mais c'est surtout dans les ferrures que l'art du forgeron atteint un degré de perfection que nous n'avons pas dépassé.

Les pentures, gonds, verroux, loquets, serrures de cette époque sont des travaux de premier ordre; autre la beauté de la forge, le goût apporté dans la composition, on y remarque un bon sens, un entendement logique et parfait des règles de la bonne construction; et il est permis de se demander en voyant la science qui a présidé à l'érection des grands monuments en charpente et pierre, ce qu'auraient produit ces constructeurs s'ils avaient eu à leur disposition les fers en grandes barres résistantes et de sections si variées dont nous disposons aujourd'hui.

Comme nous l'avons dit plus haut, c'est vers le XVIIe siècle que le fer commence à être employé dans la construction en barres de quatre mètres et plus.

L'application entre dans la pratique bien timidement encore, car les moyens de production ont peu progressé et le bois est encore abondant, les hauts fourneaux sont encore à l'état d'enfance et c'est seulement vers la fin du XVIIIe siècle que les pièces de fer obtenues permettent d'en tenter l'application aux grands travaux.

Avec la lime, l'ajusteur vient compléter le forgeron, le travail devient plus précis et la mécanique prend naissance.

L'art du serrurier a conservé ses traditions, les styles des différentes époques se sont succédés, des chefs-d'œuvre ont enrichi le patrimoine

humain, Jean Lamour a fait les grilles de la place Stanislas, à Nancy.....
et des élèves.

Des progrès constants ont été réalisés dans l'outillage, les laminoirs
produisent des fers de toutes formes et dimensions, au battage à bras
ont succédé les puissants marteaux pilons, et l'industrie dispose aujour-
d'hui de fers, qui varient en poids par mètre de $0^{kg},0001$ à 100 kilogr.
et plus, et on peut ainsi, dans la même matière, prendre un fil de
$0^{m},00016$ de diamètre, et ériger la tour Eiffel.

TRAITÉ PRATIQUE
DE SERRURERIE

CONSTRUCTIONS EN FER

SERRURERIE D'ART

CHAPITRE I

DU FER — DE LA FONTE — DE L'ACIER — DES COMBUSTIBLES

Du fer. — Fer proprement dit. Le minerai et son traitement : production du fer. Qualités et propriétés du fer. Texture du fer. Influence de la chaleur. Diverses provenances. Épreuves.
De la fonte. — Fonte proprement dite. Production de la fonte, fonte malléable.
De l'acier. — Acier proprement dit. Production de l'acier. Emploi de l'acier dans les constructions.
Tableaux. — Classification. Densités. Dilatation. Températures de fusion. Poids des fers ronds et carrés.
Des combustibles. — Charbons de bois. Houilles. Tourbes, etc.

DU FER

Le fer est très répandu dans la nature ; on le trouve, dans toutes les formations géologiques, combiné avec l'oxygène, le soufre, le nickel, etc.

Les principaux minerais employés sont :

Le *fer magnétique ;*

Le *fer oligiste,* ou peroxyde de fer ;

Le *fer oxydé rouge,* qui se subdivise en : hématite rouge, oxydé rouge compacte, oxydé rouge ocreux ;

Le *fer hydraté,* hydraté brun ou hématite brune, hydraté compacte, hydraté oolithique, hydraté granuleux, hydraté limoneux ;

Le *fer carbonaté* ou des houillères, spathique blanc, spathique brun, carbonaté lithoïde ;

Le *fer siliceux.*

Le minerai le plus propre à la production du fer est une combinaison d'oxygène avec du fer pur, c'est-à-dire un oxyde de fer ; il se trouve sous terre en couches, filons ou veines, ou disséminé dans des sables ou dépôts d'alluvions ; outre l'oxygène, il est souvent mêlé à des matières étrangères nommées gangues.

Les couches sont assez régulières et parallèles aux plans de stratification des terrains dans lesquels elles se trouvent.

Une des plus anciennes méthodes de traitement du minerai consiste à jeter ensemble dans le foyer le minerai et le combustible : il se produit une masse compacte qui contient le fer et les gangues auxquelles le minerai est mélangé ; on martelle alors cette masse pour en expulser les matières inutiles. C'est la méthode dite catalane.

La production du fer en grand s'obtient dans les hauts fourneaux ; on ajoute au minerai du carbonate de chaux qui rend la gangue fusible, la haute température amène la combinaison du fer avec le carbone, ce qui donne la fonte.

Pour convertir cette fonte en fer, il faut lui enlever le carbone et la silice ; on procède alors à l'opération dite *affinage,* qui consiste à décarburer la fonte par la fusion et à la battre au martinet pour en chasser les scories.

Le *puddlage* diffère de l'*affinage* par la nature seule du combustible ; le four à affiner est chauffé au charbon de bois et le four à puddler chauffé à la houille.

Les fers obtenus au bois sont très supérieurs.

La pureté du métal se juge à la couleur, qui doit être gris clair. Sa cassure doit présenter des grains fins et serrés s'il est bon ; la cassure entremêlée de fibres et de facettes indique un affinage défectueux.

La qualité des fers dépend naturellement de celle des minerais dont ils sont tirés ; les minerais impurs qui contiennent du soufre, du phosphore, du cuivre, du zinc, etc., donnent des fers de mauvaise qualité, fers cassants, de couleur, noirs, cuivreux, etc.

Les principales qualités du fer sont : la ductilité, la malléabilité, le nerf, la force, etc.

Les défauts sont : la présence de corps étrangers, les pailles, l'oxydation, etc.

On compte plusieurs espèces de fers : le fer doux, le fer dur ou fer de roche, les fers cassant à froid, les fers métis, les fers rouverains ou cassant à chaud, les fers aigres ou cassant à froid, les fers défectueux.

Fer doux. Le plus pur, le plus ductile ; sa texture, grenue, devient fibreuse au cylindrage, souple à froid et à chaud ; il se brûle facilement à la forge.

Fer dur. Par les substances qu'il renferme il a de la force, mais aussi est fragile et la silice qu'il contient lui donne une tendance à casser à froid.

Fer fort. Très résistant à tous les efforts.

Fer cassant à froid. Il est souvent dur, sa fragilité est due à la présence du phosphore.

Fer métis. Possède les qualités et défauts des fers doux et durs ; il contient souvent du soufre et même de l'arsenic.

Fer cassant à chaud ou *fer rouverain.* Est doux, ductile et pliable à froid, ce qui est une qualité, mais ses arêtes se lèvent; la cassure, souvent fibreuse, est foncée et semée de grains jaunâtres : il se forge au rouge-blanc, éclate sous le martelage au rouge-cerise, enfin il est difficile à souder, peu résistant et très oxydable.

Fer aigre. Qui casse à froid si on le plie ou si on le frappe, la cassure présente de petites facettes, il se soude bien, mais il est trop dur pour l'ajustage à la lime.

Fer défectueux. Cette espèce comprend tous les fers mal affinés qui ont conservé des substances étrangères en assez grande quantité : cendres, soufre, crasses, etc.

Les défauts des fers provenant de la fabrication, en dehors de la qualité du métal, sont:

Les *pailles,* qui se soulèvent en forme d'écaille ;

Les *doublures,* endroits où le fer ne s'est pas soudé au corroyage ;

Les *criques, gerçures,* ou fentes transversales, qui sont quelquefois invisibles à l'extérieur ;

Les *cendrures,* qui ne nuisent qu'au polissage.

Les pailles, doublures et criques peuvent déterminer la rupture des pièces.

La texture du fer est grenue, cristalline ou fibreuse ; grenue et cristalline ; le fer est plus cassant, la forme fibreuse est plus favorable et donne au métal une plus grande souplesse.

PRINCIPALES PROVENANCES DES FERS

Les fers les plus estimés sont ceux de la Franche-Comté. Le Berry, l'Allier donnent des fers très nerveux et très forts. L'Ariège, les Pyrénées, donnent aussi de bons fers.

Les départements de l'Est produisent des fers de qualités moyennes.

Les fers employés dans les travaux soignés sont ceux de Suède, à la fois doux et nerveux.

ÉPREUVES

Les épreuves se font à froid et à chaud ; à froid, on tranche légèrement le fer à éprouver, puis, en appuyant la pièce sur la carre de l'enclume, on fait tomber le bout en frappant toujours dans le même sens ; si le fer est bon, la cassure doit présenter un aspect fibreux, une foule de filaments dont on voit l'allongement et qui prouvent que le fer est tenace et nerveux.

Si au contraire la cassure est à facettes et cristalline, le fer est cassant et mauvais.

La seconde épreuve, mixte, consiste à faire ployer le fer de 30° environ, à droite et à gauche, de la ligne de la barre, cela quatre ou cinq fois à froid et à chaud ; le fer qui résiste, ne se gerce pas et reprend sa forme primitive, peut être considéré comme de bonne qualité. On ne doit pas s'étonner si pendant ces opérations il a subi un léger allongement.

Enfin l'épreuve à chaud, qui est une véritable mise en œuvre, se compose de trois opérations : la première, forger le fer en pointe aiguë ; la deuxième, le réduire au marteau en lame large de 6 millimètres environ d'épaisseur, et enfin de le percer près du bord, à chaud, sans qu'il se déchire.

DE LA GALVANISATION

Le défaut qu'a le fer de s'oxyder promptement a fait rechercher le meilleur procédé de protection ; les peintures au minium de plomb, de fer, de goudron, de céruse, etc., ont amené à l'idée d'un étamage du fer.

Tous les métaux inaltérables à l'air et à l'eau peuvent être déposés sur le fer, l'acier et la fonte.

La galvanisation est faite au zinc ; la pièce est d'abord *décapée* (opération qui consiste à la plonger dans un acide) ; l'oxyde de fer est dissous ; on sèche la pièce, puis on l'immerge dans le métal en fusion, d'où elle est retirée zinguée.

La galvanisation rend de grands services pour les travaux en fer exposés à l'air et à l'eau et a reçu déjà de nombreuses applications.

DE LA FONTE

La fonte ou fer cru est un composé de fer malléable et de carbone (qui entre dans sa composition pour environ 2 p. 100) contenant des matières vitreuses qu'on nomme *laitiers*.

La première fonte provenant du haut fourneau est très impure ; fondue une deuxième fois, elle s'épure et prend le nom de *fonte de deuxième fusion*.

Les différentes fontes sont classées par couleurs. Ce sont : la fonte grise, la fonte blanche et la fonte truitée.

On emploie la fonte de *troisième fusion* pour les fontes d'ornement.

La *fonte douce,* appelée aussi *fonte grise,* a dans sa cassure une couleur gris-perle foncé, sa texture est belle et homogène ; elle est tenace, résistante, se travaille à la lime et au ciseau ; on peut la tourner et la becdaner. Elle possède des qualités de malléabilité qui permettent de la marteler légèrement pour lui donner l'aspect du fer forgé.

La *fonte blanche* a, comme son nom l'indique, une couleur claire ; sa cassure est lamelleuse, elle est très cassante et a presque la dureté de l'acier trempé ; elle est bonne pour être employée à la compression, en masses qui peuvent être utilisées sans main-d'œuvre de lime ou burin ; plus fusible que la fonte grise, elle est moins fluide et se prête peu à la fonte d'objets de faibles dimensions ou de formes délicates.

La *fonte truitée* est une combinaison des deux premières ; sa cassure est marquée de points gris et blancs. Suivant les proportions du mélange, elle a les qualités de la fonte blanche et de la fonte grise.

Nous avons parfois trouvé dans des pièces de fontes, dont la section présentait de grosses et de petites parties, les caractères de couleur et de dureté observés dans la fonte truitée, l'homogénéité du mélange était incomplète, et, tandis qu'un côté de la pièce se comportait bien au travail de la lime, l'autre s'y refusait.

FONTE MALLÉABLE

La fonte malléable est une sorte de fer ; suivant la qualité de la fonte employée à sa fabrication, on obtient un métal aussi et plus malléable que les fers de qualité ordinaire.

Les pièces sont coulées en fonte ordinaire, puis exposées à une haute température prolongée, le métal se débarrasse de son carbone, au moins en grande partie, et la fonte, qui eût été très difficile à travailler avant sa décarburation, devient très douce à la lime, peut se dresser, se ployer, et présente toutes les qualités du fer.

La fonte malléable convient surtout aux petites pièces, qu'on peut facilement amener à être chauffées jusqu'à l'âme, à une température suffisante, sans aller jusqu'à la fusion, ce qui arriverait pour des pièces d'un gros volume. On comprend que pour de grosses pièces les surfaces entreraient en fusion avant que le centre soit arrivé à la température voulue. Nous reviendrons plus loin sur l'emploi de cette fonte.

DE L'ACIER

L'acier est l'intermédiaire entre le fer et la fonte. C'est un fer combiné avec du carbone et du silicium.

Le carbone entre dans la composition de l'acier pour 6 à 7 p. 1000 ; la quantité de silice est presque négligeable.

Contrairement au fer, qui pour être bon doit être nerveux, le bon acier doit avoir une cassure d'un grain très fin, égal et homogène.

Ce qui constitue la principale qualité de l'acier est la trempe, qui rend l'acier flexible, élastique, lui permet de se courber sous un effort et de reprendre ensuite sa forme primitive.

La trempe (nous reviendrons plus loin sur ce sujet) consiste à faire passer brusquement l'acier d'une haute température à une température très basse ; plus la différence est grande plus l'acier durcit.

Naturel, c'est-à-dire avant la trempe, l'acier est gris clair, prend un beau poli et est très brillant (on en faisait encore des miroirs au XVIe siècle) ; exposé à l'action de la chaleur, l'acier poli prend diverses, colorations ou légères oxydations superficielles ; il passe du jaune gris, au jaune clair, au jaune orange, au brun, au pourpre, au bleu de Prusse, à l'indigo et au vert d'eau.

Pour distinguer le fer de l'acier, on touche ce dernier à l'acide nitrique ; il se produit une tache noire qui n'apparaît pas sur le fer si on l'attaque avec le même acide ; l'acier forgé se distingue aussi du fer par sa sonorité et son grain.

Les aciers sont classés en trois espèces, qui sont : l'acier naturel ou de forge, l'acier de cémentation et l'acier fondu.

L'*acier naturel* ou *acier de forge* s'obtient en dépouillant presque complètement la fonte du carbone qu'elle retient, mais cette seule opération ne suffit pas, l'acier est encore impur et présente peu d'homogénéité.

On le corrige par le corroyage qui, suivant sa perfection, lui donne les qualités nécessaires à tous les emplois ; il se soude bien, soit avec lui-même, soit avec le fer.

L'*acier de cémentation* s'obtient en exposant les barres de fer destinées à être transformées en acier, dans des caisses remplies de poussier de charbon, et en chauffant plusieurs jours à une haute température, le carbone s'introduit dans le fer, auquel il s'allie facilement.

La cassure de l'acier de cémentation est lamelleuse ; après la trempe elle est d'un grain très fin et très égal ; sa couleur est gris bleu. Comme pour l'acier naturel, le corroyage augmente l'homogénéité de l'acier ainsi obtenu qu'on peut encore rendre plus pur par une deuxième cémentation et un deuxième corroyage.

Nous avons dit pour la fonte malléable, qu'elle n'était pratique qu'en pièces de faibles dimensions ; nous en dirons autant pour l'acier de cémentation ; on comprend qu'à moins de soins particuliers, il arrive souvent que le carbone ne pénètre pas en égale quantité jusqu'au centre des pièces.

C'est pour régulariser la pénétration du carbone qu'on en est arrivé à fondre l'acier dans un creuset abrité du contact de l'air, de manière à assurer une saturation égale à toute la masse.

L'*acier fondu* est un des deux précédents, naturel ou de cémentation fondu au creuset comme nous l'avons dit, et forgé ensuite ; sa cassure est compacte, fine, homogène et d'un gris blanc.

Pour être forgé, il doit être chauffé au rouge cerise battu à petits coups ; il se soude très difficilement et seulement après avoir été forgé.

Il est principalement employé pour la coutellerie et les outils destinés à travailler les métaux.

On peut encore cémenter un fer forgé en le plongeant dans un bain de fonte pendant un certain laps de temps ; on le retire à l'état d'acier.

Un procédé plus pratique consiste à chauffer au rouge une barre de fer, puis la plonger dans un bain de poussier de charbon et la tremper de suite ; le fer ainsi traité devient semblable à l'acier.

EMPLOI DE L'ACIER DANS LES CONSTRUCTIONS

On devra donner la préférence à l'acier sur le fer dans deux cas :

1° Quant à volume égal on aura besoin d'une plus grande résistance et d'une usure plus lente ;

2° Quand on voudra obtenir une grande légèreté d'aspect sans rien perdre de la sécurité.

Nous prendrons comme point de comparaison deux barres de fer et acier éprouvées à la traction jusqu'à la rupture ; on aura, d'après M. Morin, pour le fer par centimètre carré   6,000 kilogr.

Et pour l'acier   10,000 kilogr.

Ce sont des maximums donnés par les premières qualités des deux métaux, mais les rapports sont constants, et on voit par la seule comparaison des chiffres le parti qu'on peut tirer de l'emploi de l'acier substitué au fer.

DE LA TREMPE

La trempe ordinaire consiste à faire passer l'acier d'une très haute température à une température très basse ; les intermédiaires donnent à l'acier des degrés de dureté différents ; on reconnaît la température par la couleur :

1° Le brun rouge	=	408° Réaumur
2° Le rouge cerise	=	2 300 à 2 875
3° Rouge blanc	=	4 600 à 5 110
4° La chaude suante	=	5 750 à 6 070

On peut ramener l'objet trempé à une dureté moindre en le mettant en contact avec un fer rouge ; les variations de couleur indiquent le degré de dureté.

Les acides trempent plus dur que l'eau ; on trempe aussi dans les métaux. Une autre méthode consiste à mettre le fer dans un bain composé de bismuth, de plomb et d'étain, dont la proportion permet de connaître le degré de fusion ; on le retire quand l'alliage fond, et on le plonge dans l'eau.

On trempe aussi dans l'huile, dans la terre, dans les cendres, à l'air.

Le charbon de bois est le meilleur combustible à employer.

CLASSIFICATION GÉNÉRALE
DES FERS LAMINÉS DES FORGES DE FRANCE

PREMIÈRE CLASSE

Carrés, de 18 à 61 millimètres.
Ronds, de 21 à 68.
Plats, de 40 à 115 sur 9 et plus.
Plats, de 27 à 38 sur 11 et plus.

DEUXIÈME CLASSE

Carrés de 12 à 17 millimètres.
Gros carrés, de 62 à 81.
Ronds, de 14 à 20.
Gros ronds, de 69 à 81,
Plats, de 40 à 115 sur 6 et 8 et plus.
Méplats, de 20 à 38 sur 8 et plus.
Gros plats, de 120 à 162 sur 12 et plus.

TROISIÈME CLASSE

Carrés, de 9 à 11 millimètres.
Gros carrés, de 82 à 95.

Ronds de 9 à 13.
Gros ronds, de 82 à 95.
Bandelettes, de 20 à 36 sur 4 1/2 et plus.
Aplatis, de 40 à 115 sur 4 1/2 et plus.
Plats, de 120 à 162 sur 7 à 11.
Plate-bande demi-ronde, de 27 à 40 sur 7
et plus.

QUATRIÈME CLASSE

Carrés, de 6 à 8 millimètres.
Gros carrés, de 96 à 108.
Ronds, de 6 à 8.
Gros ronds, de 96 à 108.
Bandelettes, de 14 à 18 sur 4 1/2 et plus.
Aplatis, de 18 à 108 sur 3 1/2 et plus.
Plate-bande demi-ronde de 16 à 25 sur 7 et
plus.

Tout fer de longueur fixe subit une augmentation de 2 francs.

Tout fer de moins de neuf millimètres d'épaisseur, et de plus de six mètres de longueur est payé une classe en plus, soit 2 francs

Les fers ronds de tréfilerie de cinq à six millimètres sont payés une demi-classe en plus.

Sont hors classe, avec différence au moins d'une classe : les fers à vitrage, cornières, fer en T et en double T; demi-feuillards et feuillards; ronds au-dessous de 3 millimètres.

TABLE DES DENSITÉS
DES DIVERS CORPS ET MATÉRIAUX

1° SUBSTANCES D'ORIGINE MINÉRALE

	Le mètre cube kilogr.	kilogr.
Terre végétale	1 214 à	1 285
Terre forte graveleuse	1 357	1 428
Argile et glaise	1 656	1 756
Marne	1 570	1 640
Sable fin et sec	1 399	1 428
— humide	1 900	»
— fossile et argileux	1 713	1 799
— de rivière humide	1 771	1 856
Gravier caillouté	1 371	1 485
Ciment de terre cuite	1 171	1 228
Chaux vive sortant du four	800	857
— éteinte, en pâte ferme	1 328	1 428
Mortier de chaux et de sable	1 856	2 142
— de ciment	1 656	1 713
— de mâchefer	1 128	1 214
Brique de Bourgogne	1 550	»

	Le mètre cube kilogr.	kilogr.
Brique de Sarcelles	1 460 à	»
Craie	1 214	1 285
Pierre de Saint-Leu	1 620	»
— de Vergelé	1 700	»
— dite lambourde	1 800	»
— de Trocy	1 900	»
— de Tonnerre	2 000	»
— à plâtre crue	2 200	2 650
— de Montrouge		
— de Vaugirard	2 300	
— Passy (roche)		
— de Saillancourt	2 400	»
— de Volvic	2 320	»
— de liais	2 250	2 450
— meulière	2 483	»
— fine de Meudon	2 435	»
— ponce	914	»
Grès dur	2 600 moy.	

	Le mètre cube. kilogr.	kilogr.
Granit	2 630 à 2 750	
Marbre de Féluy	2 750	»
— noir	2 823	»
— blanc	2 726	»
— du Languedoc . . .	2 720	»
— de Sainte-Anne . .	⎫	
— Jemmapes	⎬ 2 690 moy.	
— Ardennes		
— Pas-de-Calais . .	⎭	
Plâtre cuit battu	1 199	1 228
— tamisé	1 242	1 257
— gâché humide . . .	1 571	1 599
— sec	1 399	1 414
Le poids de l'eau vaporisée varie de . . .	171	186
Le poids de l'eau combinée par cristallisation est de	»	157
Maçonnerie fraîche en pierre de taille	2 400	2 700
— en moellon . . .	2 250	»
— en brique . . .	2 470	»
— en cailloux . .	2 300	2 400
Silex meulière	2 480	»
Cailloux	2 600	»
Béton de cailloux	2 485	»
— de meulière . . .	2 700	»
Charbon de terre	942	1 328

	Le mille.	
Ardoise carrée forte	450	470
— fine . . .	360	380
— cartelette	220	230

2° MÉTAUX

	Le mètre cube. kilogr.	kilogr.
Cuivre fondu	»	8 850
— laminé ou forgé . . .	»	8 250
Fer fondu	»	7 200
— forgé	»	7 788
Acier non trempé	»	7 829
— trempé	»	7 819
Etain pur de Cornwall, fondu.	»	7 287
— commun fondu . .	»	7 915
Soudure des plombiers . . .	»	9 550
Plomb fondu	»	11 352
Zinc	»	7 190
— fondu	»	6 860
Bronze pour statues	»	8 950

3° OBJETS EN TERRE CUITE

	Le mille.	
Brique de Bourgogne de 0,226 sur 0,108 et 0,054	2 410 à 2 480	
Brique de Montereau, de 1,217 sur 0,108 et 0,050	2 080	2 140
Brique de Sarcelles, de 0,021 sur 0,088 et 0,047 . .	1 800	1 840
Tuiles de Bourgogne, grand moule, 0,298 sur 0,244 et 0,014.	2 230	2 250
Tuiles de Bourgogne petit moule 0,044 sur 0,162 et 0,014 . .	1 500	1 620

	Le mille	
Tuiles de Sarcelles, 0,257 sur 0,162 et 0,018	1 120 à 1 16	
Carreaux de 0,162 à six pans, de Bourgogne	840	»
Carreaux de Sarcelles . . .	740	»

4° BOIS

	Le mètre cube. kilogr.	kilogr.
Acajou	785 à	914
Bouleau commun	700	714
— merisier	571	»
Buis de France	900	»
— de Hollande	1 320	»
Charme	757	»
Châtaignier	685	»
Chêne vert	930	1 220
Chêne sec	643	1 015
— de 60 ans (le cœur) .	1 170	»
— aubier	540	»
Ébène	1 330	»
Frêne	845	»
Gaïac	1 330	»
Hêtre	852	»
Liège	240	»
Noyer de France	600	685
— d'Afrique	728	743
Oranger	705	»
Orme	800	»
Peuplier d'Italie	371	414
— de Hollande	528	514
— blanc d'Espagne . .	529	»
Pin du Nord	814	828
Sapin commun	528	557
— jaune	657	»
Tilleul	604	»

5° LIQUIDES

	Le mètre cube. kilogr.	kilogr.
Mercure	13 596 à	»
Eau distillée	1 000	»
— de mer	1 026	»
Essence de térébenthine . .	870	»
Huile de lin	936	»
— d'œillette . . .	934	»
Bitume liquide dit naphte . .	847	»
Alcool absolu	792	»

6° DIVERS

Ether sulfurique	715	»
Glace	863	»
Soufre	1 800	»
Verre blanc	3 200	»
— commun	2 660	»
Flint-glass anglais . . .	3 330	»
Verre de Saint-Gobain . . .	2 380	»

	humide.	sec.
Carreaux de plâtras et plâtre de 0m,50 sur 0m,33 et 0m,04 d'épaisseur (un carreau) . . .	15	14
— de 0m,08 d'épaisseur . . .	18	17
— de 0m,09 — . . .	21	20
— de 0m,11 — . . .	23	23

CORPS GAZEUX
(A 0° et sous la pression 0m,76, celle de l'air étant 1.)

Air 1,0000	Acide carbonique 1,5290
Hydrogène arsénié 2,6950	Acide chlorhydrique 1,2474
Chlore 2,4400	Oxygène 1,1057
Acide sulfureux 2,2340	Hydrogène bicarboné 0,9780
Hydrogène phosphoré 1,7610	Azote 0,9720
	Ammoniaque 0,5967
	Hydrogène 0,0692

TEMPÉRATURE DE FUSION DES CORPS EN DEGRÉS CENTIGRADES

Mercure . . . . — 39°	Verre . . . . 400°
Essence de térébenthine . . — 10	Bronze 900
Glace 0	Argent très pur 1000
Suif 33,33	Or très pur 1250
Stéarine . . . . 43 à 49	Fonte blanche . . . . 1050 à 1100
Cire blanche 68	Fonte grise . . . . . 1100 à 1200
Soufre 109	Fonte manganésée 1250
Etain 230	Aciers . . . . 1300 à 1400
Plomb 334	Fer doux français 1500
Bismuth 256	Fer martelé anglais 1600
Zinc 360	

DILATATION LINÉAIRE DES SOLIDES DANS L'INTERVALLE DE 0 A 100°

NOMS DES SUBSTANCES	DILATATION	
	EN DÉCIMALES	EN FRACTIONS VULGAIRES
Acier non trempé	0,0010795	1/927
Acier trempé	0,0012250	1/816
Argent de coupelle	0,0019097	1/529
Cuivre	0,0017173	1/582
Cuivre jaune ou laiton	0,0018782	1/533
Fil de laiton	0,0019333	1/417
Cuivre rouge battu	0,0017000	1/588
Etain de Falmouth	0,0021730	1/462
Fer doux forgé	0,0012205	1/819
Fer rond passé à la filière	0,0012350	1/812
Fer fondu (prisme de)	0,001110	1/1248
Flint-glass anglais	0,008117	1/124
Or de départ	0,0014664	1/682
Or au titre de Paris	0,0015515	1/643
Platine	0,0008565	1/1167
Plomb	0,0028484	1/356
Verre de Saint-Gobain	0,0008909	1/1122
Zinc (suivant Smeaton)	0,0029467	1/340
Zinc allongé au marteau de 1/12	0,0310830	1/322
Le mercure se dilate en volume, depuis zéro jusqu'à l'eau bouillante, de	0,018018	1/55
L'eau, de	0,0435	1/23
L'alcool, de	0,1111	1/9
Tous les gaz, de	0,366	100/273

TABLEAU DES POIDS AU MÈTRE LINÉAIRE
DES FERS CARRÉS ET PLATS DE DEUX A CENT MILLIMÈTRES

ÉPAISSEUR	LARGEUR	KILOGR.	GRAMMES	ÉPAISSEUR	LARGEUR	KILOGR.	GRAMMES	ÉPAISSEUR	LARGEUR	KILOGR.	GRAMMES	ÉPAISSEUR	LARGEUR	KILOGR.	GRAMMES
mill.	mill.			mill.	mill.			mill.	mill.			mill.	mill.		
2	2	0	031	2	52	0	811	3	34	0	795	4	17	0	530
2	3	0	046	2	53	0	826	3	35	0	819	4	18	0	561
2	4	0	062	2	54	0	842	3	36	0	842	4	19	0	592
2	5	0	078	2	55	0	858	3	37	0	865	4	20	0	624
2	6	0	093	2	56	0	873	3	38	0	889	4	21	0	655
2	7	0	109	2	57	0	889	3	39	0	912	4	22	0	686
2	8	0	124	2	58	0	904	3	40	0	936	4	23	0	717
2	9	0	140	2	59	0	920	3	41	0	959	4	24	0	748
2	10	0	156	2	60	0	936	3	42	0	982	4	25	0	780
2	11	0	171	2	61	0	951	3	43	1	006	4	26	0	811
2	12	0	187	2	62	0	967	3	44	1	029	4	27	0	842
2	13	0	202	2	63	0	982	3	45	1	053	4	28	0	873
2	14	0	218	2	64	0	998	3	46	1	076	4	29	0	904
2	15	0	234	2	65	1	014	3	47	1	099	4	30	0	936
2	16	0	249	2	66	1	029	3	48	1	123	4	31	0	967
2	17	0	265	2	67	1	045	3	49	1	146	4	32	0	998
2	18	0	280	2	68	1	060	3	50	1	170	4	33	1	029
2	19	0	296	2	69	1	076	3	51	1	193	4	34	1	060
2	20	0	312	2	70	1	092	3	52	1	216	4	35	1	092
2	21	0	327	3	3	0	070	3	53	1	240	4	36	1	123
2	22	0	343	3	4	0	093	3	54	1	263	4	37	1	154
2	23	0	358	3	5	0	117	3	55	1	287	4	38	1	185
2	24	0	374	3	6	0	140	3	56	1	310	4	39	1	216
2	25	0	390	3	7	0	163	3	57	1	333	4	40	1	248
2	26	0	405	3	8	0	187	3	58	1	357	4	41	1	279
2	27	0	421	3	9	0	210	3	59	1	380	4	42	1	310
2	28	0	436	3	10	0	234	3	60	1	404	4	43	1	344
2	29	0	452	3	11	0	257	3	61	1	427	4	44	1	372
2	30	0	468	3	12	0	280	3	62	1	450	4	45	1	404
2	31	0	483	3	13	0	304	3	63	1	474	4	46	1	435
2	32	0	499	3	14	0	327	3	64	1	497	4	47	1	466
2	33	0	514	3	15	0	351	3	65	1	521	4	48	1	497
2	34	0	530	3	16	0	374	3	66	1	544	4	49	1	528
2	35	0	546	3	17	0	397	3	67	1	567	4	50	1	560
2	36	0	561	3	18	0	421	3	68	1	594	4	51	1	591
2	37	0	577	3	19	0	444	3	69	1	614	4	52	1	622
2	38	0	592	3	20	0	468	3	70	1	638	4	53	1	653
2	39	0	608	3	21	0	491	4	4	0	124	4	54	1	684
2	40	0	624	3	22	0	514	4	5	0	156	4	55	1	716
2	41	0	639	3	23	0	538	4	6	0	187	4	56	1	747
2	42	0	655	3	24	0	561	4	7	0	218	4	57	1	778
2	43	0	670	3	25	0	585	4	8	0	249	4	58	1	809
2	44	0	686	3	26	0	608	4	9	0	280	4	59	1	840
2	45	0	702	3	27	0	631	4	10	0	312	4	60	1	872
2	46	0	717	3	28	0	655	4	11	0	343	4	61	1	903
2	47	0	733	3	29	0	678	4	12	0	374	4	62	1	934
2	48	0	748	3	30	0	702	4	13	0	405	4	63	1	965
2	49	0	764	3	31	0	725	4	14	0	436	4	64	1	996
2	50	0	780	3	32	0	748	4	15	0	468	4	65	2	028
2	51	0	795	3	33	0	772	4	16	0	499	4	66	2	039

DIMENSIONS		POIDS		DIMENSIONS		POIDS		DIMENSIONS		POIDS		DIMENSIONS		POIDS	
ÉPAISSEUR	LARGEUR	KILOGR.	GRAMMES	ÉPAISSEUR	LARGEUR	KILOGR.	GRAMMES	ÉPAISSEUR	LARGEUR	KILOGR.	GRAMMES	ÉPAISSEUR	LARGEUR	KILOGR.	GRAMMES
mill.	mill.			mill.	mill.			mill.	mill.			mill.	mill.		
4	67	2	090	5	58	2	262	6	50	2	340	7	43	2	347
4	68	2	121	5	59	2	301	6	51	2	386	7	44	2	402
4	69	2	152	5	60	2	340	6	52	2	433	7	45	2	457
4	70	2	184	5	61	2	379	6	53	2	480	7	46	2	511
5	5	0	195	5	62	2	418	6	54	2	527	7	47	2	566
5	6	0	234	5	63	2	457	6	55	2	574	7	48	2	620
5	7	0	273	5	64	2	496	6	56	2	620	7	49	2	675
5	8	0	312	5	65	2	535	6	57	2	667	7	50	2	730
5	9	0	351	5	66	2	574	6	58	2	714	7	51	2	784
5	10	0	390	5	67	2	613	6	59	2	761	7	52	2	839
5	11	0	429	5	68	2	652	6	60	2	808	7	53	2	893
5	12	0	468	5	69	2	691	6	61	2	854	7	54	2	948
5	13	0	507	5	70	2	730	6	62	2	901	7	55	3	003
5	14	0	546	6	6	0	280	6	63	2	948	7	56	3	057
5	15	0	585	6	7	0	327	6	64	2	995	7	57	3	112
5	16	0	624	6	8	0	374	6	65	3	042	7	58	3	166
5	17	0	663	6	9	0	421	6	66	3	088	7	59	3	221
5	18	0	702	6	10	0	468	6	67	3	135	7	60	3	276
5	19	0	741	6	11	0	514	6	68	3	182	7	61	3	330
5	20	0	780	6	12	0	561	6	69	3	229	7	62	3	385
5	21	0	819	6	13	0	608	6	70	3	276	7	63	3	439
5	22	0	858	6	14	0	655	7	7	0	382	7	64	3	494
5	23	0	897	6	15	0	702	7	8	0	436	7	65	3	549
5	24	0	936	6	16	0	748	7	9	0	491	7	66	3	603
5	25	0	975	6	17	0	795	7	10	0	546	7	67	3	658
5	26	1	014	6	18	0	842	7	11	0	600	7	68	3	712
5	27	1	053	6	19	0	889	7	12	0	655	7	69	3	767
5	28	1	092	6	20	0	936	7	13	0	709	7	70	3	822
5	29	1	131	6	21	0	982	7	14	0	764	8	8	0	499
5	30	1	170	6	22	1	029	7	15	0	819	8	9	0	564
5	31	1	209	6	23	1	076	7	16	0	873	8	10	0	624
5	32	1	248	6	24	1	123	7	17	0	928	8	11	0	686
5	33	1	287	6	25	1	170	7	18	0	982	8	12	0	748
5	34	1	326	6	26	1	216	7	19	1	037	8	13	0	811
5	35	1	365	6	27	1	263	7	20	1	092	8	14	0	873
5	36	1	404	6	28	1	310	7	21	1	146	8	15	0	936
5	37	1	443	6	29	1	357	7	22	1	201	8	16	0	998
5	38	1	482	6	30	1	404	7	23	1	255	8	17	1	060
5	39	1	521	6	31	1	450	7	24	1	310	8	18	1	123
5	40	1	560	6	32	1	497	7	25	1	365	8	19	1	185
5	41	1	599	6	33	1	544	7	26	1	419	8	20	1	248
5	42	1	638	6	34	1	591	7	27	1	474	8	21	1	310
5	33	1	677	6	35	1	638	7	28	1	528	8	22	1	372
5	44	1	716	6	36	1	684	7	29	1	583	8	23	1	435
5	45	1	755	6	37	1	731	7	30	1	638	8	24	1	497
5	46	1	794	6	38	1	778	7	31	1	692	8	25	1	560
5	47	1	833	6	39	1	825	7	32	1	747	8	26	1	622
5	48	1	872	6	40	1	872	7	33	1	801	8	27	1	684
5	49	1	911	6	41	1	918	7	34	1	856	8	28	1	747
5	50	1	950	6	42	1	965	7	35	1	911	8	29	1	809
5	51	1	989	6	43	2	012	7	36	1	965	8	30	1	872
5	52	2	028	6	44	2	059	7	37	2	020	8	31	1	934
5	53	2	067	6	45	2	106	7	38	2	074	8	32	1	996
5	54	2	106	6	46	2	152	7	39	2	129	8	33	2	059
5	55	2	145	6	47	2	199	7	40	2	184	8	34	2	121
5	56	2	184	6	48	2	246	7	41	2	238	8	35	2	184
5	57	2	223	6	49	2	293	7	42	2	293	8	36	2	246

| DIMENSIONS | | POIDS | | DIMENSIONS | | POIDS | | DIMENSIONS | | POIDS | | DIMENSIONS | | POIDS | |
ÉPAISSEUR	LARGEUR	KILOGR.	GRAMMES	ÉPAISSEUR	LARGEUR	KILOGR.	GRAMMES	ÉPAISSEUR	LARGEUR	KILOGR.	GRAMMES	ÉPAISSEUR	LARGEUR	KILOGR.	GRAMMES
mill.	mill.			mill.	mill.			mill.	mill.			mill.	mill.		
8	37	2	308	9	32	2	246	10	28	2	184	11	25	2	145
8	38	2	371	9	33	2	316	10	29	2	262	11	26	2	230
8	39	2	434	9	34	2	386	10	30	2	340	11	27	2	316
8	40	2	496	9	35	2	457	10	31	2	418	11	28	2	402
8	41	2	558	9	36	2	527	10	32	2	496	11	29	2	488
8	42	2	620	9	37	2	597	10	33	2	574	11	30	2	574
8	43	2	683	9	38	2	667	10	34	2	652	11	31	2	659
8	44	2	745	9	39	2	737	10	35	2	730	11	32	2	745
8	45	2	808	9	40	2	808	10	36	2	808	11	33	2	831
8	46	2	870	9	41	2	878	10	37	2	886	11	34	2	917
8	47	2	933	9	42	2	948	10	38	2	964	11	35	3	003
8	48	2	995	9	43	3	018	10	39	3	042	11	36	3	088
8	49	3	057	9	44	3	088	10	40	3	120	11	37	3	174
8	50	3	120	9	45	3	159	10	41	3	198	11	38	3	260
8	51	3	182	9	46	3	229	10	42	3	276	11	39	3	346
8	52	3	244	9	47	3	299	10	43	3	354	11	40	3	432
8	53	3	307	9	48	3	369	10	44	3	432	11	41	3	517
8	54	3	369	9	49	3	439	10	45	3	510	11	42	3	603
8	55	3	432	9	50	3	510	10	46	3	588	11	43	3	689
8	56	3	494	9	51	3	580	10	47	3	666	11	44	3	775
8	57	3	556	9	52	3	650	10	48	3	744	11	45	3	861
8	58	3	619	9	53	3	720	10	49	3	822	11	46	3	946
8	59	3	681	9	54	3	790	10	50	3	900	11	47	4	032
8	60	3	744	9	55	3	861	10	51	3	978	11	48	4	118
8	61	3	806	9	56	3	931	10	52	4	056	11	49	4	204
8	62	3	868	9	57	4	001	10	53	4	134	11	50	4	290
8	63	3	931	9	58	4	071	10	54	4	212	11	51	4	375
8	64	3	993	9	59	4	141	10	55	4	290	11	52	4	461
8	65	4	056	9	60	4	212	10	56	4	368	11	53	4	547
8	66	4	118	9	61	4	282	10	57	4	446	11	54	4	633
8	67	4	180	9	62	4	352	10	58	4	524	11	55	4	719
8	68	4	243	9	63	4	422	10	59	4	602	11	56	4	804
8	69	4	305	9	64	4	492	10	60	4	680	11	57	4	890
8	70	4	368	9	65	4	563	10	61	4	758	11	58	4	976
9	9	0	631	9	66	4	633	10	62	4	836	11	59	5	062
9	10	0	702	9	67	4	703	10	63	4	914	11	60	5	148
9	11	0	772	9	68	4	773	10	64	4	992	11	61	5	233
9	12	0	842	9	69	4	843	10	65	5	070	11	62	5	319
9	13	0	912	9	70	4	914	10	66	5	148	11	63	5	405
9	14	0	982	10	10	0	780	10	67	5	226	11	64	5	491
9	15	1	053	10	11	0	858	10	68	5	304	11	65	5	577
9	16	1	123	10	12	0	936	10	69	5	382	11	66	5	662
9	17	1	193	10	13	1	014	10	70	5	460	11	67	5	748
9	18	1	263	10	14	1	092	11	11	0	943	11	68	5	834
9	19	1	333	10	15	1	170	11	12	1	029	11	69	5	920
9	20	1	404	10	16	1	248	11	13	1	115	11	70	6	006
9	21	1	474	10	17	1	326	11	14	1	201	12	12	1	124
9	22	1	544	10	18	1	404	11	15	1	287	12	13	1	216
9	23	1	614	10	19	1	482	11	16	1	372	12	14	1	310
9	24	1	684	10	20	1	560	11	17	1	458	12	15	1	404
9	25	1	755	10	21	1	638	11	18	1	544	12	16	1	497
9	26	1	825	10	22	1	716	11	19	1	630	12	17	1	591
9	27	1	895	10	23	1	794	11	20	1	716	12	18	1	684
9	28	1	965	10	24	1	872	11	21	1	801	12	19	1	778
9	29	2	035	10	25	1	950	11	22	1	887	12	20	1	872
9	30	2	106	10	26	2	028	11	23	1	973	12	21	1	965
9	31	2	176	10	27	2	106	11	24	2	059	12	22	2	059

DIMENSIONS		POIDS		DIMENSIONS		POIDS		DIMENSIONS		POIDS		DIMENSIONS		POIDS	
ÉPAISSEUR	LARGEUR	KILOGR.	GRAMMES	ÉPAISSEUR	LARGEUR	KILOGR.	GRAMMES	ÉPAISSEUR	LARGEUR	KILOGR.	GRAMMES	ÉPAISSEUR	LARGEUR	KILOGR.	GRAMMES
mill.	mill.			mill.	mill.			mill.	mill.			mill.	mill.		
12	23	2	152	13	22	2	230	14	22	2	402	15	23	2	691
12	24	2	246	13	23	2	332	14	23	2	511	15	24	2	808
12	25	2	340	13	24	2	433	14	24	2	620	15	25	2	925
12	26	2	433	13	25	2	535	14	25	2	730	15	26	3	042
12	27	2	527	13	26	2	636	14	26	2	839	15	27	3	159
12	28	2	620	13	27	2	737	14	27	2	948	15	28	3	276
12	29	2	714	13	28	2	839	14	28	3	057	15	29	3	393
12	30	2	808	13	29	2	940	14	29	3	166	15	30	3	510
12	31	2	901	13	30	3	042	14	30	3	276	15	31	3	627
12	32	2	995	13	31	3	143	14	31	3	385	15	32	3	744
12	33	3	088	13	32	3	244	14	32	3	494	15	33	3	861
12	34	3	182	13	33	3	346	14	33	3	603	15	34	3	978
12	35	3	276	13	34	3	447	14	34	3	712	15	35	4	095
12	36	3	369	13	35	3	549	14	35	3	822	15	36	4	212
12	37	3	463	13	36	3	650	14	36	3	931	15	37	4	329
12	38	3	556	13	37	3	751	14	37	4	040	15	38	4	446
12	39	3	650	13	38	3	853	14	38	4	149	15	39	4	563
12	40	3	744	13	39	3	954	14	39	4	258	15	40	4	680
12	41	3	837	13	40	4	056	14	40	4	368	16	41	4	797
12	42	3	931	13	41	4	157	14	41	4	477	15	42	4	914
12	43	4	024	13	42	4	258	14	42	4	586	15	43	5	031
12	44	4	118	13	43	4	360	14	43	4	695	15	44	5	148
12	45	4	212	13	44	4	461	14	44	4	804	15	45	5	265
12	46	4	305	13	45	4	563	14	45	4	914	15	46	5	382
12	47	4	399	13	46	4	664	14	46	5	023	15	47	5	499
12	48	4	492	13	47	4	765	14	47	5	132	15	48	5	616
12	49	4	586	13	48	4	867	14	48	5	241	15	49	5	733
12	50	4	680	13	49	4	968	14	49	5	350	15	50	5	850
12	51	4	773	13	50	5	070	14	50	5	460	15	51	5	967
12	52	4	867	13	51	5	171	14	51	5	569	15	52	6	084
12	53	4	960	13	52	5	272	14	52	5	678	15	53	6	201
12	54	5	054	13	53	5	374	14	53	5	787	15	54	6	318
12	55	5	148	13	54	5	475	14	54	5	896	15	55	6	435
12	56	5	241	13	55	5	577	14	55	6	006	15	56	6	552
12	57	5	335	13	56	5	678	14	56	6	115	15	57	6	669
12	58	5	428	13	57	5	779	14	57	6	224	15	58	6	786
12	59	5	522	13	58	5	881	14	58	6	333	15	59	6	903
12	60	5	616	13	59	5	982	14	59	6	442	15	60	7	020
12	61	5	709	13	60	6	084	14	60	6	552	15	61	7	137
12	62	5	803	13	61	6	185	14	61	6	661	15	62	7	254
12	63	5	896	13	62	6	286	14	62	6	770	15	63	7	371
12	64	5	990	13	63	6	388	14	63	6	879	15	64	7	488
12	65	6	084	13	64	6	489	14	64	6	988	15	65	7	605
12	66	6	177	13	65	6	591	14	65	7	098	15	66	7	722
12	67	6	271	13	66	6	692	14	66	7	207	15	67	7	839
12	68	6	365	13	67	6	793	14	67	7	316	15	68	7	956
12	69	6	458	13	68	6	895	14	68	7	425	15	69	8	073
12	70	6	552	13	69	6	996	14	69	7	534	15	70	8	190
13	13	1	318	13	70	7	098	14	70	7	644	16	16	1	996
13	14	1	419	14	14	1	528	15	15	1	755	16	17	2	121
13	15	1	521	14	15	1	638	15	16	1	872	16	18	2	246
13	16	1	622	14	16	1	747	15	17	1	989	16	19	2	371
13	17	1	723	14	17	1	856	15	18	2	106	16	20	2	496
13	18	1	825	14	18	1	965	15	19	2	223	16	21	2	620
13	19	1	926	14	19	2	074	15	20	2	340	16	22	2	745
13	20	2	028	14	20	2	184	15	21	2	457	16	23	2	870
13	21	2	129	14	21	2	293	15	22	2	574	16	24	2	995

DIMENSIONS		POIDS		DIMENSIONS		POIDS		DIMENSIONS		POIDS		DIMENSIONS		POIDS	
ÉPAISSEUR	LARGEUR	KILOGR.	GRAMMES	ÉPAISSEUR	LARGEUR	KILOGR.	GRAMMES	ÉPAISSEUR	LARGEUR	KILOGR.	GRAMMES	ÉPAISSEUR	LARGEUR	KILOGR.	GRAMMES
mill.	mill.			mill.	mill.			mill.	mill.			mill.	mill.		
16	25	3	120	17	28	3	712	18	32	4	492	19	37	5	483
16	26	3	244	17	29	3	845	18	33	4	633	19	38	5	631
16	27	3	369	17	30	3	978	18	34	4	773	19	39	5	779
16	28	3	494	17	31	4	110	18	35	4	914	19	40	5	928
16	29	3	619	17	32	4	243	18	36	5	054	19	41	6	076
16	30	3	744	17	33	4	375	18	37	5	194	19	42	6	224
16	31	3	868	17	34	4	508	18	38	5	335	19	43	6	372
16	32	3	993	17	35	4	644	18	39	5	475	19	44	6	520
16	33	4	118	17	36	4	773	18	40	5	616	19	45	6	669
16	34	4	243	17	37	4	906	18	41	5	756	19	46	6	817
16	35	4	368	17	38	5	038	18	42	5	896	19	47	6	965
16	36	4	492	17	39	5	171	18	43	6	037	19	48	7	113
16	37	4	617	17	40	5	304	18	44	6	177	19	49	7	261
16	38	4	742	17	41	5	436	18	45	6	318	19	50	7	410
16	39	4	867	17	42	5	569	18	46	6	458	19	51	7	558
16	40	4	992	17	43	5	701	18	47	6	598	19	52	7	706
16	41	5	116	17	44	5	834	18	48	6	739	19	53	7	854
16	42	5	241	17	45	5	967	18	49	6	879	19	54	8	002
16	43	5	366	17	46	6	099	18	50	7	020	19	55	8	151
16	44	5	491	17	47	6	232	18	51	7	160	19	56	8	299
16	45	5	616	17	48	6	364	18	52	7	300	19	57	8	447
16	46	5	740	17	49	6	497	18	53	7	441	19	58	8	595
16	47	5	865	17	50	6	630	18	54	7	581	19	59	8	743
16	48	5	990	17	51	6	762	18	55	7	722	19	60	8	892
16	49	6	115	17	52	6	895	18	56	7	862	19	61	9	040
16	50	6	240	17	53	7	027	18	57	8	002	19	62	9	188
16	51	6	364	17	54	7	160	18	58	8	143	19	63	9	336
16	52	6	489	17	55	7	293	18	59	8	283	19	64	9	484
16	53	6	614	17	56	7	425	18	60	8	424	19	65	9	633
16	54	6	739	17	57	7	558	18	61	8	564	19	66	9	781
16	55	6	864	17	58	7	690	18	62	8	704	19	67	9	929
16	56	6	988	17	59	7	823	18	63	8	845	19	68	10	077
16	57	7	113	17	60	7	956	18	64	8	985	19	69	10	225
16	58	7	238	17	61	8	088	18	65	9	126	19	70	10	374
16	59	7	363	17	62	8	221	18	66	9	266	20	20	3	120
16	60	7	488	17	63	8	353	18	67	9	406	20	21	3	276
16	61	7	612	17	64	8	486	18	68	9	547	20	22	3	432
16	62	7	737	17	65	8	619	18	69	9	687	20	23	3	588
16	63	7	862	17	66	8	751	18	70	9	828	20	24	3	744
16	64	7	987	17	67	8	884	19	19	2	815	20	25	3	900
16	65	8	112	17	68	9	016	19	20	2	964	20	26	4	056
16	66	8	236	17	69	9	149	19	21	3	112	20	27	4	212
16	67	8	361	17	70	9	282	19	22	3	260	20	28	4	368
16	68	8	486	18	18	2	527	19	23	3	408	20	29	4	524
16	69	8	611	18	19	2	667	19	24	3	556	20	30	4	680
16	70	8	736	18	20	2	808	19	25	3	705	20	31	4	836
17	17	2	254	18	21	2	948	19	26	3	853	20	32	4	992
17	18	2	386	18	22	3	088	19	27	4	001	20	33	5	148
17	19	2	519	18	23	3	229	19	28	4	149	20	34	5	304
17	20	2	652	18	24	3	369	19	29	4	297	20	35	5	460
17	21	2	784	18	25	3	510	19	30	4	446	20	36	5	616
17	22	2	917	18	26	3	650	19	31	4	594	20	37	5	772
17	23	3	049	18	27	3	790	19	32	4	742	20	38	5	928
17	24	3	182	18	28	3	931	19	33	4	890	20	39	6	084
17	25	3	315	18	29	4	071	19	34	5	038	20	40	6	240
17	26	3	447	18	30	4	212	19	35	5	187	20	41	6	396
17	27	3	580	18	31	4	352	19	36	5	335	20	42	6	552

| DIMENSIONS | | POIDS | | DIMENSIONS | | POIDS | | DIMENSIONS | | POIDS | | DIMENSIONS | | POIDS | |
| ÉPAISSEUR | LARGEUR | KILOGR. | GRAMMES | ÉPAISSEUR | LARGEUR | KILOGR. | GRAMMES | ÉPAISSEUR | LARGEUR | KILOGR. | GRAMMES | ÉPAISSEUR | LARGEUR | KILOGR. | GRAMMES |
mill.	mill.			mill.	mill.			mill.	mill.			mill.	mill.		
20	43	6	708	21	50	8	190	22	58	9	952	23	67	12	049
20	44	6	864	21	51	8	353	22	59	10	124	23	68	12	199
20	45	7	020	21	52	8	517	22	60	10	296	23	69	12	378
20	46	7	176	21	53	8	681	22	61	10	467	23	70	12	558
20	47	7	332	21	54	8	845	22	62	10	639	24	24	4	492
20	48	7	488	21	55	9	009	22	63	10	810	24	25	4	680
20	49	7	644	21	56	9	172	22	64	10	982	24	26	4	867
20	50	7	800	21	57	9	336	22	65	11	154	24	27	5	056
20	51	7	956	21	58	9	500	22	66	11	325	24	28	5	241
20	52	8	112	21	59	9	664	22	67	11	497	24	29	5	430
20	53	8	268	21	60	9	828	22	68	11	668	24	30	5	616
20	54	8	424	21	61	9	991	22	69	11	840	24	31	5	803
20	55	8	580	21	62	10	155	22	70	12	012	24	32	5	990
20	56	8	736	21	63	10	319	23	23	4	126	24	33	6	177
20	57	8	892	21	64	10	483	23	24	4	305	24	34	6	364
20	58	9	048	21	65	10	647	23	25	4	485	24	35	6	552
20	59	9	204	21	66	10	810	23	26	4	664	24	36	6	739
20	60	9	360	21	67	10	974	23	27	4	843	24	37	6	926
20	61	9	516	21	68	11	138	23	28	5	023	24	38	7	113
20	62	9	672	21	69	11	302	23	29	5	202	24	39	7	300
20	63	9	828	21	70	11	466	23	30	5	382	24	40	7	488
20	64	9	984	22	22	3	775	23	31	5	561	24	41	7	675
20	65	10	140	22	23	3	946	23	32	5	740	24	42	7	862
20	66	10	296	22	24	4	148	23	33	5	920	24	43	8	049
20	67	10	452	22	25	4	290	23	34	6	099	24	44	8	236
20	68	10	608	22	26	4	461	23	35	6	278	24	45	8	424
20	69	10	764	22	27	4	633	23	36	6	458	24	46	8	611
20	70	10	920	22	28	4	804	23	37	6	637	24	47	8	798
21	21	3	439	22	29	4	976	23	38	6	817	24	48	8	985
21	22	3	603	22	30	5	148	23	39	6	996	24	49	9	172
21	23	3	767	22	31	5	319	23	40	7	176	24	50	9	360
21	24	3	931	22	32	5	491	23	41	7	355	24	51	9	547
21	25	4	095	22	33	5	662	23	42	7	534	24	52	9	734
21	26	4	258	22	34	5	834	23	43	7	714	24	53	9	921
21	27	4	422	22	35	6	006	23	44	7	893	24	54	10	108
21	28	4	586	22	36	6	177	23	45	8	073	24	55	10	296
21	29	4	750	22	37	6	349	23	46	8	252	24	56	10	483
21	30	4	914	22	38	6	520	23	47	8	431	24	57	10	670
21	31	5	077	22	39	6	692	23	48	8	611	24	58	10	857
21	32	5	241	22	40	6	864	23	49	8	790	24	59	11	044
21	33	5	405	22	41	7	035	23	50	8	970	24	60	11	232
21	34	5	569	22	42	7	207	23	51	9	149	24	61	11	419
21	35	5	733	22	43	7	378	23	52	9	328	24	62	11	606
21	36	5	896	22	44	7	550	23	53	9	508	24	63	11	793
21	37	6	060	22	45	7	722	23	54	9	687	24	64	11	980
21	38	6	224	22	46	7	893	23	55	9	867	24	65	12	168
21	39	6	388	22	47	8	065	23	56	10	046	24	66	12	355
21	40	6	552	22	48	8	236	23	57	10	225	24	67	12	542
21	41	6	715	22	49	8	408	23	58	10	405	24	68	12	729
21	42	6	879	22	50	8	580	23	59	10	584	24	69	12	916
21	43	7	043	22	51	8	751	23	60	10	764	24	70	13	103
21	44	7	207	22	52	8	923	23	61	10	943	25	25	4	875
21	45	7	371	22	53	9	094	23	62	11	122	25	26	5	070
21	46	7	534	22	54	9	266	23	63	11	302	25	27	5	265
21	47	7	698	22	55	9	438	23	64	11	481	25	28	5	460
21	48	7	862	22	56	9	609	23	65	11	661	25	29	5	655
21	49	8	026	22	57	9	781	23	66	11	840	25	30	5	850

DIMENSIONS		POIDS		DIMENSIONS		POIDS		DIMENSIONS		POIDS		DIMENSIONS		POIDS	
ÉPAISSEUR	LARGEUR	KILOGR.	GRAMMES	ÉPAISSEUR	LARGEUR	KILOGR.	GRAMMES	ÉPAISSEUR	LARGEUR	KILOGR.	GRAMMES	ÉPAISSEUR	LARGEUR	KILOGR.	GRAMMES
mill.	mill.			mill.	mill.			mill.	mill.			mill.	mill.		
25	31	6	045	26	43	8	720	27	56	11	793	28	70	15	288
25	32	6	240	26	44	8	923	27	57	12	004	29	29	6	559
25	33	6	435	26	45	9	126	27	58	12	214	29	30	6	786
25	34	6	630	26	46	9	328	27	59	12	425	29	31	7	012
25	35	6	825	26	47	9	531	27	60	12	636	29	32	7	238
25	36	7	020	26	48	9	734	27	61	12	846	29	33	7	464
25	37	7	215	26	49	9	937	27	62	13	057	29	34	7	690
25	38	7	410	26	50	10	140	27	63	13	267	29	35	7	917
25	39	7	605	26	51	10	342	27	64	13	478	29	36	8	143
25	40	7	800	26	52	10	545	27	65	13	689	29	37	8	369
25	41	7	995	26	53	10	748	27	66	13	899	29	38	8	595
25	42	8	190	26	54	10	951	27	67	14	110	29	39	8	821
25	43	8	385	26	55	11	154	27	68	14	320	29	40	9	048
25	44	8	580	26	56	11	356	27	69	14	531	29	41	9	274
25	45	8	775	26	57	11	559	27	70	14	742	29	42	9	500
25	46	8	970	26	58	11	762	28	28	6	115	29	43	9	726
25	47	9	165	26	59	11	965	28	29	6	333	29	44	9	952
25	48	9	360	26	60	12	168	28	30	6	552	29	45	10	179
25	49	9	555	26	61	12	370	28	31	6	770	29	46	10	405
25	50	9	750	26	62	12	573	28	32	6	988	29	47	10	631
25	51	9	945	26	63	12	776	28	33	7	207	29	48	10	857
25	52	10	140	26	64	12	979	28	34	7	425	29	49	11	083
25	53	10	335	26	65	13	182	28	35	7	644	29	50	11	310
25	54	10	530	26	66	13	384	28	36	7	862	29	51	11	536
25	55	10	725	26	67	13	587	28	37	8	080	29	52	11	762
25	56	10	920	26	68	13	790	28	38	8	299	29	53	11	988
25	57	11	115	26	69	13	993	28	39	8	517	29	54	12	214
25	58	11	310	26	70	14	196	28	40	8	736	29	55	12	441
25	59	11	505	27	27	5	686	28	41	8	954	29	56	12	667
25	60	11	700	27	28	5	896	28	42	9	172	29	57	12	893
25	61	11	895	27	29	6	107	28	43	9	391	29	58	13	119
25	62	12	090	27	30	6	318	28	44	9	609	29	59	13	345
25	63	12	285	27	31	6	528	28	45	9	828	29	60	13	572
25	64	12	480	27	32	6	739	28	46	10	046	29	61	13	798
25	65	12	675	27	33	6	949	28	47	10	264	29	62	14	024
25	66	12	870	27	34	7	160	28	48	10	483	29	63	14	250
25	67	13	065	27	35	7	371	28	49	10	701	29	64	14	476
25	68	13	260	27	36	7	581	28	50	10	920	29	65	14	703
25	69	13	455	27	37	7	792	28	51	11	138	29	66	14	929
25	70	13	650	27	38	8	002	28	52	11	356	29	67	15	155
26	26	5	272	27	39	8	213	28	53	11	575	29	68	15	381
26	27	5	475	27	40	8	424	28	54	11	793	29	69	15	607
26	28	5	678	27	41	8	634	28	55	12	012	29	70	15	834
26	29	5	881	27	42	8	845	28	56	12	230	30	30	7	020
26	30	6	084	27	43	9	055	28	57	12	448	30	31	7	254
26	31	6	286	27	44	9	266	28	58	12	667	30	32	7	488
26	32	6	489	27	45	9	477	28	59	12	885	30	33	7	722
26	33	6	692	27	46	9	687	28	60	13	104	30	34	7	956
26	34	6	895	27	47	9	898	28	61	13	322	30	35	8	190
26	35	7	098	27	48	10	108	28	62	13	540	30	36	8	424
26	36	7	300	27	49	10	319	28	63	13	759	30	37	8	658
26	37	7	503	27	50	10	530	28	64	13	977	30	38	8	892
26	38	7	706	27	51	10	740	28	65	14	196	30	39	9	126
26	39	7	909	27	52	10	951	28	66	14	414	30	40	9	360
26	40	8	112	27	53	11	161	28	67	14	632	30	41	9	594
26	41	8	314	27	54	11	372	28	68	14	851	30	42	9	828
26	42	8	517	27	55	11	583	28	69	15	069	30	43	10	062

DIMENSIONS		POIDS		DIMENSIONS		POIDS		DIMENSIONS		POIDS		DIMENSIONS		POIDS	
ÉPAISSEUR	LARGEUR	KILOGR.	GRAMMES	ÉPAISSEUR	LARGEUR	KILOGR.	GRAMMES	ÉPAISSEUR	LARGEUR	KILOGR.	GRAMMES	ÉPAISSEUR	LARGEUR	KILOGR.	GRAMMES
mill.	mill.			mill.	mill.			mill.	mill.			mill.	mill.		
30	44	10	296	31	61	14	749	33	41	10	553	34	61	16	177
30	45	10	530	31	62	14	991	33	42	10	810	34	62	16	442
30	46	10	764	31	63	15	233	33	43	11	068	34	63	16	707
30	47	10	998	31	64	15	475	33	44	11	325	34	64	16	972
30	48	11	232	31	65	15	717	33	45	11	583	34	65	17	238
30	49	11	466	31	66	15	958	33	46	11	840	34	66	17	503
30	50	11	700	31	67	16	200	33	47	12	097	34	67	17	768
30	51	11	934	31	68	16	442	33	48	12	355	34	68	18	033
30	52	12	168	31	69	16	684	33	49	12	612	34	69	18	298
30	53	12	402	31	70	16	926	33	50	12	870	34	70	18	564
30	54	12	636	32	32	7	987	33	51	13	127	35	35	9	555
30	55	12	870	32	33	8	236	33	52	13	384	35	36	9	828
30	56	13	104	32	34	8	486	33	53	13	642	35	37	10	101
30	57	13	338	32	35	8	736	33	54	13	899	35	38	10	374
30	58	13	572	32	36	8	985	33	55	14	157	35	39	10	647
30	59	13	806	32	37	9	235	33	56	14	414	35	40	10	920
30	60	14	040	32	38	9	484	33	57	14	671	35	41	11	193
30	61	14	274	32	39	9	734	33	58	14	929	35	42	11	466
30	62	14	508	32	40	9	984	33	59	15	186	35	43	11	739
30	63	14	742	32	41	10	233	33	60	15	444	35	44	12	012
30	64	14	976	32	42	10	483	33	61	15	701	35	45	12	285
30	65	15	210	32	43	10	732	33	62	15	958	35	46	12	558
30	66	15	444	32	44	10	982	33	63	16	216	35	47	12	831
30	67	15	678	32	45	11	232	33	64	16	473	35	48	13	104
30	68	15	912	32	46	11	481	33	65	16	731	35	49	13	377
30	69	16	146	32	47	11	731	33	66	16	988	35	50	13	650
30	70	16	380	32	48	11	980	33	67	17	245	35	51	13	923
31	31	7	495	32	49	12	230	33	68	17	503	35	52	14	196
31	32	7	737	32	50	12	480	33	69	17	760	35	53	14	469
31	33	7	979	32	51	12	729	33	70	18	018	35	54	14	742
31	34	8	221	32	52	12	979	34	34	9	016	35	55	15	015
31	35	8	463	32	53	13	228	34	35	9	282	35	56	15	288
31	36	8	704	32	54	13	478	34	36	9	547	35	57	15	561
31	37	8	946	32	55	13	728	34	37	9	812	35	58	15	834
31	38	9	188	32	56	13	977	34	38	10	077	35	59	16	107
31	39	9	430	32	57	14	227	34	39	10	342	35	60	16	380
31	40	9	672	32	58	14	476	34	40	10	608	35	61	16	653
31	41	9	913	32	59	14	726	34	41	10	873	35	62	16	926
31	42	10	155	32	60	14	976	34	42	11	138	35	63	17	199
31	43	10	397	32	61	15	225	34	43	11	403	35	64	17	472
31	44	10	639	32	62	15	475	34	44	11	668	35	65	17	745
31	45	10	881	32	63	15	724	34	45	11	934	35	66	18	018
31	46	11	122	32	64	15	974	34	46	12	199	35	67	18	291
31	47	11	364	32	65	16	224	34	47	12	464	35	68	18	564
31	48	11	606	32	66	16	473	34	48	12	729	35	69	18	837
31	49	11	848	32	67	16	723	34	49	12	994	35	70	19	110
31	50	12	090	32	68	16	972	34	50	13	260	36	36	10	108
31	51	12	331	32	69	17	222	34	51	13	525	36	37	10	388
31	52	12	573	32	70	17	472	34	52	13	790	36	38	10	670
31	53	12	815	33	33	8	494	34	53	14	055	36	39	10	951
31	54	13	057	33	34	8	751	34	54	14	320	36	40	11	232
31	55	13	299	33	35	9	009	34	55	14	586	36	41	11	512
31	56	13	540	33	36	9	266	34	56	14	851	36	42	11	793
31	57	13	782	33	37	9	523	34	57	15	116	36	43	12	070
31	58	14	024	33	38	9	781	34	58	15	381	36	44	12	355
31	59	14	266	33	39	10	038	34	59	15	646	36	45	12	636
31	60	14	508	33	40	10	296	34	60	15	912	36	46	12	916

DIMENSIONS		POIDS		DIMENSIONS		POIDS		DIMENSIONS		POIDS		DIMENSIONS		POIDS	
ÉPAISSEUR	LARGEUR	KILOGR.	GRAMMES	ÉPAISSEUR	LARGEUR	KILOGR.	GRAMMES	ÉPAISSEUR	LARGEUR	KILOGR.	GRAMMES	ÉPAISSEUR	LARGEUR	KILOGR.	GRAMMES
mill.	mill.			mill.	mill.			mill.	mill.			mill.	mill.		
36	47	13	197	37	70	20	202	39	62	18	860	41	58	18	548
36	48	13	478	38	38	11	263	39	63	19	164	41	59	18	868
36	49	13	759	38	39	11	559	39	64	19	468	41	60	19	188
36	50	14	040	38	40	11	856	39	65	19	779	41	61	19	507
36	51	14	320	38	41	12	152	39	66	20	077	41	62	19	827
36	52	14	601	38	42	12	448	39	67	20	384	41	63	20	147
36	53	14	882	38	43	12	745	39	68	20	685	41	64	20	467
36	54	15	163	38	44	13	041	39	69	20	989	41	65	20	787
36	55	15	444	38	45	13	338	39	70	21	294	41	66	21	106
36	56	15	724	38	46	13	634	40	40	12	480	41	67	21	426
36	57	16	005	38	47	13	930	40	41	12	792	41	68	21	746
36	58	16	286	38	48	14	227	40	42	13	104	41	69	22	066
36	59	16	567	38	49	14	523	40	43	13	416	41	70	22	386
36	60	16	848	38	50	14	820	40	44	13	728	42	42	13	759
36	61	17	128	38	51	15	116	40	45	14	040	42	43	14	086
36	62	17	409	38	52	15	412	40	46	14	352	42	44	14	414
36	63	17	690	38	53	15	709	40	47	14	664	42	45	14	742
36	64	17	971	38	54	16	005	40	48	14	976	42	46	15	069
36	65	18	252	38	55	16	302	40	49	15	288	42	47	15	397
36	66	18	532	38	56	16	598	40	50	15	600	42	48	15	724
36	67	18	813	38	57	16	894	40	51	15	912	42	49	16	052
36	68	19	094	38	58	17	191	40	52	16	224	42	50	16	380
36	69	19	375	38	59	17	487	40	53	16	536	42	51	16	707
36	70	19	656	38	60	17	784	40	54	16	848	42	52	17	035
37	37	10	678	38	61	18	080	40	55	17	160	42	53	17	362
37	38	10	966	38	62	18	375	40	56	17	472	42	54	17	690
37	39	11	255	38	63	18	673	40	57	17	784	42	55	18	018
37	40	11	544	38	64	18	969	40	58	18	096	42	56	18	343
37	41	11	832	38	65	19	266	40	59	18	408	42	57	18	673
37	42	12	121	38	66	19	562	40	60	18	720	42	58	19	000
37	43	12	409	38	67	19	858	40	61	19	032	42	59	19	328
37	44	12	698	38	68	20	155	40	62	19	344	42	60	19	656
37	45	12	987	38	69	20	451	40	63	19	656	42	61	19	983
37	46	13	275	38	70	20	748	40	64	19	968	42	62	20	311
37	47	13	564	39	39	11	863	40	65	20	280	42	63	20	638
37	48	13	852	39	40	12	168	40	66	20	592	42	64	20	966
37	49	14	141	39	41	12	472	40	67	20	904	42	65	21	294
37	50	14	430	39	42	12	776	40	68	21	216	42	66	21	621
37	51	14	718	39	43	13	080	40	69	21	528	42	67	21	949
37	52	15	007	39	44	13	384	40	70	21	840	42	68	22	276
37	53	15	295	39	45	13	689	41	41	13	111	42	69	22	604
37	54	15	584	39	46	13	993	41	42	13	431	42	70	22	932
37	55	15	873	39	47	14	297	41	43	13	751	43	43	14	422
37	56	16	161	39	48	14	601	41	44	14	071	43	44	14	737
37	57	16	450	39	49	14	905	41	45	14	391	43	45	15	093
37	58	16	738	39	50	15	210	41	46	14	710	43	46	15	428
37	59	17	027	39	51	15	514	41	47	15	030	43	47	15	763
37	60	17	316	39	52	15	818	41	48	15	350	43	48	16	099
37	61	17	604	39	53	16	122	41	49	15	670	43	49	16	434
37	62	17	893	39	54	16	426	41	50	15	990	43	50	16	770
37	63	18	181	39	55	16	731	41	51	16	309	43	51	17	105
37	64	18	470	39	56	17	035	41	52	16	629	43	52	17	440
37	65	18	759	39	57	17	339	41	53	16	949	43	53	17	776
37	66	19	047	39	58	17	643	41	54	17	269	43	54	18	111
37	67	19	336	39	59	97	947	41	55	17	589	43	55	18	447
37	68	19	624	39	60	18	252	41	56	17	909	43	56	18	782
37	69	19	913	39	61	18	556	41	57	18	228	43	57	19	117

DIMENSIONS		POIDS		DIMENSIONS		POIDS		DIMENSIONS		POIDS		DIMENSIONS		POIDS	
ÉPAISSEUR	LARGEUR	KILOGR.	GRAMMES	ÉPAISSEUR	LARGEUR	KILOGR.	GRAMMES	ÉPAISSEUR	LARGEUR	KILOGR.	GRAMMES	ÉPAISSEUR	LARGEUR	KILOGR.	GRAMMES
mill.	mill.							mill.	mill.			mill.	mill.		
43	38	19	453	45	62	21	762	47	70	25	662	50	61	23	790
43	59	19	788	45	63	22	113	48	48	17	971	50	62	24	180
43	60	20	124	45	64	22	464	48	49	18	345	50	63	24	570
43	61	20	459	45	65	22	815	48	50	18	720	50	64	24	960
43	62	20	794	45	66	23	166	48	51	19	094	50	65	25	350
43	63	21	130	45	67	23	517	48	52	19	468	50	66	25	740
43	64	21	465	45	68	23	868	48	53	19	843	50	67	26	130
43	65	21	800	45	69	24	219	48	54	20	217	50	68	26	520
43	66	22	136	45	70	24	570	48	55	20	592	50	69	26	910
43	67	22	471	46	46	16	504	48	56	20	966	50	70	27	300
43	68	22	807	46	47	16	863	48	57	21	340	51	51	20	287
43	69	23	142	46	48	17	222	48	58	21	715	51	52	20	685
43	70	23	478	46	49	17	581	48	59	22	089	51	53	21	083
44	44	15	100	46	50	17	940	48	60	22	464	51	54	21	481
44	45	15	444	46	51	18	298	48	61	22	838	51	55	21	879
44	46	15	787	46	52	18	657	48	62	23	212	51	56	22	276
44	47	16	130	46	53	19	016	48	63	23	587	51	57	22	674
44	48	16	473	46	54	19	375	48	64	23	961	51	58	23	072
44	49	16	816	46	55	19	734	48	65	24	336	51	59	23	470
44	50	17	160	46	56	20	092	48	66	24	710	51	60	23	868
44	51	17	503	46	57	20	451	48	67	25	084	51	61	24	265
44	52	17	846	46	58	20	810	48	68	25	459	51	62	24	663
44	53	18	189	46	59	21	169	48	69	25	833	51	63	25	061
44	54	18	532	46	60	21	528	48	70	26	208	51	64	25	459
44	55	18	876	46	61	21	886	49	49	18	727	51	65	25	857
44	56	19	219	46	62	22	245	49	50	19	110	51	66	26	254
44	57	19	562	46	63	22	604	49	51	19	492	51	67	26	652
44	58	19	905	46	64	22	963	49	52	19	874	51	68	27	050
44	59	20	248	46	65	23	322	49	53	20	256	51	69	27	448
44	60	20	592	46	66	23	680	49	54	20	638	51	70	27	846
44	61	20	935	46	67	24	039	49	55	21	821	52	52	21	091
44	62	21	278	46	68	24	398	49	56	21	403	52	53	21	496
44	63	21	621	46	69	24	757	49	57	21	785	52	54	21	902
44	64	21	964	46	70	25	116	49	58	22	167	52	55	22	308
44	65	22	308	47	47	17	230	49	59	22	549	52	56	22	713
44	66	22	651	47	48	17	596	49	60	22	932	52	57	23	119
41	67	22	994	47	49	17	963	49	61	23	314	52	58	23	524
44	68	23	337	47	50	18	330	49	62	23	696	52	59	23	930
44	69	23	680	47	51	18	696	49	63	24	078	52	60	24	336
44	70	14	024	47	52	19	063	49	64	24	460	52	61	24	741
45	45	15	795	47	53	19	429	49	65	24	843	52	62	25	147
45	46	16	146	47	54	19	796	49	66	25	225	52	63	25	352
45	47	16	497	47	55	20	163	49	67	25	607	52	63	25	958
45	48	16	848	47	56	20	529	49	68	25	989	52	65	26	364
45	49	17	199	47	57	20	896	49	69	26	371	52	66	26	769
45	50	17	550	47	58	21	262	49	70	26	754	52	67	27	175
45	51	17	901	47	59	21	629	50	50	19	500	52	68	27	580
45	52	18	252	47	60	21	996	50	51	19	890	52	69	27	986
45	53	18	603	47	61	22	362	50	52	20	280	52	70	28	392
45	54	18	954	47	62	22	729	50	53	20	670	53	53	21	910
45	55	19	305	47	63	23	095	50	54	21	060	53	54	22	323
45	56	19	656	47	64	23	462	50	55	21	450	53	55	22	737
45	57	20	007	47	65	23	829	50	56	21	840	53	56	23	150
45	58	20	358	47	66	24	195	50	57	22	230	53	57	23	563
45	59	20	709	47	67	24	562	50	58	22	620	53	58	23	977
45	60	21	060	47	68	24	928	50	59	23	010	53	59	23	390
45	61	21	411	47	69	25	295	50	60	23	400	53	60	24	804

DIMENSIONS		POIDS		DIMENSIONS		POIDS		DIMENSIONS		POIDS		DIMENSIONS		POIDS	
ÉPAISSEUR	LARGEUR	KILOGR.	GRAMMES	ÉPAISSEUR	LARGEUR	KILOGR.	GRAMMES	ÉPAISSEUR	LARGEUR	KILOGR.	GRAMMES	ÉPAISSEUR	LARGEUR	KILOGR.	GRAMMES
mill.	mill.			mill.	mill.			mill.	mill.			mill.	mill.		
53	61	25	217	56	62	27	081	60	61	28	548	65	70	35	490
53	62	25	630	56	63	27	518	60	62	29	016	66	66	33	976
53	63	26	044	56	64	27	955	60	63	29	484	66	67	34	491
53	64	26	457	56	65	28	392	60	64	29	952	66	68	35	006
53	65	26	871	56	66	28	828	60	65	30	420	66	69	35	521
53	66	27	284	56	67	29	265	60	66	30	888	66	70	36	036
53	67	27	697	56	68	29	702	60	67	31	356	67	67	35	014
53	68	28	111	56	69	30	139	60	68	31	824	67	68	35	536
53	69	28	524	56	70	30	576	60	69	32	292	67	69	36	059
53	70	28	938	57	57	25	342	60	70	32	760	67	70	36	582
54	54	22	744	57	58	25	786	61	61	29	023	68	68	36	067
54	55	23	166	57	59	26	231	61	62	29	499	68	69	36	597
54	56	23	587	57	60	26	676	61	63	29	975	68	70	37	128
54	57	24	008	57	61	27	120	61	64	30	451	69	69	37	135
54	58	24	429	57	62	27	565	61	65	30	927	69	70	37	674
54	59	24	850	57	63	28	009	61	66	31	402	70	70	38	220
54	60	25	272	57	64	28	454	61	67	31	878	71	71	39	319
54	61	25	693	57	65	28	899	61	68	32	354	72	72	40	435
54	62	26	114	57	66	29	343	61	69	32	830	73	73	41	566
54	63	26	535	57	67	29	788	61	70	33	306	74	74	42	712
54	64	26	956	57	68	30	232	62	62	29	983	75	75	43	875
54	65	27	378	57	69	30	677	62	63	30	466	76	76	45	052
54	66	27	799	57	70	31	121	62	64	30	950	77	77	46	246
54	67	28	220	58	58	26	239	62	65	31	434	78	78	47	455
54	68	28	641	58	59	26	691	62	66	31	917	79	79	48	679
54	69	29	062	58	60	27	144	62	67	32	411	80	80	49	920
54	70	29	484	58	61	27	596	62	68	32	884	81	81	51	175
55	55	23	395	58	62	28	048	62	69	33	368	82	82	52	447
55	56	24	024	58	63	28	501	62	70	33	852	83	83	53	734
55	57	24	453	58	64	28	953	63	63	30	936	84	84	55	036
55	58	24	882	58	65	29	405	63	64	31	449	85	85	56	355
55	59	25	311	58	66	29	858	63	65	31	941	86	86	57	688
55	60	25	740	58	67	30	310	63	66	32	432	87	87	59	038
55	61	26	169	58	68	30	763	63	67	32	923	88	88	60	403
55	62	26	598	58	69	31	215	63	68	33	415	89	89	61	783
55	63	27	027	58	70	31	668	63	69	33	906	90	90	63	180
55	64	27	456	59	59	27	151	63	70	34	398	91	91	64	591
55	65	27	885	59	60	27	612	64	64	31	948	92	92	66	019
55	66	28	314	59	61	28	072	64	65	32	448	93	93	67	462
55	67	28	743	59	62	28	532	64	66	32	947	94	94	68	920
55	68	29	172	59	63	28	992	64	67	33	446	95	95	70	395
55	69	29	601	59	64	29	452	64	68	33	945	96	96	71	884
55	70	30	030	59	65	29	913	64	69	34	444	97	97	73	390
56	56	24	460	59	66	30	375	64	70	34	944	98	98	74	911
56	57	24	897	59	67	30	833	65	65	32	955	99	99	76	447
56	58	25	334	59	68	31	293	65	66	33	462	100	100	78	000
56	59	25	774	59	69	31	753	65	67	33	969				
56	60	26	208	59	70	32	214	65	68	34	476				
56	61	26	644	60	60	28	080	65	69	34	983				

TABLEAU DES POIDS AU MÈTRE LINÉAIRE

DES FERS RONDS DE DEUX A CENT MILLIMÈTRES DE DIAMÈTRE

(On trouvera au chapitre *Kiosques-Volières*, le tableau des fers en fil.)

DIAMÈTRE	POIDS		DIAMÈTRE	POIDS		DIAMÈTRE	POIDS		DIAMÈTRE	POIDS		DIAMÈTRE	POIDS	
	KIL.	GRAM.		KIL.	GRAM.		KIL.	GRAM.		KIL.	GRAM.		KIL.	GRAM.
mill.			mill.			mill.			mill.			mill.		
2	0	024	22	2	964	42	10	805	62	23	547	82	41	191
3	0	055	23	3	240	43	11	326	63	24	314	83	42	202
4	0	097	24	3	528	44	11	859	64	25	094	84	43	225
5	0	153	25	3	828	45	12	405	65	25	892	85	44	260
6	0	220	26	4	140	46	12	962	66	26	684	86	45	307
7	0	300	27	4	465	47	13	532	67	27	499	87	46	367
8	0	392	28	4	802	48	14	113	68	28	328	88	47	438
9	0	496	29	5	151	49	14	708	69	29	165	89	48	524
10	0	612	30	5	513	50	15	314	70	30	019	90	49	620
11	0	741	31	5	886	51	15	933	71	30	881	91	50	729
12	0	881	32	6	272	52	16	563	72	31	757	92	51	850
13	1	035	33	6	671	53	17	207	73	32	645	93	52	983
14	1	200	34	7	082	54	17	863	74	33	545	94	54	128
15	1	378	35	7	504	55	18	530	75	34	457	95	55	287
16	1	568	36	7	939	56	19	209	76	35	384	96	56	456
17	1	770	37	8	385	57	19	903	77	36	321	97	57	639
18	1	984	38	8	816	58	20	607	78	37	270	98	58	823
19	2	211	39	9	317	59	21	324	79	38	232	99	60	040
20	2	448	40	9	792	60	22	053	80	39	168	100	61	259
21	2	701	41	10	297	61	22	794	81	40	191			

COMBUSTIBLES

Les combustibles employés pour la fabrication et le travail du fer ont un double rôle : ils produisent la chaleur et agissent sur le métal comme agents chimiques au point d'en changer la nature.

Nous nous occuperons seulement des combustibles employés à la forge, qui sont : le charbon de bois, la tourbe, la houille, et, à la rigueur, le bois, la houille maigre, le coke, etc.

Le charbon de bois donne. . . 4 800 calories [1]
Le charbon de tourbe. . . . . . 4 550 —
La houille maréchale. . . . . . 5 011 —
Le coke (bon) . . . . 5 156 —

[1] On appelle calorie la quantité de chaleur nécessaire pour élever de 1° la température d'un litre d'eau ; il faut cent calories pour mettre un litre d'eau en ébullition.

Plus le combustible est inflammable, moins il représente de calories, exemple : le bois donne plus de moitié moins que son charbon, pris à volume égal.

CHARBON DE BOIS

Le charbon de bois est le résidu fixe qui provient de la distillation du bois et de sa combustion incomplète.

Il est composé de :

Carbone.	38,5
Eau combinée.	35,5
Cendres.	1,0
Eau libre.	25,0
	100,0

Le charbon de bois s'obtient, soit brûlé en plein air, en meules, *procédé des forêts,* soit dans des vases distillatoires qui permettent, en plus du charbon, de recueillir les produits volatils, riches en acide acétique et en esprit de bois.

Le bois donne en charbon environ 35 p. 100 de son volume.

Le charbon de bois est dense s'il est le produit d'un bois dur, et léger s'il provient d'un bois blanc ; il ne commence à brûler qu'à 240°.

TOURBE

La tourbe est formée par l'accumulation de débris végétaux en bancs horizontaux ; elle contient peu de soufre.

A l'état naturel, elle donne beaucoup de cendres, et on ne peut l'employer que fortement concentrée ou à l'état de charbon et pour le forgeage au marteau seulement.

HOUILLE

La houille est une roche noire plus ou moins foncée, résultat de la destruction des forêts herbacées, due à des bouleversements de l'écorce terrestre ; elle contient du carbone, des gaz bitumineux, des matières infusibles et terreuses.

Classées par utilité, on a : la *houille grasse* bitumineuse, la *houille demi-grasse* flambante, la *houille maigre* à courte flamme et la *houille sèche.*

La houille grasse est la plus favorable à la soudure ; sa faculté de se coaguler facilement permet d'envelopper le fer en formant voûte au-dessus, concentrer ainsi la chaleur et éviter l'oxydation.

La houille demi-grasse est moins favorable à la forge que la précédente mais peut cependant être employée.

L'usage de la houille maigre convient mieux pour chauffer les chaudières.

La houille sèche ne convient pas à la serrurerie.

COKE

Le coke est le charbon qui provient de la distillation de la houille; il est d'un aspect poreux, de couleur gris de fer.

Le coke est le combustible qui donne le plus de chaleur, mais ne brûle qu'en masse et sous l'influence d'un courant d'air rapide.

Dans les hauts fourneaux il remplace la houille, qui ne peut être employée à cause de la quantité de soufre qu'elle contient.

CHAPITRE II

PLANCHERS EN FER, LINTEAUX, FILETS, POUTRES ORDINAIRES ET ARMÉES

DES PLANCHERS EN GÉNÉRAL

L'emploi du fer dans la construction des planchers tend à se généraliser de plus en plus.

Outre ses qualités de résistance, du peu d'épaisseur qu'il permet de donner aux planchers, son incorruptibilité dans les parties encastrées, autorise le scellement des solives dans les murs mitoyens, où l'on ne peut, avec le bois, sceller que les poutres maîtresses portant chevêtres.

Les solives utilisées dans le système de chaînage donnent aussi une sécurité beaucoup plus grande; une solive en bois ancrée en fer, et soumise à une traction qui peut être considérable, cède, le bois se refoule sous la pression du boulon, et il se produit une extension du chaînage, qui peut être fatale à la construction; de plus, les solives en bois se corrompent promptement dans leurs portées encastrées.

Les planchers en fer disposés suivant les exigences du plan sont,

comme ceux en bois, composés de solives, chevêtres, poutres ou filets ;
ils en diffèrent par l'écartement beaucoup plus considérable des solives,
qui, dans les planchers en bois, se trouvent placées de 0ᵐ,30 à 0ᵐ,40
d'axe en axe, tandis que dans ceux en fer les écartements des solives
varient suivant les conditions de charges des planchers, et le système de
hourdi, de 0ᵐ,50 à 1 mètre d'axe en axe.

DIVERSES FORMES DE FERS

EMPLOYÉES DANS LA CONSTRUCTION DES PLANCHERS

Quoiqu'en général on emploie le fer à double T, nous devons dire
qu'on peut aussi employer :

1° Le fer *méplat* sur champ, bien que sa section soit loin d'être aussi
favorable à la résistance à la flexion, que celle du fer double T ; il peut
être employé dans la confection d'un plancher hourdé en plâtras et
plâtre, ou moellon et mortier, avec entretoises ou tirants ; le hourdi le
maintient latéralement sur toute sa longueur et le fait travailler dans les
meilleures conditions, étant donnée sa forme ;

2° Les rails de chemin de fer, à double champignon, à champignon
et patin, sont quelquefois employés ; si, par suite d'un marché avanta-
geux, on peut se procurer ces fers à bas prix, comme il arrive pour les
rails hors d'usage, ils peuvent encore constituer d'assez bons planchers,
mais pour de petites portées seulement, ou des linteaux ; leur section,
plus propice que celle du fer plat, est cependant en considérant le poids,
défectueuse à cause de leur faible hauteur : 0ᵐ,13 environ ; il est vrai
qu'on peut les doubler, en rivant, en boulonnant les patins l'un sur
l'autre, mais, on comprend qu'alors, la masse provenant des deux
patins réunis, se trouvant sur la ligne neutre, ne travaille plus, et que
c'est un poids de fer considérable, non seulement immobilisé, mais qui
vient encore charger inutilement le plancher qui doit déjà supporter une
charge donnée.

Les fers Λ, dits fers Zorès, renforcés au fond et aux patins, légers
dans leurs côtés latéraux, se présentent dans d'assez bonnes conditions,
mais sont surtout propres à recevoir les voûtains.

PLANCHERS ORDINAIRES

HOURDÉS EN PLATRAS ET PLATRE

Ce genre de plancher est le plus communément employé, l'écartement des solives est d'environ $0^m,70$, elles sont réunies par des entretoises en fer carré de $0^m,014$ à $0^m,016$, forgées et s'agrafant sur lesdites solives ; ces entretoises portent ordinairement pour l'écartement indiqué entre solives deux fentons ou côtes de vache, petits fers carrés variant de $0^m,009$ à $0^m,011$ (nous reparlerons plus loin spécialement des entretoises et fentons). Le hourdi en plâtras et plâtre se fait en plaçant sous les solives un plancher provisoire, en planches d'échafaudage qu'on supporte par des traverses, portées par des boulins placés verticalement ; on jette du plâtre entre les solives en y entremêlant des plâtras exempts de bistre (suie), puis on coule du plâtre en forme d'auget arrondi en creux, comme l'indique le croquis. Pour parer à la poussée du plâtre,

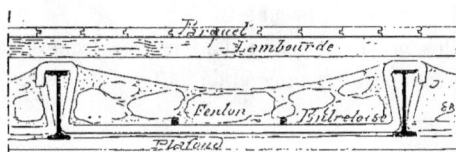

Fig. 1.

on laisse un vide entre la dernière travée et le mur auquel doit se rapporter le plancher ; il en résulte un léger cintrage des fers qui, maintenus à leur partie encastrée, ne peuvent subir la pression du plâtre sur toute la longueur, mais cet inconvénient est moins grave qu'une poussée directe, surtout, si l'on considère que tout plancher hourdé pousse sur un mur nouvellement construit. Le raccord se fait après l'effet complet du plâtre ; on fait aussi des hourdis pleins en plâtras et plâtre (fig. 1).

HOURDÉS EN MOELLON ET MORTIER

Le plancher hourdé en mortier, se fait ordinairement plein, l'ossature est, comme le plancher précédent, composée de fer double T, mais les entretoises sont remplacées par des boulons, écartés de mètre en mètre, et chevauchés comme le montre la figure 2.

Ainsi construit, le plancher ne pousse pas, et on peut employer le hourdi en plâtras et plâtre d'une prise plus prompte ; le cintrage, ou plancher provisoire se fait de la même manière que celle que nous avons indiquée à l'exemple précédent.

Ce mode de hourdi n'est guère employé que dans les planchers au

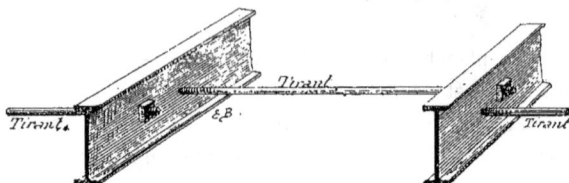

FIG. 2.

ras du sol; composé soit : de déchets de moellon ou meulière avec ciment ou chaux hydraulique et sable; il conserve mieux les parquets, étant moins apte à propager l'humidité.

HOURDÉS EN POTERIE

Ce procédé est d'une excessive variété dans la forme.

Les principales dispositions sont :

1° De grandes briques (creuses dans le sens transversal des solives) droites, biseautées aux extrémités et de 0ᵐ,08 d'épaisseur;

FIG. 3.

FIG. 4.

FIG. 5.

2° Briques cintrées, creuses dans le même sens que les solives, biseautées de même aux portées (système Périère aîné. Fig. 3, 4, et 5. Système Verdier).

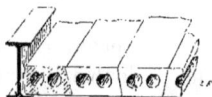

FIG. 6.

3° Briques tubulaires formant voûte (système Cartaux. Fig. 6).

4° Citons enfin les magnifiques produits de l'usine Muller. Entrevous courbes et creux, les entrevous creux à couvre-joints, et en plusieurs pièces (fig. 7).

Les hourdis légers, creux, à compartiments et arc intérieur (fig. 8).

Fig. 7.

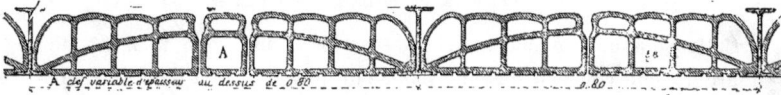

Fig. 8.

PLANCHERS VOUTÉS EN BRIQUE PLEINE

Ce mode de faire est très usité pour les ponts, les planchers d'usines, et en général partout où on a à supporter des charges considérables ; nous avons dit que les fers Zorès se prêtaient bien à ce genre de plancher, mais on fait aussi des briques spéciales dites *sommiers* qui s'adaptent dans le fer double T et reçoivent la butée.

On comprend de même, que quelle que soit la nature du hourdi em-

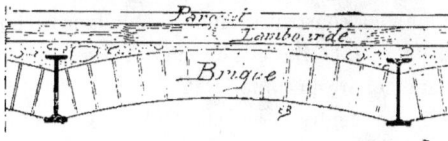

Fig. 9.

ployé, plâtre, mortier ou ciment, le remplissage se fait avec la plus grande facilité, et la butée remplissant bien le fer donne toute la sécurité désirable (fig. 9).

PLANCHERS VOUTÉS EN BRIQUE CREUSE

De même que le précédent, ce moyen s'emploie dans les planchers d'usines et de magasins ; devant presque toujours rester apparents, d'une plus grande légèreté, on a besoin de fers moins forts ; nous recommandons l'emploi du ciment pour le hourdi et les joints.

L'avantage des planchers hourdés en terre cuite, ou voûtés en brique, est d'être secs très rapidement, et de permettre presque immédiatement la pose des parquets.

On nomme ainsi les hourdis moulés sur place d'une seule pièce ; on peut leur donner immédiatement la forme décorative qu'on veut : caissons, solives en saillie, profilées, etc.

Tous ces planchers sont faits sans fentons ni entretoises.

VOUSSURES EN TOLE PYRAMIDÉES

Cette voussure remplacerait celle en terre cuite que nous donnons figure 7, elle consiste en une plaque de tôle A B C D dans le rapport voulu pour la flèche qu'on s'est proposé.

1° On porte alors de D en D' et de C en C' deux longueurs qui sont calculées en vue de la flèche dont il s'agit (la différence entre la demi-corde G' B et la ligne de plus grande pente G B) (fig. 10) ;

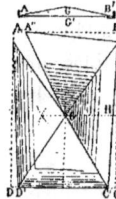
Fig. 10.

2° On porte de B en B' et de A en A' une longueur qui est dans le même rapport avec C C' et D D' que A D et B C avec A B et B C (c'est la proportion du rectangle) ;

3° Du point B' comme centre, on trace avec une ouverture de compas égale à C' D' un arc A'', et le point A'' est rejoint en B', au moyen d'une ligne droite ;

4° On déterminera le point G, centre de gravité et sommet de la pyramide à construire, au moyen de la perpendiculaire H G, élevée au milieu du côté C' B', et l'on marque sa rencontre avec la ligne G' G, perpendiculaire au milieu D' C' ;

5° Enfin, on joint au centre G les points A' D' C' B' et l'on entaille la feuille de tôle suivant A' G et A'', de manière à enlever le triangle A' G A.

Puis on plie les arêtes D' G, C', G et B' G ; on rejoint A'' avec A', on

Fig. 11.

applique une double bande rivée en A G et la pyramide est construite.

Ce procédé qui est applicable aux ponts donne en section la forme qu'on voit figure 11 (système Oppermann).

On peut aussi faire des voussures en tôle avec moins de travail ; il suffit de la cintrer en forme de voûte, et de la laisser reposer dans les ailes du fer, ou encore la plier simplement en dos d'âne et la poser de même.

PLANCHERS HABILLÉS EN BOIS ET APPARENTS EN DESSOUS

Ces planchers ne sont pas hourdés, ils sont faits avec double parquet dont l'un fait plafond et remplace les lambourdes.

La fig. 12 donne une disposition qui peut varier, et permet d'obtenir

FIG. 12.

un effet décoratif en caissonnant par des traverses ; des profils plus ou
moins riches accompagneront les caissons dans les angles.

La construction en est simple, les solives étant en place, percées de
trous de passage en nombre suffisant, et bien nivelées, on vient poser
les profils qu'on boulonne solidement l'un avec l'autre en traversant le
fer (les têtes sont entaillées et rebouchées après coup); on pose ensuite
le faux plancher formant plafond, puis le parquet transversalement sur
le faux plancher.

JUMELLES

On appelle ainsi deux solives non assemblées entre elles très rappro-

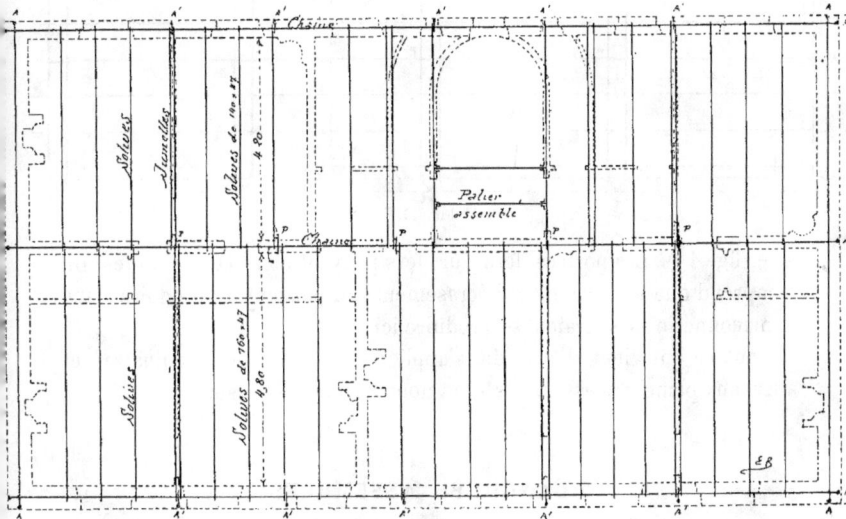

FIG. 13.

chées, 0m,10 environ, et qui sont destinées à supporter une cloison élevée
en porte à faux sur le plancher.

Assemblées, les jumelles deviennent de légers filets.

La construction d'un plancher ordinaire ne présente aucune difficulté, sa structure est la même que celle du plancher en bois, nous donnons (fig. 13) l'ensemble d'un plancher pour maison de rapport. La portée des solives sur les murs doit être de $0^m,20$.

PLANCHERS SUR POUTRES

Dans les grands espaces sans murs on fait porter les solives sur des poutres soulagées elles-mêmes par des colonnes si la portée est exces-

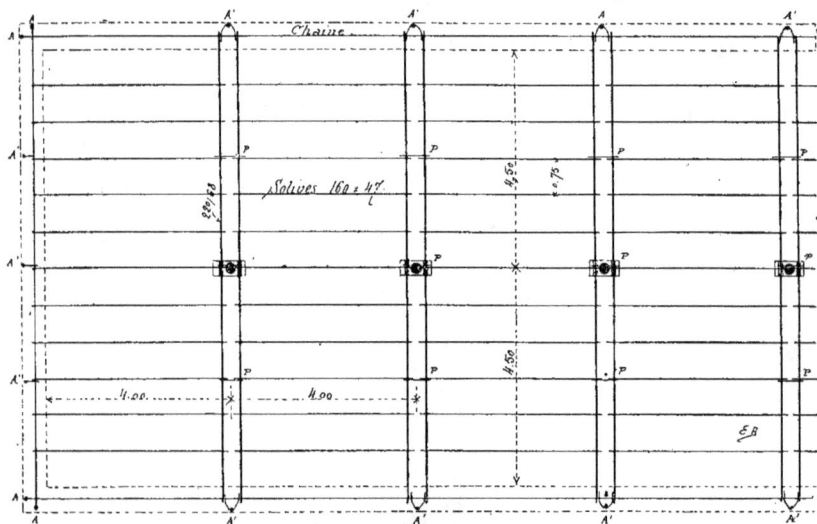

Fig. 14.

sive (fig. 14). Les portées fers sur fers peuvent alors être réduites, on comprend que les accidents d'écrasement qui peuvent se produire dans la maçonnerie ne sauraient se produire ici.

Tout ce qui vient d'être dit s'applique aux planchers ordinaires et aussi aux planchers assemblés dont nous parlons ci-dessous.

PLANCHERS ASSEMBLÉS

Les planchers assemblés diffèrent des précédents, en ce qu'au lieu de porter sur des murs de refends ou de reposer sur des filets, les solives sont assemblées à l'aide d'équerres sur des poutres (fig. 15).

On emploie ce moyen qui est plus coûteux, quand on est forcé d'observer une hauteur déterminée sous les poutres, et que d'autre part celles-ci par leur portée nécessitent une grande hauteur.

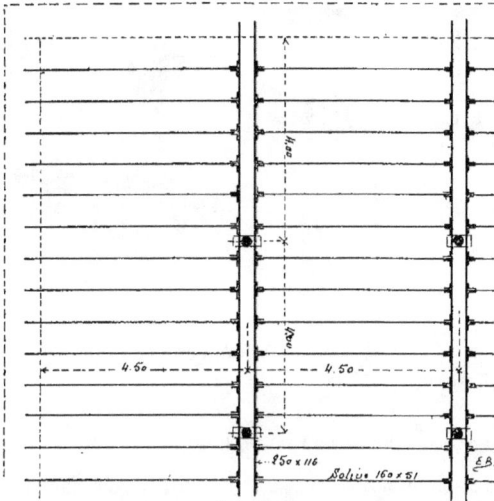

Fig. 15.

Suivant que le plancher doit être voûté ou hourdé, on doit disposer les solives sur la poutre, de manière à ce que l'extrados ne dépasse pas la partie supérieure ; cela dit, dans le cas d'une aire, en béton ou ciment devant aussi recouvrir la poutre ; si l'on doit poser un parquet portant directement sur la poutre, l'extrados des voûtains se trouvera à $0^m,05$ en contre-bas du dessus pour réserver la place des lambourdes placées transversalement sur les solives, et dans le sens longitudinal de la poutre ; on baissera donc les solives de toute la flèche de l'arc.

Si enfin le plancher est hourdé, on placera les solives de $0^m,05$ à $0^m,08$

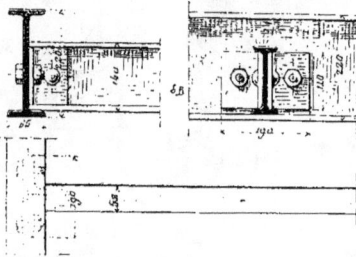

Fig. 15², 15³, 15⁴.

en contre-bas pour avoir l'emplacement des lambourdes et leurs scellements (fig. 15², 15³, 15⁴).

Les solives sont assemblées sur les poutres au moyen d'équerres prises dans de la cornière en barre de $\frac{70\times70}{10}$, rivées à chaud sur la

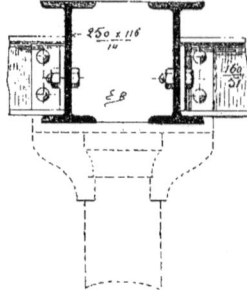

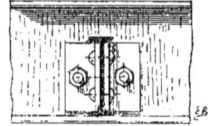

FIG. 16.   FIG. 17.

solive par des rivets de 0m,16 et boulonnées sur la poutre avec des boulons de 0m,017 (fig. 16, 17).

ASSEMBLÉ ET PORTANT SUR COLONNE PASSANTE

La poutre ou solive maîtresse sera d'abord portée par la colonne sur des corbeaux de repos ou consoles, qu'on aura fait venir de fonte avec la

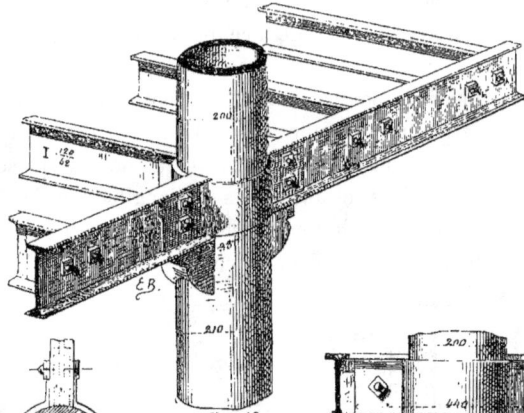

FIG. 18.

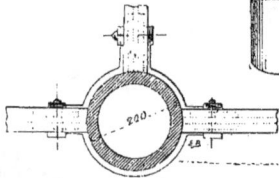

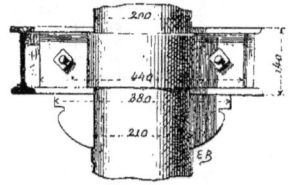

FIG. 19.   FIG. 20.

colonne elle-même, ces consoles varieront de forme et d'importance, suivant qu'on aura à porter deux fers, ou un seul comme dans les fig. 18, 19, 20.

Dans ce premier cas, les deux parties de la solive maîtresse viennent se placer de chaque côté de la colonne, s'alignent en passant par son axe, reposent sur les corbeaux et sont reliées entre elles et à la colonne par deux demi-colliers, boulonnés de deux forts boulons chacun.

Dans le cas d'une poutre reposant sur colonne passante, les corbeaux

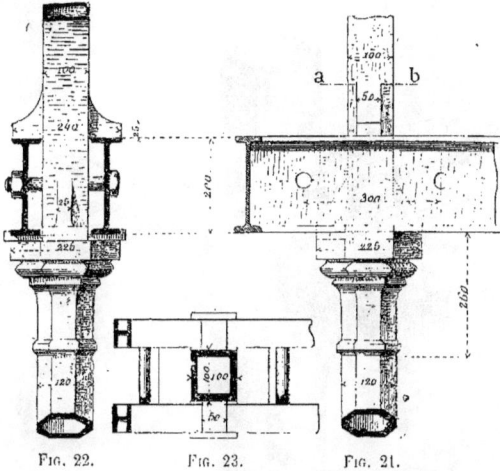

Fig. 22.   Fig. 23.   Fig. 21.

sont latéraux ou bien on leur donne la forme d'un chapiteau (fig. 21, 22, 23) et on boulonne de chaque côté de la colonne, comme le montre le dessin.

S'il se trouve qu'on a besoin de faire un joint à la poutre dans le cas où, par la trop grande portée, la pièce n'est pas prise dans une seule barre, on fera l'assemblage dans l'axe de la colonne, au moyen de deux forts couvre-joints remplissant bien toute la hauteur entre les ailes du fer et on boulonnera de chaque côté de la colonne.

PLANCHERS SUR COLONNE ET EN ENCORBELLEMENT

Ce cas se présente dans les édifices publics, lieux de réunion, etc., où des galeries surplombent la partie centrale, les balcons de théâtre, par exemple.

Celui que nous donnons (fig. 24) est composé d'une poutre ou filet à

deux lames assemblé sur la colonne par une combinaison des deux systèmes exposés plus haut.

Le filet jointif vient reposer sur les corbeaux venus de fonte avec la
colonne et est assemblé par deux demi-colliers boulonnés.

Le plancher proprement dit passe, repose sur le filet et vient en encorbellement s'assembler sur une pièce de même nature qui marie ensemble
tous les abouts de solives.

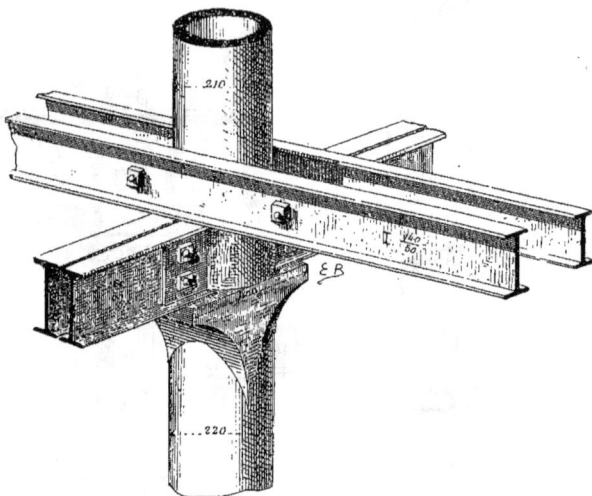

Fig. 24.

L'écartement du support vertical est maintenu par deux solives formant jumelles et boulonnées de chaque côté de la colonne, avant d'aller
rejoindre la ceinture de rive.

On pourra augmenter considérablement la solidité de la galerie en
encorbellement, en augmentant la force de la pièce de rive et en plaçant
au droit des colonnes de fortes consoles de décharge.

PLANCHERS PROVISOIRES

Dans les constructions définitives, les matériaux sont ouvrés, coupés,
percés, mis en œuvre complètement en un mot, et de la manière la plus
parfaite pour assurer une longue durée, si donc l'on arrivait pour une
raison quelconque à vouloir démolir et revendre les matériaux on n'en
trouverait qu'un prix dérisoire, car en effet, les fers, puisque nous ne

nous occuperons ici que d'eux, ces fers, disons-nous, travaillés pour une destination déterminée sont inutilisables autre part ; les longueurs sont insuffisantes ou excessives, le travail qu'ils ont subi est plus nuisible qu'utile, et par le seul fait de la dépose de l'endroit de leur première destination, ils ont perdu presque toute leur valeur.

Ce sont ces considérations, qui dans la construction d'édifices d'une durée temporaire, ont amené les .constructeurs à mettre en œuvre des matériaux sans aucune trace de travail, et pouvant après avoir servi, être revendus ou repris par les fournisseurs avec une faible dépréciation seulement.

Il est cependant impossible d'obtenir la solidité suffisante même pour des constructions provisoires, sans certains travaux indispensables, mais qui n'embrassent que quelques parties seulement de l'ensemble, par exemple les scellements, qu'on est bien obligé dans un plancher, de faire pour les filets, poitrails, etc.

Les planchers en fer provisoires sont prévus à l'étude même du plan, sous le rapport des longueurs à employer le constructeur dispose ses murs ou ses poutres à des écartements raisonnés, et détermine la longueur des fers qu'il emploiera.

En principe cette sorte de plancher comporte une série de filets sur lesquels viennent reposer les solives.

DISPOSITION D'UN FILET

Il est composé de deux fers de longueur commerciale, c'est-à-dire par multiples de $0^m,25$ rapprochés et entretoisés par une pièce mobile en fonte, de mètre en mètre.

Au droit de chaque entretoise, on fait le serrage au moyen de deux demi-colliers qui embrassent les deux fers et sont boulonnés dessus et dessous, le filet est mis en place sans trous ni marque de bride et prêt à recevoir les solives.

Les solives se fixent sur le filet de deux manières, dont la première est représentée par un étrier plat terminé par deux bouts taraudés, qui se pose à cheval sur la solive, passe entre les deux fers du filet, puis dans les trous d'une forte platine et est serré par deux écrous, les joints des solives se faisant sur les filets, on les place l'une à côté de l'autre et le même étrier, plus large, les fixe au filet de la même manière.

Dans la seconde disposition on emploie une pièce de fonte qui présente une grande analogie avec un coussinet de rail qui serait doublé.

On enfile les coussinets sur le filet avant d'avoir placé les colliers et on les serre sur ledit filet à l'aide de coins en bois de chêne ou hêtre, puis on place chaque solive dans la pince supérieure du coussinet et on serre la solive au moyen de coins en bois dur, enfoncé de chaque côté de la solive entre l'aile nervée du coussinet et l'âme de la solive.

Le plancher ainsi obtenu, on fixe les lambourdes par des vis ou tire-fonds à grosse tête qui cramponnent l'aile supérieure du fer double T, et on pose le parquet sur les lambourdes.

PLANCHERS EN VERRE-DALLES

Pour éclairer les sous-sols, caves, passages ou pièces sans jour, on emploie les planchers en verre-dalles ou planchers lumineux; les dalles dépolies laissant passer le jour sans permettre de distinguer les objets sont aussi peu favorables au glissement que le marbre; on les emploie dans des endroits très fréquentés et même à l'extérieur.

Les manufactures de glace coulent des dalles de $0^m,015$ à $0^m,035$ d'épaisseur et plus, et de longueurs et largeurs quelconques.

Les dalles en verre ne portant pas sur une aire comme les autres dallages, puisqu'elles doivent laisser passer la lumière, s'emploient en petites dimensions, $0^m,25$ environ.

Cependant on peut augmenter de beaucoup cette cote, soit en donnant une épaisseur considérable à la dalle, soit dans le cas où les dalles ne doivent pas supporter de fortes charges et sont par destination peu exposées aux chocs; on peut alors atteindre $0^m,60$ et même davantage.

Les châssis garnis de dalles en verre intercalés dans les planchers pour éclairer un étage inférieur sont composés de fers L et T, formant des feuillures dans lesquelles viennent reposer les dalles.

Le cadre est ordinairement en cornières et repose soit directement sur les poutres, soit sur les solives, soit encore sur solives et sur chevêtres.

Ce cadre est divisé en carrés, rectangles, losanges ou toute autre figure par des fers T assemblés les uns sur les autres au moyen de pattes coudées ou rapportées; l'ensemble du châssis se pose à une faible distance en contre-bas du niveau du parquet, suivant l'épaisseur des dalles, qui devront régner avec, et le mode de callage et garnissage, mastic, ciment, etc., ou mastic et bois.

Le châssis posé, on y place les dalles de différentes manières :

A bain de mastic, avec calles en bois pour éviter l'écrasement de cette

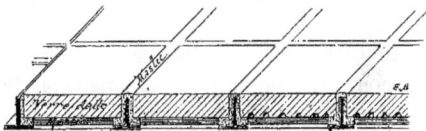

Fig. 25.

matière, qui est plastique quand on l'emploie et qui durcit lentement. C'est cette disposition que nous représentons dans notre dessin (fig. 25).

On remplit les joints entre les dalles avec du mastic ordinaire, de fontaine, etc., et pour l'extérieur on coule du brai dans les joints.

Un autre moyen de poser les dalles, consiste à composer de quatre petits tasseaux coupés d'onglets, un cadre qu'on pose sans assemblage en

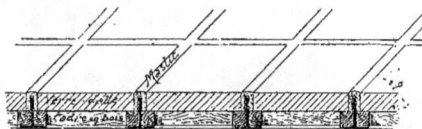

Fig. 26.

fond de feuillure ; ces tasseaux peuvent être profilés et contribuer à la décoration des petits caissons formés par le dallage (fig. 26) ; le calfeutrement des joints se fait de la même manière que pour le précédent, en employant la substance qui se prête mieux au but à atteindre.

CHEVÊTRES

Les chevêtres, très communs dans la charpente en bois, sont plus rares dans la construction des planchers en fer ; on ne les emploie que quand l'épaisseur des murs où les solives devraient reposer, est très faible, ou encore quand un mur est complètement occupé par des passages de fumée (fig. 27).

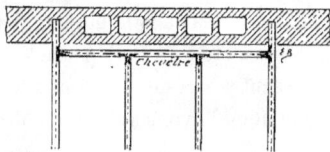

Fig. 27.

Parfois aussi on emploie le chevêtre au droit des baies cintrées de claveaux ; on veut alors reporter toute la charge du plancher sur les trumeaux, cette disposition est rationnelle et conforme à la bonne construction.

La solive chevêtre doit être assemblée le plus près possible de la portée, presque en contact avec la paroi en maçonnerie ; ces solives, chargées près de leur encastrement ne travaillent pas beaucoup plus que les autres. Cependant, si elles ne sont pas soumises à un effort plus considérable à la flexion, elles pèsent sur la maçonnerie d'un poids égal à la charge des solives, plus la moitié de la charge portée par les solives assemblées ; il est, dans cette circonstance, prudent de prendre pour les solives d'enchevêtrure des précautions du genre de celles qu'on prend pour le repos

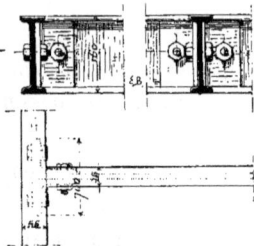

Fig. 28, 28², 28³.

d'un poitrail, c'est-à-dire l'emploi d'un libage dur, ou de la brique avec une forte plaque de tôle. Les figures 28, 28², 28³ montrent l'assemblage.

TABLEAU DES FORCES A DONNER AUX FERS A PLANCHERS

Suivant les charges et portées, par M. Osselin, architecte, pour trouver à première vue la hauteur des barres a T, en fonction des charges usuelles par mètre carré de plancher.

Les constructeurs ont généralement adopté, pour les planchers en fer, la formule empirique : $H = 0^m,03\,L$, dans laquelle H représente la hauteur des solives, et L leur portée dans œuvre ; mais, comme elle correspond, évidemment, à une même charge, d'ailleurs inconnue, les résultats en sont erronés dans la plupart des cas de la pratique. Aussi bien, la formule exacte : $\frac{RI}{v} = M$ permet d'arriver à une application plus simple, en classant ses résultats dans une suite de tableaux, à double entrée, comme nous l'avons fait pour notre usage.

Ces tableaux pouvant être utiles à nos confrères, nous donnons ici ceux qui se rapportent aux charges usuelles.

Nous avons pris pour base des résistances permanentes : 8 kilogr. par millimètre carré de section, ce qui revient aux 5/6es de l'effort qui correspond à la limite d'élasticité du fer à T, en deçà de laquelle il convient de rester pour obtenir toute sécurité.

On remarquera que, pour certains fers, *de même hauteur* mais de poids différents, la plus grande portée correspond au poids le plus faible ; ce qui s'explique par la différence des profils ; car pour des solives de même hauteur, la capacité de résistance dépend du profil adopté par les maîtres de forges. C'est pourquoi, après avoir revu et corrigé nos tableaux, antérieurement publiés, nous avons cru devoir les compléter par l'addition des quelques fers dont les profils sont plus en rapport avec leur fonction portante, et qu'il n'est pas sans intérêt de signaler au point de vue d'une bonne construction.

FER DU COMMERCE			ÉCARTEMENT DES SOLIVES					
HAUTEUR DES BARRES	POIDS PAR MÈTRE COURANT		0^m,50	0^m,55	0^m,60	0^m,65	0^m,70	0^m,75
		Charge de 300 kilogrammes par mètre carré de plancher.						
08	6^{k}72		2 91	2 77	2 66	2 55	2 46	2 38
10	8 06		3 99	3 80	3 66	3 50	3 37	3 26
10	9 »		3 49	3 33	3 18	3 06	2 95	2 85
12	10 »		4 41	4 20	4 05	3 86	3 72	3 60
12	11 »		4 14	3 95	3 78	3 64	3 50	3 38
14	13 »		5 39	5 14	4 91	4 71	4 56	4 40
14	14 »		4 88	4 65	4 46	4 28	4 13	3 98
16	15 »		5 74	5 49	5 24	5 04	4 85	4 69
16	16 50		7 01	6 68	6 46	6 15	5 93	5 72
18	20 »		6 19	6 61	6 31	6 06	5 84	5 65
20	22 »		8 05	7 70	7 35	7 06	6 80	6 57
22	26 »		8 82	8 43	8 05	7 73	7 45	7 20
		Charge de 350 kilogrammes par mètre carré de plancher.						
08	6 72		2 69	2 56	2 46	2 36	2 28	2 20
10	8 06		3 70	3 52	3 37	3 24	3 12	3 01
10	9 »		3 24	3 08	2 95	2 83	2 73	2 64
12	10 »		4 09	3 89	3 72	3 58	3 45	3 33
12	11 »		3 85	3 66	3 50	3 34	3 24	3 13
14	13 »		5 »	4 75	4 56	4 38	4 22	4 08
14	14 »		4 53	4 31	4 13	3 94	3 82	3 69
16	15 »		5 33	5 07	4 85	4 64	4 49	4 34
16	16 50		6 50	6 19	5 93	5 69	5 49	5 30
18	20 »		6 42	6 10	5 84	5 60	5 41	5 23
20	22 »		7 47	7 10	6 80	6 50	6 30	6 08
22	26 »		8 19	7 78	7 45	7 12	6 90	6 67

Note: LONGUEUR des portées dans œuvre (indicated in the table margin for both charge sections).

FER DU COMMERCE		ÉCARTEMENT DES SOLIVES					
HAUTEUR DES BARRES	POIDS PAR MÈTRE COURANT	0m,50	0m,55	0m,60	0m,65	0m,70	0m,75

Charge de 400 kilogrammes par mètre carré de plancher.

HAUTEUR DES BARRES	POIDS PAR MÈTRE COURANT	LONGUEUR des portées dans œuvre					
08	6k72	2 52	2 40	3 30	2 21	2 13	2 06
10	8 06	3 43	3 29	3 15	3 02	2 92	2 82
10	9 »	3 02	2 88	2 76	2 65	2 55	2 47
12	10 »	3 82	3 64	3 48	3 35	3 22	3 12
12	11 »	3 57	3 42	3 28	3 15	3 03	2 96
14	13 »	4 67	4 45	4 26	4 10	3 95	3 81
14	14 »	4 22	4 03	3 86	3 72	3 57	3 45
16	15 »	4 90	4 74	4 54	4 38	4 20	4 06
16	16 50	6 07	5 79	5 54	5 35	5 13	4 96
18	20 »	5 91	5 71	5 45	5 27	5 06	4 89
20	22 »	6 90	6 65	6 36	6 12	5 89	5 69
22	26 »	7 64	7 28	6 97	6 70	6 43	6 24

Charge de 450 kilogrammes par mètre carré de plancher.

HAUTEUR DES BARRES	POIDS PAR MÈTRE COURANT	LONGUEUR des portées dans œuvre					
08	6 72	2 36	2 28	2 17	2 08	2 »	1 94
10	8 06	3 26	3 10	2 97	2 86	2 75	2 66
10	9 »	2 85	2 70	2 60	2 50	2 41	2 32
12	10 »	3 60	3 42	3 28	3 16	3 04	2 94
12	11 »	3 38	3 20	3 09	2 97	2 86	2 76
14	13 »	4 40	4 18	4 02	3 86	3 72	3 59
14	14 »	3 98	3 78	3 64	3 50	3 37	3 26
16	15 »	4 69	4 45	4 28	4 11	3 96	3 83
16	16 50	5 72	5 45	5 23	5 02	4 84	4 67
18	20 »	5 65	5 37	5 15	4 95	4 77	4 61
20	22 »	6 57	6 25	6 »	5 76	5 55	5 36
22	26 »	7 20	6 84	6 56	6 32	6 09	5 88

Charge de 500 kilogrammes par mètre carré de plancher.

HAUTEUR DES BARRES	POIDS PAR MÈTRE COURANT	LONGUEUR des portées dans œuvre					
08	6 72	2 25	2 15	2 06	1 98	1 91	2 84
10	8 06	3 09	2 95	2 82	2 72	2 61	2 52
10	9 »	2 70	2 58	2 47	2 37	2 28	2 21
12	10 »	3 41	3 25	3 12	3 »	2 88	2 79
12	11 »	3 21	3 06	2 96	2 84	2 71	2 62
14	13 »	4 18	3 98	3 81	3 68	3 53	3 41
14	14 »	3 78	3 61	3 45	3 33	3 20	3 09
16	15 »	4 45	4 24	4 06	3 90	3 76	3 63
16	16 50	5 43	5 18	4 96	4 80	4 59	4 43
18	20 »	5 36	5 11	4 89	4 70	4 53	4 37
20	22 »	6 23	5 94	5 69	5 50	5 27	5 09
22	26 »	6 83	6 51	6 24	6 »	5 77	5 58

Charge de 550 kilogrammes par mètre carré de plancher.

HAUTEUR DES BARRES	POIDS PAR MÈTRE COURANT	LONGUEUR des portées dans œuvre					
08	6 72	2 15	2 05	1 96	1 89	1 82	1 76
10	8 06	2 95	2 80	2 69	2 58	2 50	2 40
10	9 »	2 58	2 46	2 35	2 25	2 19	2 10
12	10 »	3 25	3 10	2 97	2 85	2 76	2 66
12	11 »	3 06	2 95	2 79	2 68	2 60	2 50
14	13 »	3 98	3 76	3 63	3 48	3 37	3 25
14	14 »	3 61	3 45	3 29	3 17	3 07	2 95

FER DU COMMERCE		ÉCARTEMENT DES SOLIVES						
HAUTEUR DES BARRES	POIDS PAR MÈTRE COURANT		0m,50	0m,55	0m,60	0m,65	0m,70	0m,75
		Charge de 550 kilogrammes par mètre carré de plancher.						
16	15k »		4 24	4 04	3 87	3 72	3 60	3 46
16	16 50	LONGUEUR des portées dans œuvre.	5 17	4 90	4 73	4 50	4 40	4 23
18	20 »		5 11	4 87	4 66	4 43	4 33	4 17
20	22 »		5 94	5 66	5 43	5 22	5 04	4 85
22	26 »		6 51	6 21	5 95	5 71	5 52	5 32
		Charge de 600 kilogrammes par mètre carré de plancher.						
08	6 72		2 06	1 96	1 88	1 80	1 74	1 68
10	8 06		2 82	2 69	2 57	2 47	2 38	2 30
10	9 »		2 47	2 35	2 25	2 16	2 08	2 01
12	10 »		3 12	2 97	2 84	2 73	2 63	2 54
12	11 »	LONGUEUR	2 96	2 79	2 68	2 57	2 48	2 39
14	13 »	des portées dans œuvre.	3 81	3 63	3 48	3 34	3 22	3 11
14	13 »		3 45	3 29	3 15	3 03	2 91	2 82
16	15 »		4 06	3 87	3 71	3 56	3 43	3 32
16	16 50		4 96	4 73	4 53	4 35	4 18	4 05
18	20 »		4 89	4 66	4 46	4 29	4 13	3 99
20	22 »		5 69	5 43	5 19	4 99	4 81	4 65
22	26 »		6 24	5 93	5 69	5 47	5 27	5 09

Il convient d'ajouter que M. le général Morin (*Résistance des Matériaux*) n'a porté qu'à 6 kilogr. l'effort, par millimètre carré, au lieu de 8 kilogr. que nous avons pris pour base, par la raison que le hourdi des planchers en fer augmente beaucoup leur rigidité. Mais si les constructeurs avaient à tenir compte de cas particuliers, — les salles de bal, par exemple, où l'influence du mouvement s'ajoute à la charge permanente, — c'est dans le dernier tableau (600 kilogr. par mètre carré) que nous conseillons de prendre les longueurs de solives, ou portées.

Enfin, si dans tous les cas on voulait réduire l'effort à 6 kilogr. par millimètre carré, il suffirait de multiplier les longueurs indiquées aux tableaux par le coefficient de réduction : 0,87.

RÉSISTANCE DES FERS A DOUBLE T DE 0m,080 A 0m,400 DES HAUTS FOURNEAUX DE MAUBEUGE

(Extrait de l'Album.)

NOTA. — Pour le cas de charges placées au milieu de la longueur, il ne faudra prendre que la moitié des chiffres indiqués :

DIMENSIONS en MILLIMÈTRES	POIDS par mètre en kilogr.	$\frac{I}{n}$	COEFFICIENTS de sécurité	CHARGE UNIFORMÉMENT RÉPARTIE SUR UNE PORTÉE DE :												
				M 2,00	M 2,50	M 3,00	M 3,50	à 4,00	M 4,50	M 5,00	M 5,50	M 6,00	M 6,50	M 7,00	M 7,50	M 8,00
				kil.	kil.	kil.	kil.	kil.	kil.	kil.	kil.	kil.	kil.	kil.	kil.	kil.
	6,500	0.00002157	6	517	414	345	295	258	230	207	188	172	159	147	138	129
			8	687	550	458	382	343	307	275	252	229	210	194	181	171
			10	858	687	572	489	429	3-6	343	314	286	265	241	229	214
	8,300	0.000024304	6	583	466	388	333	291	259	233	212	194	179	166	155	145
			8	775	619	516	442	387	344	309	283	258	240	221	207	193
			10	967	773	644	552	774	629	386	354	322	299	276	257	240
	8,500	0.000034004	6	816	659	546	465	408	367	326	296	272	251	233	217	204
			8	1095	867	723	619	542	488	433	394	361	333	309	288	271
			10	1354	1082	903	773	677	609	541	491	456	416	386	360	338
	11,500	0.000040825	6	980	784	653	536	490	435	392	356	325	301	278	261	245
			8	1403	1042	868	739	651	578	521	473	434	470	360	347	325
			10	1626	1301	1084	922	813	722	650	590	542	499	461	433	406
	9,750	0.000045507	6	1092	873	728	624	546	485	436	397	364	336	312	291	273
			8	1454	1159	968	829	726	645	579	528	484	446	414	387	364
			10	1719	1447	1208	1015	856	805	723	659	604	557	517	483	428
	13,000	0.000052420	6	1258	1007	838	710	629	559	503	457	419	387	359	335	314
			8	1673	1339	1114	956	836	743	668	607	557	514	477	445	417
			10	2078	1671	1391	1193	1044	927	834	758	695	642	595	556	521
	12,500	0.000064902	6	1557	1246	1038	890	778	692	623	566	519	479	445	415	389
			8	2070	1657	1380	1183	1034	920	828	753	690	637	591	551	517
			10	2584	2063	1723	1477	1291	1148	1034	939	861	795	738	688	645
	17,000	0.00007297	6	1871	1496	1247	1069	935	831	748	680	623	575	534	498	467
			8	2488	1989	1658	1421	1244	1105	994	904	829	764	710	662	622
			10	3105	2483	2070	1774	1552	1379	1241	1128	1035	954	887	826	776
	13,500	0.000078153	6	1875	1505	1250	1072	937	833	750	682	625	577	536	500	468
			8	2403	1905	1663	1425	1246	1107	997	907	831	766	712	665	623
			10	3112	2490	2075	1779	1556	1332	1245	1132	1037	957	869	828	778
			6	2288	1830	1325	1307	1144	1017	915	832	762	704	653	610	572

1306 1592	1459 1542 1944	1180 1570 1960	1374 1783 2281	1450 1978 2412	1795 2388 2980	1811 2408 3006	2216 2948 3679	168 224 280	181 241 300	273 364 455	313 418 522	445 593 742	504 672 840
1447 1806	1237 1645 2053	1259 1674 2039	1467 1951 2435	1546 2056 2566	1915 2546 3178	1931 2568 3205	2304 3144 3924	179 239 299	193 256 320	293 388 486	333 446 557	474 633 793	535 715 896
1560 1924	1385 1762 2200	1349 1794 2239	1570 2088 2607	1657 2203 2750	2053 2729 3406	2069 2753 3435	2533 3363 4404	192 256 320	207 243 275	312 416 521	357 478 597	508 678 848	575 767 959
1669 2083	1457 1807 2368	1453 1794 2239	1601 2249 2397	1784 2372 2961	2310 3049 3808	2228 2963 3698	2728 3633 4528	207 276 345	223 276 370	337 448 561	385 515 632	549 731 915	630 826 1033
1805 2256	1546 2056 2566	1374 2073 2611	1933 2570 3208	1933 2570 3208	2304 3184 3974	2414 3211 4003	2955 3933 3909	234 299 374	241 321 400	364 436 607	418 557 699	593 791 988	673 895 1118
2461	1687 2243 2800	1717 2283 2850	1998 2637 3316	2109 2804 3500	2612 3473 4335	2634 3503 4372	3248 4293 5358	244 326 403	263 349 436	397 530 663	435 608 760	643 1082	733 1077 1220
2703	1834 2465 3077	1889 2512 3135	2199 2924 3600	2320 3089 3851	2873 3821 4799	2897 2852 4809	3546 4716 5886	269 359 449	290 383 481	437 583 729	502 668 835	714 951 1190	806 1076 1344
3009	2063 2742 3423	2099 2794 3184	2443 3249 4055	2377 3447 4277	3193 4155 5298	3219 4281 5343	3940 5240 6540	299 398 498	329 428 534	486 648 810	557 743 928	794 1055 1319	896 1199 1492
3385	2319 3084 3849	2361 3140 3920	2749 3566 4563	2900 3857 4824	3591 4776 5961	3632 4817 6013	4433 5936 7459	336 448 561	362 482 601	547 729 911	627 836 1044	891 1187 1485	1008 1344 1680
3669	2651 3525 4400	2698 3588 4478	3141 4177 5214	3314 4407 5501	4104 5458 6812	4139 5504 6870	5066 6747 8409	384 512 641	414 687 550	625 833 1042	717 956 1194	1017 1357 1697	1151 1533 1918
4513	3093 4112 5132	3148 4186 5225	3665 4874 6053	3866 5141 6417	4788 6368 7948	4822 6424 8016	5915 7865 9818	448 578 748	463 612 801	729 971 1215	836 1114 1393	1188 1583 1977	1345 1791 2237
5416	3709 4935 6156	3778 5024 6271	4398 5849 7300	4640 6171 7702	5746 7642 9538	5795 7707 9619	7094 9432 11772	538 718 897	550 771 962	875 1166 1458	1001 1436 1671	1425 1902 2375	1615 2144 2688
6771	4639 6169 7700	4723 6261 7840	5498 7314 9195	5800 7714 9628	7182 9551 11925	7244 9634 12035	8867 11793 14719	673 897 1122	725 964 1203	1094 1458 1822	1253 1670 2088	1782 2377 2971	2015 2688 3360
10	6 8 10	6 8 10	6 8 10	6 8 10	6 8 10	6 8 10	6 8 10	6 8 10	6 8 10	6 8 10	6 8 10	6 8 10	6 8 10
0.0001933	0.0001968	0.0002909	0.00024169	0.00029928	0.0004018	0.00030047	0.00038054	0.00030253	0.00004555	0.00005320	0.00007438	0.00008397	
26,000	24,000	31,000	28,500	39,000	32,000	44,000	7,500	10,000	10,000	13,100	14,000	17,700	

CHARGE UNIFORMÉMENT RÉPARTIE SUR UNE PORTÉE DE :

DIMENSIONS en MILLIMÈTRES	POIDS par mètre en kilogr.	$\frac{1}{n}$	COEFFICIENTS de sécurité	M 2,00	M 2,50	M 3,00	M 3,50	M 4,00	M 4,50	M 5,00	M 5,50	M 6,00	M 6,50	M 7,00	M 7,50	M 8,00
6 — 80/130	18.000	0.00011146	6	kil. 2675	kil. 2138	kil. 1782	kil. 1528	kil. 1337	kil. 1188	kil. 1069	kil. 972	kil. 891	kil. 822	kil. 764	kil. 713	kil. 668
			8	3406	2853	2376	2038	1783	1584	1426	1297	1188	1097	1019	950	891
			10	4453	3566	2972	2546	2229	1980	1783	1621	1483	1371	1273	1188	1114
10 — 84/130	22.300	0.00013452	6	2689	2392	1991	1710	1494	1327	1196	1087	997	920	855	797	747
			8	2956	3189	2654	2279	1992	1770	1595	1450	1327	1227	1139	1062	996
			10	4981	3990	3320	2846	2491	2213	1994	1813	1660	1534	1423	1328	1245
7 — 88/160	22.000	0.0001326	6	3182	2546	2123	1819	1591	1414	1273	1157	1061	979	909	848	795
			8	4232	3386	2823	2419	2116	1880	1693	1538	1411	1302	1209	1127	1058
			10	5283	4226	3524	3019	2641	2347	2113	1920	1762	1625	1509	1410	1320
11 — 88/160	27.000	0.0001497	6	3592	2874	2395	2053	1796	1596	1437	1305	1197	1104	972	957	898
			8	4777	3822	3185	2730	2388	2122	1911	1735	1592	1469	1292	1272	1194
			10	5962	4770	3975	3407	2825	2649	2385	2166	1987	1832	1613	1588	1940
11 — 48/175	19.500	0.00014184	6	3404	2733	2269	1944	1702	1513	1361	1238	1134	1047	—	907	851
			8	4327	3632	3017	2585	2263	2012	1817	1646	1508	1392	1292	1206	1131
			10	5650	4536	3766	3227	2825	2511	2268	2055	1883	1738	1613	1505	1412
48 — 48/175	25.000	0.00016326	6	3893	3114	2596	2224	1947	1730	1555	1416	1298	1195	1112	1039	973
			8	4137	4137	3452	2957	2589	2300	2068	1883	1726	1589	1478	1381	1294
			10	6464	5164	4309	3691	3232	2871	2582	2350	2154	1983	1845	1724	1616
11 — 48/175	27.100	0.00021788	6	5329	4140	3446	2988	2619	2324	2090	1900	1743	1609	1529	1426	1339
			8	6972	5575	4648	3984	3486	3093	2788	2525	2316	2145	2032	1896	1778
			10	8715	6972	5810	4980	4357	3873	3486	3169	2905	2631	2536	2367	2219
11 — 100/180	33.900	0.00024488	6	5329	4279	3326	3360	2935	2611	2351	2126	1857	1808	1494	1567	1467
			8	7114	5691	4423	4475	3916	3464	3122	2848	2611	2410	1992	2050	1955
			10	8879	7103	5531	5595	4897	4350	3918	3561	3286	3015	2490	2613	2443
12 — 105/190	26.000	0.00032291	6	5388	4790	3991	3421	2994	2576	2318	2091	1932	1842	1656	1597	1497
			8	7964	6370	5303	4549	3982	3436	3083	2781	2569	2440	2202	2124	1991
			10	9940	7951	6635	5678	4970	4277	2847	3471	3207	3057	2739	2651	2435
7 — 90/200	34.000	0.00034953	6	5796	4636	2861	2312	2298	2576	2318	2091	1932	1783	1884	1545	1449
			8	9631	6165	5139	4404	4386	3446	3083	2781	2569	2374	2305	2504	1957
11 — 94/200	29.000	0.00024153	6	6556	5272	4397	3768	2298	2930	2636	2398	2198	2029	1884	1759	1640
			8	8772	7011	5864	5011	4386	2896	2505	3189	2924	2698	2305	2339	2193
			10							4473	3850	3640	3368	2227	2919	2737
8 — 100/200	37.000	0.00027436	6													
			8													

0.0002907	0.00031499	0.00032404	0.00037006	0.0003568	0.0004244	0.00038307	0.00035434	0.00063753	0.00038548	0.00037794	0.00043417	0.00043627	0.00054260
33,000	38,000	35,000	44,000	36,500	40,900	37,000	48,400	39,500	39,000	40,000	50,000	43,350	55,500

CHARGE UNIFORMÉMENT RÉPARTIE SUR UNE PORTÉE DE : (valeurs en kilogrammes)

DIMENSIONS en MILLIMÈTRES	POIDS par mètre en kilogr.	I / n	COEFF. de sécurité	M 2,00	M 2,50	M 3,00	M 3,50	M 4,00	M 4,50	M 5,00	M 5,50	M 6,00	M 6,50	M 7,00	M 7,50	M 8,00
10 / 280 / 100	42,000	0.00047961	6	11510	9207	7673	6577	5755	5120	4603	4185	3836	3541	3288	3069	2877
			8	15347	12276	10231	8763	7673	6827	6138	5580	5115	4721	4384	4092	3836
			10	19184	15346	12789	10962	9592	8534	7673	6976	6394	5902	5481	5115	4796
15 / 280 / 105	53,000	0.00054465	6	13076	10462	8719	7473	6539	5813	5231	4735	4359	4024	3736	3631	3269
			8	17435	13950	11655	9964	8719	7758	6975	6340	5812	5365	4982	4842	4359
			10	21798	17448	14539	12456	10899	9698	8719	7925	7266	6707	6228	6053	5449
11 / 300 / 120	55,000	0.00060809	6	14593	11674	9729	8338	7296	6450	5837	5207	4864	4490	4164	3891	3648
			8	19358	15566	12972	11118	9720	8643	7783	7076	6486	5987	5559	5188	4864
			10	24323	19458	16215	13898	12161	10811	9729	8645	8107	7484	6949	6486	6080
18 / 300 / 127	71,100	0.00071308	6	17114	13600	11409	9778	8556	7604	6445	6283	5704	5265	4889	4563	4278
			8	22818	18234	15212	13138	11409	10139	9127	8297	7606	7020	6569	6084	5704
			10	28523	22818	19015	16298	14261	12574	11409	10372	9507	8776	8149	7606	7131
10 / 300 / 150	50,300	0.00065232	6	15631	12405	10120	8731	7815	6947	6452	5684	5310	4899	4465	4168	3908
			8	20841	16404	13804	11008	10420	9263	8336	7579	7074	6412	5954	5537	5210
			10	26052	20843	17268	14886	13026	11579	10421	9474	8684	8016	7443	6947	6513
15 / 300 / 155	62,900	0.00072732	6	17455	13764	11611	9974	8727	7491	6983	6347	5815	5470	4987	4654	4363
			8	23277	18610	15708	13299	11636	9988	9309	8468	7754	7160	6649	6206	5818
			10	29092	23274	19395	16624	14546	12485	11637	10570	9692	8951	8312	7758	7273
18 / 350 / 140	70,000	0.00097076	6	23514	18811	15675	13448	11757	10450	9405	8530	7837	7234	6709	6270	5878
			8	31352	23084	20900	17931	15676	13934	12340	11400	10350	9646	8945	8360	7838
			10	39190	31152	26126	22361	19595	17418	15676	14251	13063	12058	11182	10150	9797
17 / 350 / 145	84,500	0.00109135	6	26192	20953	17461	14966	13096	11641	10476	9534	8710	8050	7483	6984	6548
			8	35092	27937	23281	19955	17461	15521	13968	12609	11640	10745	9977	9312	8730
			10	43651	34922	29102	24944	21847	19402	17461	15676	14551	13432	12472	11641	10913
14 / 400 / 140	82,000	0.00124284	6	29827	23314	19885	17044	14013	12957	11207	10346	9942	9177	8523	7954	7456
			8	29770	31752	26513	22726	17885	17070	10876	14461	13256	12336	11363	10005	9942
			10	49713	39690	33142	28408	24856	22005	10845	18077	16571	15296	14904	13957	12428
19 / 400 / 145	98,000	0.00137617	6	34037	26441	22018	18873	16513	14679	13210	12010	11000	10168	9436	8307	8536
			8	44036	35288	26697	25164	22018	19572	17114	16013	14678	13587	13583	11743	11009
			10	55046	44036	36697	31456	27523	24405	22018	20017	18348	16937	15728	14679	13761

ÉLÉMENTS SECONDAIRES DES PLANCHERS EN FER

ENTRETOISES

Les *entretoises ordinaires* de planchers se font en fer carré ; la grosseur de ce fer varie avec les portées ; on ne fait pas d'entretoises en fer
de moins de $0^m,014$ ni plus de
$0^m,018$ de côté ; elles se font suivant l'écartement des solives. Les
entretoises sont chauffées et forgées en forme de crochets qui
viennent se poser à cheval sur
le fer (fig. 28^4). Cette pièce est très

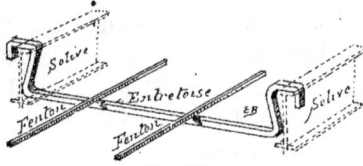

FIG. 28^4.

déformable, comme on s'en rend compte par sa forme. Improprement
appelée entretoise, elle ne résiste qu'à la poussée, ce qui n'arrive jamais
dans les planchers hourdés ; elle ne sert donc réellement qu'à former,
avec les fentons, la paillasse destinée à maintenir le hourdi, à le lier,
pour empêcher les crevasses qui pourraient se produire. Quand l'entretoise est bien faite, c'est-à-dire bien réglée, elle doit porter au fond
du fer.

Il convient de placer les entretoises à 1 mètre ou $1^m,20$ de distance
environ.

Nous avons vu des planchers où les entretoises étaient de simples
bouts de barre, d'une longueur égale à l'écartement des solives et reposant sur les ailes inférieures. Cette disposition est défectueuse, en ce
sens que les solives ayant peu de largeur d'aile, l'entretoise, si elle n'est
parfaitement posée, peut n'avoir pas un repos suffisant ; de plus, la
poussée du plâtre, en écartant les solives, vient encore en réduire la
portée, et il est à craindre qu'une entretoise déjà déplacée en biais pendant l'opération du hourdi vienne à échapper et entraîne avec elle une
partie de plafond.

ENTRETOISES EN FER T ET I

Quoique bien rarement on fait aussi des entretoises en fer T ou I,
assemblées sur les solives ; d'une dimension moindre, elles entrent entre
les ailes du fer.

ENTRETOISES EN TOLE

Comme celles en fer T ou I, les entretoises en feuillards sont moins hautes que les solives, elles reposent au fond et sont assemblées par des équerres qui occupent toute la hauteur de ladite solive et ajoutent à sa rigidité. Ce moyen est employé dans de forts planchers ou de petits ponts.

ENTRETOISEMENT PAR TIRANTS

Nous avons déjà parlé de ce genre de construction en traitant des planchers hourdés pleins, en mortier et moellons; et, comme on l'a vu (fig. 2) l'entretoisement est fait par des boulons de $0^m,016$ à $0^m,018$, dont les passages dans les solives sont chevauchés de $0^m,10$ environ et qui sont placés de mètre en mètre.

Les boulons des solives extrêmes sont à scellement dans la maçonnerie.

Les solives, maintenues au devers par le hourdi et maintenues parfaitement droites par les entretoises, travaillent dans les meilleures conditions possibles.

La dénomination d'entretoise s'applique encore aux croix de Saint-André, dans les filets et poitrails, que nous traiterons ci-après.

FENTONS

Les *fentons*, appelés aussi *côtes de vache* dans le bâtiment, sont de petits fers carrés, *carillons,* qui, dans les planchers hourdés, sont posés sur les entretoises et se trouvent, ainsi qu'elles, noyés dans la maçonnerie. Ces petits fers, au nombre de deux ou trois dans chaque intervalle de solive (leur écartement varie de $0^m,20$ à $0^m,25$) ne travaillent autrement que comme liant donné au hourdi, ils le solidarisent, le plâtre grippe bien sur leurs surfaces oxydées et se crevasse moins.

Le carillon employé pour les fentons le plus communément, dans les maisons à loyer, a $0^m,009$ de côté; nous croyons qu'en raison de son peu de volume, de sa destruction par l'eau contenue dans les planchers, il convient de lui donner, pour un travail exécuté dans de bonnes conditions, $0^m,011$ de côté.

Il est important de les mettre autant que possible d'une pièce et de les agripper à leurs extrémités dans la maçonnerie en leur faisant faire crochet, ce qui équivaut à un petit scellement.

Quel que soit le cas, on n'emploie jamais de fer de plus de $0^m,014$ à cet usage.

CONSOLIDATION DES PLANCHERS EN BOIS

Le bois, avons-nous dit, se corrompt promptement, les vers l'attaquent, et nous avons souvent constaté, dans les planchers en bois, que les portées encastrées étaient entièrement vermoulues ; il se produit alors des affaissements dans les planchers qui peuvent aller jusqu'à la rupture et causer de graves accidents.

Voici un moyen de consolidation que nous avons pratiqué et que nous croyons utile de décrire ici :

On dégage la solive défectueuse dans sa partie encastrée, on l'étaye à $0^m,80$ environ et on coupe proprement le plafond au droit de la solive sur $0^m,30$, enfin en dégradant le moins possible.

Ces solives, qui sont ordinairement des bastings ou des madriers, ont de $0^m,065$ à $0^m,075$; on prend un fer U de $0^m,50$ de longueur et $0^m,08$ ou $0^m,10$ de largeur, suivant celle de la solive, et percé d'un ou deux trous ; on l'introduit en dessous, de manière à ce que la solive qu'on veut consolider remplisse le canal formé par le fer U, puis on fixe la partie saine du bois au fer U par un tire-fond et on scelle la partie de ce fer destinée à remplacer le bois corrompu dans la profondeur de la portée.

Fer U et tire-fond sont noyés dans l'épaisseur de l'enduit du plafond. On a soin de les peindre, pour éviter l'oxydation qui ne manquerait pas de se produire.

CHAINAGES

DU CHAINAGE EN GÉNÉRAL

On a dit qu'un bâtiment bien fondé est à moitié construit. Nous ajouterons que, bien chaîné, il l'est tout à fait.

Il est superflu d'insister sur l'importance du chaînage dans la construction ; on a toujours chaîné, et les constructions les plus primitives ne peuvent se passer de cet élément.

Comme dans d'autres et nombreuses applications, le fer a montré là sa supériorité et y fut employé presque dès son apparition ; sous un faible volume, en petites pièces, c'est vrai, mais cela tenait à ce que l'industrie ne devait que bien plus tard lui donner les formes qui favorisent son emploi.

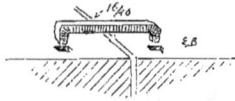
Fig. 29.

Les anciens chaînaient en bronze et en fer, car les crampons, agrafes, etc., ne sont autre chose que de petites chaînes (fig. 29).

Les longues pièces de chaînage étaient en bois, noyées dans la maçonnerie.

Plus tard, on fit des chaînes composées de crochets, portant un œil à leur extrémité, qui recevaient un autre crochet, et ainsi de suite (fig. 30).

Fig. 30.

Ces chaînes étaient enveloppées par la maçonnerie, mais il se produisait des extensions de l'ensemble; les crochets pouvaient s'ouvrir, d'où les imperfections du système.

De nos jours, la légèreté des constructions rend plus indispensable encore l'emploi des chaînes, qui permettent de ne réserver aux murs que les seuls efforts de compression.

CHAINAGE DES CAVES

Le chaînage des caves peut se faire très simplement, même ne pas exister si la construction qu'on érige se trouve isolée.

En effet, pourquoi chaîner des murs qui sont, en même temps que des fondations, des murs de soutènement puisqu'ils doivent pouvoir résister à la poussée des terres? Placés dans ces conditions, ces murs, au contraire d'avoir besoin d'être maintenus vers l'intérieur, ont besoin, pour garder leur stabilité, de la charge qu'ils portent et du plancher formant une sorte de mur horizontal sur lequel ils viennent se buter.

Pour ces raisons, nous croyons donc superflu de chaîner l'étage des caves dans une construction isolée.

Dans le cas d'une construction ordinaire, flanquée d'autres du même ordre, on doit faire le chaînage dans le sens parallèle aux murs soutenant les terres et ne relier que ceux qui sont isolés, c'est-à-dire qui ne supportent pas la poussée.

ENSEMBLE DE CHAINAGE

Un chaînage bien entendu se compose de :

1° Sur tous les murs, et placé dans l'axe, un cours de plates-bandes ancrées aux extrémités ;

2° De plates-bandes transversales, en travers des solives, et maintenant les murs dans les grandes portées ;

3° De l'ancrage de solives, utilisées comme chaînes.

(Voir fig. 13 et 14, p. 33 et 34.)

TIRANTS PLATES-BANDES

Les plates-bandes se font en fer plat, de dimensions en rapport avec les efforts auxquels elles peuvent être soumises. Dans la construction ordinaire, les chaînes ont $0^m,045 \times 0^m,009$ et $0^m,050 \times 0^m,009$; elles sont terminées par un œil destiné à recevoir l'ancre.

JOINTS

Les dimensions des constructions ne permettent pas de faire les plates-bandes d'une seule pièce; on fait l'assemblage dit à talon (fig. 31 et 32).

Chaque extrémité à joindre est forgée en forme de talon ou de men-

Fig. 31.    Fig. 32.

tonnet ; on place les deux pièces l'une sur l'autre après avoir auparavant introduit les colliers, puis on fait le serrage et on chasse un ou deux coins entre les deux talons ; ces coins ont pour objet de permettre de régler la longueur de la chaîne avec une certaine traction, c'est-à-dire de la tendre, la mettre en travail, de sorte que toute déformation se trouve arrêtée immédiatement dans la partie chaînée, ce qui n'arriverait pas si la chaîne était *lâche*.

Dans les constructions de peu d'importance, on peut assembler la chaîne en faisant les bouts à crochets et entrant l'un dans l'autre, et les extrémités, laissées en attente sous les premiers parpaings, sont repliées, de manière à former crochet embrassant toute la hauteur de l'assise, et, chargées par l'assise suivante, ne peuvent plus s'ouvrir.

Mais ce moyen ne doit être employé que si l'on a du fer très doux, qu'on peut plier à froid sans le faire gercer.

On se sert aussi des solives comme chaînes de deux manières, soit en faisant passer la barre dans un trou fait dans la solive, et dans ce cas l'ancre peut être horizontale ou biaise, si l'on donne du jeu dans le trou de passage, ou bien, comme le figurent nos croquis (fig. 33, 34, 35, 36), une plate-bande préparée pour recevoir une barre ronde ou carrée, suivant les cas, et boulonnée sur la solive.

Il arrive parfois que deux tirants de murs sont ancrés sur la même

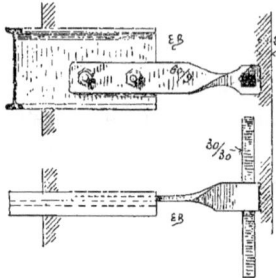 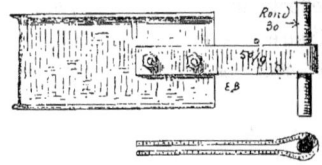

FIG. 33 et 34.   FIG. 35 et 36.

tige placée à l'axe de chaque mur ou intersection produite par ces deux axes ; c'est le cas de la construction en pierre de taille.

Les solives utilisées comme chaînes et reposant sur le mur de refend sont réunies entre elles par une éclisse boulonnée, ou platine.

L'extrémité extérieure de l'œil de la chaîne affleure la maçonnerie et est ensuite recouverte par un enduit de 0^m,03 d'épaisseur.

CHAINAGE A LANTERNE

Cette variété de chaîne s'emploie, en général, apparente ; c'est une sorte d'entrait dont les attaches sont extérieures et motivées par de fortes rosaces ou de gros boutons, généralement en fonte, et qui portent sur une plaque de tôle assez grande pour embrasser la quantité de maçonnerie suffisante pour assurer son efficacité.

Ces chaînes sont rondes et en deux pièces ; une lanterne ou double écrou taraudé à double pas permet de régler la tension de la chaîne.

On se sert aussi de la chaîne à lanterne pour rapprocher des parois déformées, inclinées, etc.

CHAINAGES ENTRE AILES DE BATIMENTS

Sur cours, courettes et dans les endroits où l'on a été gêné pour la prise de jour, les corps de bâtiment sont en général de peu de profondeur ; ne pouvant obtenir la lumière que d'un côté, on ne peut guère dépasser utilement 5 ou 6 mètres, et, malgré cette faible profondeur, on monte néanmoins à 20 mètres et plus d'altitude ; il devient nécessaire de réunir ces ailes, de les marier et les contrebuter l'une par l'autre.

On emploie à cet effet :

1° La chaîne ronde de 0^m,035 à 0^m,040 ;

2° Le fer double T ;

3° Le filet composé de deux doubles T ;

4° Le voûtain en brique et tirant en fer.

Il y a à tenir compte de deux efforts dans le travail de ce genre de chaîne ; en effet, il y a autant de raisons pour que le bâtiment, par suite de tassement, penche autant d'un côté que de l'autre ; s'il s'affaisse du côté de l'aile à laquelle il est relié ; il comprimera la chaîne ; il la tirera au contraire s'il penche vers le dehors.

Ceci nous amène à conseiller dans un cas quelconque l'emploi du fer double T, seul ou doublé, suivant l'importance de la construction ; ces chaînes se posent au moment où la maçonnerie est arrivée à la hauteur désignée pour la chaîne.

Dans le cas de deux fers, il est bon de les relier entre eux par des entretoises serrées par des boulons, et, si on les hourde, on doit faire au-dessus un chaperon, à simple ou double égout, suivant le cas de mitoyenneté.

On fait aussi des voûtes en briques avec tirant par le haut et un chaperon sur le tout; la voûte résiste suffisamment aux poussées possibles ; par la forme qu'elle a acquise du chaperon, elle est devenue une sorte de pont dont les reins sont chargés et résistants.

D'autre part, le tirant vient à son tour agir si les deux corps de bâtiment, au lieu de se rapprocher, tendent à s'éloigner ; si ce tirant n'existait pas, la voûte, dans ce cas, tomberait.

LINTEAUX

Le linteau est la pièce transversale qu'on place au-dessus d'une baie, en appuyant chacune de ses extrémités sur les trumeaux. C'est, si nous pouvons nous exprimer ainsi, une sorte d'architrave.

Les linteaux s'emploient dans la construction au-dessus des fenêtres, des portes, soupiraux, vasistas, etc.

LINTEAU SIMPLE A AGRAFES

Ce linteau est composé de deux fers double T de 0^m,080 à 0^m,120 ; on le fait de deux façons différentes :

La première est celle qu'on emploie souvent pour les linteaux légers; on le hourde à pied d'œuvre, les deux fers placés à la distance voulue, 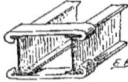 0^m,12, 0^m,22, 0^m,33, 0^m45 (ce dernier demande trois lames); on place près des portées et au milieu, deux ou trois agrafes, suivant la portée, puis on coule du plâtre entre les deux fers, avec quelques gravois; le

Fig. 36 bis.

plâtre pousse, serre sur les agrafes, et le linteau est prêt à poser (fig. 36 bis).

La deuxième manière de faire consiste à le hourder sur place ; on obtient un serrage provisoire des agrafes par des coins en bois, on le cintre d'une planche en dessous, et on le hourde comme le précédent.

LINTEAU BOULONNÉ AVEC ENTRETOISES FER CREUX OU FONTE

Les deux pièces formant le linteau étant assemblées et serrées en

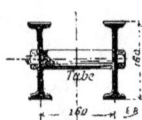 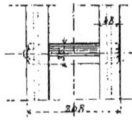 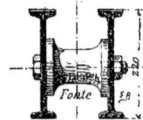 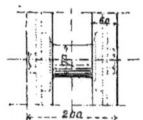

FIG. 36 ter. FIG. 37. FIG. 38. FIG. 39.

place par les boulons (trois pour baies d'un mètre d'ouverture), on le hourde comme le précédent (fig. 36 ter, 37, 38, 39).

L'entretoise, coupée dans un tube en fer creux, laisse passage au boulon. Dans l'autre exemple, pour linteau plus fort, l'entretoise est en fonte.

LINTEAUX A PLUSIEURS FERS

Le mieux est certainement d'augmenter la hauteur de la section des fers, mais on est quelquefois obligé de laisser sous le linteau une hauteur fixe, qui ne le permet pas, on doit alors mettre le nombre de lames plus grand, ce qu'on est du reste obligé de faire dans les murs de 0^m,45 et plus.

Dans ce cas, il faut employer les boulons et les entretoises, pour assurer un écartement des fers; cependant on fait aussi le linteau à trois lames avec agrafes ne prenant que les fers extrêmes, celui du milieu étant maintenu à sa place par le hourdi et la poussée du plâtre.

Disons encore que souvent on remplit l'intervalle entre les fers composant les linteaux par des briques ; c'est alors un remplissage en maçonnerie qui peut rester apparent, comme dans les baies sans portes par exemple.

LINTEAUX APPARENTS

Composés comme les précédents, avec entretoises en fonte ou en fer creux, ces linteaux sont décorés à l'extérieur de rosaces qui cachent la tête du boulon, ils sont employés dans les constructions en pierre et en brique. On peut aussi les construire de deux fers U adossés, si on veut avoir une surface unie.

LINTEAUX EN FER CARRÉS

Le fer carré de 36 à 40 millimètres, simplement coupé de longueur, sert à faire les linteaux de soupiraux, jours de souffrance, etc.

Sous les claveaux, entaillés dans la pierre, on met aussi des linteaux en fer carré, coudés aux extrémités pour former ancrage (fig. 40).

L'on voit aussi sur cette figure la forme de petits crampons de claveaux, employés pour empêcher les glissements, et par suite la déformation de la voûte plate.

Ces crampons, étant donné le travail qu'on en attend, peuvent être économiquement remplacés par de simples bouts de fer placés perpendiculairement aux joints et pénétrant de quelques centimètres dans des trous percés très justes dans les claveaux. La clef seule n'en est pas munie pour conserver la facilité de pose. On peut encore appliquer dans certains cas aux linteaux les procédés de renforcement que nous indiquons plus loin aux poutres armées, soit les sous-bander, les haubanner, etc.

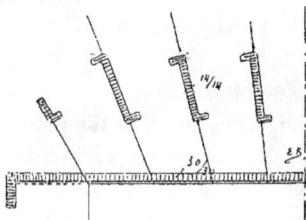

Fig. 40.

FILETS-POITRAILS

Les filets et les poitrails ont absolument la même structure, et ne diffèrent que par leurs dimensions.

Le poitrail employé en façade ne doit pas avoir plus de trois mètres de portée sans point d'appui, colonne ou pile.

Les filets portant les murs de refend, cloisons et autres, sont, nous l'avons dit, moins forts ayant moins à porter.

Cette seule différence étant donnée, nous les confondrons dans la même dénomination.

Les filets portent le solivage, les murs, etc.; ils sont composés ordi-

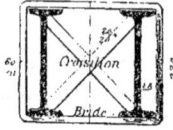 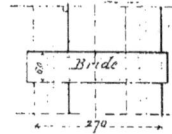

Fig. 41.   Fig. 42.

nairement de fers à double T (fig. 41, 42), entretoisés par des croix de Saint-André, ou croisillons en fer carré de 20 à 25 millimètres et serrés par des brides ou frettes en fer plat de 50 × 7 ou 50 × 9 et 60 × 11, suivant la grosseur du filet, et placées à chaud, dilatées, pour qu'ensuite le retrait provenant du refroidissement serre les fers l'un contre l'autre.

Les extrémités des filets sont ancrées dans les jambages qui les portent.

Les filets légers se font aussi avec entretoises en fer creux ou en fonte, mais la répartition du poids sur les deux lames est bien moins parfaite qu'avec les croisillons qui butent dans les angles des fers, si bien que, si une charge (celle des solives par exemple, qui ne portent souvent que sur un fer) agit sur l'un des croisillons, elle en reporte une grande partie sur l'autre.

Ce que nous avons dit à propos des linteaux, touchant la décoration, s'applique également aux filets s'ils doivent rester apparents.

Comme pour les linteaux, les filets peuvent avoir un plus grand nombre de fers; il convient alors de remplacer les croix de Saint-André par des fourrures en fonte remplissant exactement le vide entre les fers, et d'assembler le tout par des brides à chaud.

Les fourrures pleines, plus encore que les croisillons rendent les fers, solida ires

LINTEAUX, FILETS ET POUTRES ARMÉES

Au point de vue des systèmes employés comme armatures, pour augmenter la résistance à la flexion, nous confondrons les linteaux, les

filets et les poutres composées en fers double T, comme étant de formes
analogues et ne différant que par leurs dimensions.

Le cas le plus simple d'armature, consiste à sous-bander la pièce portant sur deux points d'appui, le
poids vertical P se décompose
en deux poussées sur les points
d'appui et la pièce qui, isolée
travaillait à la flexion, travaille
presque entièrement à la compression (fig. 43).

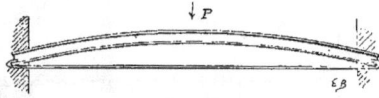

Fig. 43

Dans la construction de ce genre de filet en arc sous-bandé, on ne
saurait trop soigner les attaches du tirant qui est la base du système;

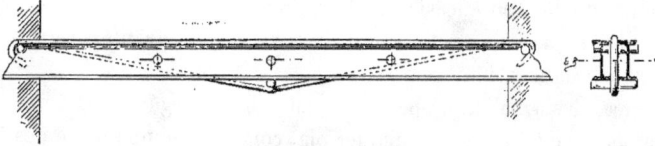

Fig. 44.   Fig. 45.

suivant les dimensions, on devra mettre un poinçon reliant la corde à
l'arc. Le deuxième exemple (fig. 44, 45), est composé de deux fers
double T, travaillant à la flexion, et soulagés en leur milieu par un tirant
coudé en fer rond, qui tend à soulever une traverse qui passe sous les
deux fers, et le tirant est fortement amarré à leurs extrémités supérieures.

Dans le premier cas (fig. 46, 47), l'arbalétrier en fer carré est très
surbaissé, il tient entièrement dans la hauteur des fers, et remplit en
largeur l'espace laissé libre entre eux.

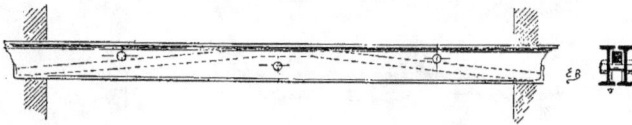

Fig. 46.   Fig. 47.

Butant par le bas sur les ailes inférieures des fers double T, et par le
haut sous les ailes, cet arbalétrier travaille à la compression aussitôt
que le filet, ainsi composé, commence à fléchir.

Si l'on doit obtenir un filet d'une largeur plus grande, on emploiera du fer plat, et on hourdera entièrement le filet, les boulons de serrage sont placés de mètre en mètre.

L'autre disposition (fig. 48, 49) est destinée à porter une forte cloison

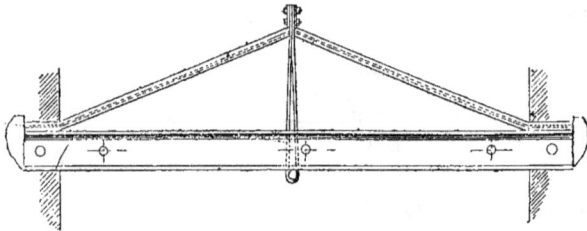
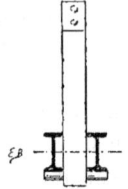

FIG. 48.   FIG. 49.

en maçonnerie; nous plaçons les arbalétriers à plat, position plus favorable étant donné son encastrement complet, dans une maçonnerie qui l'empêchera de se voiler, et il conservera sa section avantageuse, pour résister aux chances de dévers latéral.

La butée des arbalétriers peut être faite en fer forgé ou en fonte; le poinçon peut se faire d'un simple fer plat comme l'indique notre dessin, ou tout autre moyen.

FILETS HAUBANNÉS

Ce système n'est qu'une extension du procédé représenté figures 44, 45; les haubans doivent être placés au centre des deux pièces en fer ou bien encore doublés et placés de chaque côté (fig. 50).

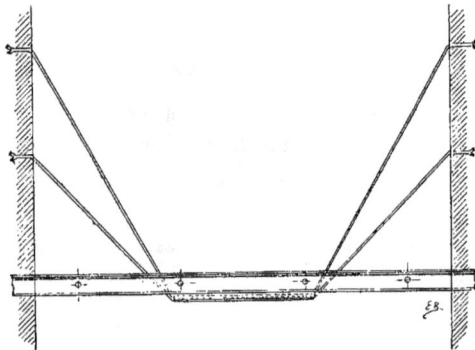

FIG. 50.

Les mêmes combinaisons aux détails d'assemblages près sont applicables aux poutres en bois.

ARMATURE EN FER DE PETITS SOFFITES EN BOIS

Dans la figure 51, la pièce a été refendue en deux, entaillée, et on y a introduit un fer plat, le tout boulonné ensemble à chaque mètre ; il

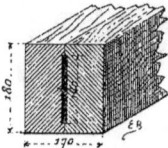  

Fig. 51.   Fig. 52.   Fig. 53.

est bon de cintrer le fer plat de toute la flèche que permet la hauteur du bois.

Plus solides sont les solutions représentées figures 52, 53 ; le fer à double T n'est cintré que de sa flèche commerciale, soit $0^m,005$ pour un mètre environ.

La figure 54 donne une disposition du même genre avec deux fers et le bois en trois pièces.

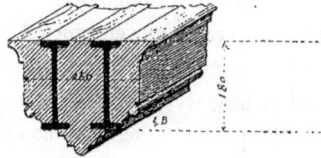

Ces bois et fers doivent être serrés par des boulons, de mètre en mètre ;

Fig. 54.

les têtes sont logées dans les entailles qu'on rebouche après coup.

POUTRES

Les poutres remplacent les points d'appui dans les grandes portées libres.

Etant donné un plancher à établir sur une grande surface, il serait coûteux de donner à chaque solive la force nécessaire pour franchir la distance entre les portées, et résister à la charge que doit supporter le plancher.

On divise donc cette grande surface par des poutres, pour n'avoir que des solives d'une longueur de 4 à 6 mètres, ces solives sont portées sur les poutres ou assemblées dessus (fig. 55, 56).

Les poutres sont elles-mêmes, si la portée est trop grande, soulagées par des colonnes.

Suivant les conditions qu'elles doivent remplir, on distingue plusieurs sortes de poutres :

1° La poutre composée d'un seul fer du commerce, fer en double T ;

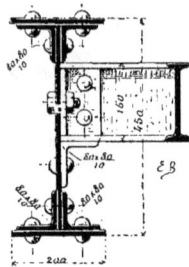
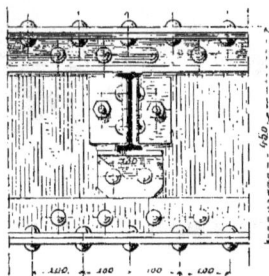

Fig. 55.   Fig. 56.

2° La poutre composée d'une âme et de quatre cornières rivées, haut et bas deux à deux, en pinçant l'âme ;

3° La poutre composée d'une âme, de quatre cornières et de tables, haut et bas, rivées sur les cornières déjà rivées sur l'âme (fig. 55) ;

4° La poutre à goussets, composée de quatre cornières, qui moisent à des distances très rapprochées des plaques de tôle ou goussets ;

5° La même poutre avec tables haut et bas ;

6° La poutre composée de quatre cornières et de croisillons en fer plat, en fer cornière, T, ou en fer U ;

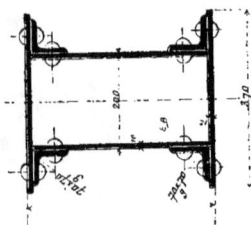

Fig. 57.

7° La même avec tables haut et bas ;

8° La poutre tubulaire, composée de deux âmes avec cornières rivées vers l'extérieur et de larges tables haut et bas réunissant les âmes (fig. 57) ;

9° La même avec quatre cornières, quand ses dimensions sont telles qu'un homme peut pénétrer à l'intérieur pour tenir le coup au rivetage ;

10° La poutre tubulaire à croisillons dans les quatre côtés ;

11° La même avec quatre tables horizontales, haut et bas, au droit des croisillonnements verticaux et pinçant les abouts des croisillons.

Ces trois derniers types ne s'emploient que pour les ponts.

TABLEAU DE RÉSISTANCE DES POUTRES EN TOLE
DE 0^m,216 A 0^m,700 DE HAUTEUR

D'après l'étude sur la résistance de M. G. Lecomte, architecte.

$$\text{Formule } \frac{1}{v} = \frac{1}{6}\;\frac{bh^2 - b'h'^2 - b''h''^2}{h}$$

HAUTEURS	BASES	AMES	TABLES	CORNIÈRES	POIDS par mètre	$\frac{I}{v}$	HAUTEURS	BASES	AMES	TABLES	CORNIÈRES	POIDS par mètre	$\frac{I}{v}$
mill.	mill.	mill.	mill.		kil.		mill.	mill.	mill.	mill.		kil.	
210	135	007	008	$\frac{0.06 \times 0.06}{0.009}$	53	0.0005z317	422	200	000	011	$\frac{0.09 \times 0.09}{0.013}$	126	0.0026771
220	150	008	010	$\frac{0.06 \times 0.06}{0.009}$	57	— 59832	422	250	010	011	$\frac{0.10 \times 0.10}{0.013}$	150	— 27319
220	160	009	010	$\frac{0.07 \times 0.07}{0.01}$	68	— 69054	470	160	008	010	$\frac{0.07 \times 0.07}{0.010}$	93	— 19180
232	180	010	011	$\frac{0.08 \times 0.08}{0.011}$	85	— 83420	470	180	009	010	$\frac{0.08 \times 0.08}{0.011}$	110	— 22447
268	150	008	009	$\frac{0.06 \times 0.06}{0.009}$	69	— 76525	470	200	010	010	$\frac{0.09 \times 0.09}{0.012}$	130	— 25064
268	160	009	009	$\frac{0.07 \times 0.07}{0.01}$	83	— 68399	472	250	010	011	$\frac{0.10 \times 0.10}{0.013}$	155	— 31660
270	180	010	010	$\frac{0.075 \times 0.075}{0.01}$	93	— 10053	520	160	008	010	$\frac{0.07 \times 0.07}{0.01}$	98	— 21773
270	200	010	010	$\frac{0.08 \times 0.08}{0.011}$	100	— 11202	520	180	000	010	$\frac{0.08 \times 0.08}{0.011}$	113	— 25749
320	160	008	010	$\frac{0.07 \times 0.07}{0.011}$	85	— 11472	520	200	010	010	$\frac{0.09 \times 0.09}{0.012}$	135	— 26680
320	180	009	010	$\frac{0.08 \times 0.08}{0.011}$	98	— 13416	522	250	010	011	$\frac{0.10 \times 0.10}{0.013}$	150	— 36164
320	200	010	010	$\frac{0.09 \times 0.09}{0.012}$	123	— 15428	570	160	008	010	$\frac{0.07 \times 0.07}{0.01}$	102	— 24561
322	250	010	011	$\frac{0.10 \times 0.10}{0.013}$	143	— 18974	570	180	009	010	$\frac{0.08 \times 0.08}{0.011}$	117	— 28908
370	150	008	010	$\frac{0.06 \times 0.06}{0.009}$	77	— 12181	570	200	010	010	$\frac{0.09 \times 0.09}{0.012}$	138	— 33498
370	160	009	010	$\frac{0.07 \times 0.07}{0.01}$	91	— 14122	572	250	010	011	$\frac{0.10 \times 0.10}{0.013}$	163	— 40742
370	180	010	010	$\frac{0.08 \times 0.08}{0.011}$	103	— 16524	620	160	008	010	$\frac{0.07 \times 0.07}{0.01}$	105	— 27366
370	200	010	010	$\frac{0.09 \times 0.09}{0.012}$	122	— 18826	450	400	000	011	$\frac{0.07 \times 0.07}{0.009}$	125	— 29380
420	160	008	010	$\frac{0.07 \times 0.07}{0.01}$	91	— 15175	700	408	014	012	$\frac{0.095 \times 0.095}{0.011}$	457	0.0157433
420	180	008	010	$\frac{0.08 \times 0.08}{0.011}$	102	— 19088					Cette dernière est à 2 âmes (type fig. 57).		

RÉSISTANCE DES MATÉRIAUX

Les corps solides, employés comme matériaux dans les diverses constructions, ont tous une constitution moléculaire, que les efforts auxquels on les soumet tendent à altérer.

Les matériaux sont plus ou moins tenaces, et on compare leurs différentes résistances par la quantité de force nécessaire pour les rompre.

Les corps sont susceptibles d'une élasticité, qui représente un changement dans la composition des molécules qui les composent.

Suivant leur nature, les matériaux sont propres à subir des efforts différents, qui sont :

1° La *force tirante*, ou travail à la traction, à l'extension ;

2° La *force transverse*, ou travail au cisaillement ;

3° La *force ployante*, ou travail à la flexion ;

4° La *force portante*, ou travail à la compression, à l'écrasement.

Les matériaux propres au travail à la traction sont : l'acier, le fer, le cuivre, le bois, etc.

Ceux pouvant être employés à la flexion et au cisaillement : l'acier, le fer, le bois et même la pierre, etc.

Tous les matériaux sont propres au travail à la compression dans des proportions différentes.

RÉSUMÉ DES CALCULS DE RÉSISTANCE

PIÈCES, POUTRES, CHARPENTES, ETC.

Le calcul de la résistance des diverses parties d'une construction ou d'une machine, soumises à des efforts extérieurs ou intérieurs, est une des parties les plus délicates et les plus importantes de la science de l'ingénieur.

La difficulté d'arriver, dans certains cas, à des résultats absolument certains, tient d'une part à ce que ce genre de calculs est toujours basé sur des expériences empiriques plus ou moins exactes, et d'autre part, à ce que, pour appliquer ces résultats aux formes compliquées de la construction, il faut faire des hypothèses, des simplifications, des assimilations plus ou moins conformes aux faits réels et naturels, concernant le jeu des éléments de la construction et leur mode de déformation ou de rupture.

Très souvent la matière à employer n'est pas de la même provenance ou de la même qualité que celle soumise aux expériences, et, dans la théorie, tel auteur admettra que la rupture des pièces a lieu d'une façon, et tel autre d'une autre : c'est-à-dire que l'on diffère d'avis sur la position des points les plus faibles, et sur la direction variable des réactions intérieures ou extérieures ; cela dépend en effet essentiellement des modes d'assemblage et du système de la construction, du nombre et de l'espacement des rivets, qui peuvent *être bien ou mal faits*, etc., etc.

Quoi qu'il en soit, à notre avis, ce qu'il y a de mieux à faire dans tous les genres de constructions possibles, c'est d'abord de rechercher et au besoin de visiter et étudier des modèles ou précédents analogues déjà exécutés, — de s'en inspirer, d'une manière générale, quant aux proportions à donner à l'ouvrage dont on s'occupe — en faisant une sorte de *quatrième proportionnelle* pour les principaux éléments.

Ce premier croquis jeté sur le papier, on le soumettra au calcul, *postérieurement*.

Le calcul ne doit servir qu'à vérifier si l'on s'est trompé d'instinct ou non — c'est-à-dire si l'on est au-dessus ou au-dessous des limites des coefficients de pression imposés par les cahiers des charges, ou par les usages et règles de l'art.

Fig. 58. — RÉSISTANCE D'UN PRISME, A LA TRACTION OU COMPRESSION DANS LE SENS DE SON AXE.

Le cas le plus simple est celui d'un prisme (pilier, colonne, ou trumeau

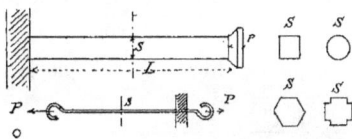

FIG. 58.

de mur) soumis à la compression verticale d'une charge P, ou d'une tige sollicitée par une traction dans le sens de sa longueur.

L'expérience a démontré que si l'on reste au-dessous des limites de charge où il y a rupture ou déformation permanente, les allongements ou tassements des pièces sont directement proportionnels aux charges supportées par unité de surface de leur section et proportionnels aussi à leur longueur totale.

On peut traduire cette observation par la formule suivante, soit :

L la longueur primitive du prisme ;
S sa section transversale (en millimètres carrés) ;
P la force totale agissant sur l'une des bases ;
x l'allongement total, ou raccourcissement ;
i l'allongement par unité de longueur $= \frac{x}{L}$;
R la pression ou tension par unité de surface $= \frac{P}{S}$;
E un coefficient d'élasticité variable suivant les corps on aura :

$$x = Li \qquad R = Ei = E\frac{x}{L}$$

Et la proportionnalité à la charge totale donnera :

$$P = RS = \frac{ES}{L}x$$

Mais dans la pratique des travaux on n'a pas à s'occuper de l'allongement x.

Il s'agit seulement de faire en sorte que la section S du pilier ou de la tige soit telle qu'en la chargeant d'un poids P, on ne dépasse pas, par millimètre carré de section, une charge déterminée, appelée charge de *sécurité*.

On admet que cette charge varie du quart au sixième de la charge de rupture donnée par l'expérience. Exemple : Pour le fer ordinaire qui se rompt à 40 kilos par millimètre carré, il suffira que l'on ait :

$$\frac{P}{S} < 6^k \qquad \frac{P}{S} < 10^k \qquad \frac{P}{S} < 12^k$$

suivant le coefficient de sécurité imposé. Dans les charpentes qui ne sont pas soumises à des chocs, comme les ponts et les planchers, on peut aller jusqu'à 12^k au besoin, si le fer est bon.

Fig. 59. — Résistance d'une pièce encastrée a un bout, et chargée a l'autre bout d'un poids P.

Pour que la pièce soit en équilibre, il faut que le moment de résis-

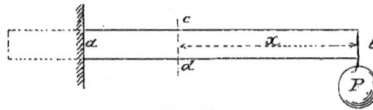

Fig. 59.

tance de la pièce à la flexion, c'est-à-dire la somme des moments de résistance de toutes les fibres par rapport à la ligne des fibres invariables ou ligne neutre, soit égal au moment de la force P, pris par rapport à la section de l'encastrement.

Pour qu'elle ne se déforme pas, et qu'elle ne se brise pas, il faut que ce moment de la force P soit inférieur à celui qui résulterait, dans la section la plus faible, d'une tension limite déterminée, qu'on se fixe d'avance, comme 6^{kg}, 10^{kg}, 12^{kg}, par exemple.

En appelant :

L la longueur totale, prise de l'encastrement au point d'action P, c'est-à-dire, le bras de levier de la force P ;

PL sera le moment fléchissant.

$\dfrac{RI}{n}$ sera le moment de résistance de la pièce, dans lequel

R est la plus grande résistance à la traction ou compression imposée
à la pièce, sous l'action de P ;

I *le moment d'inertie* de la section à l'encastrement. Ce moment est
pris par rapport à la ligne des fibres neutres ou invariables.

Il est égal à $\int v^2 d\omega$, c'est-à-dire à la somme intégrale des produits des
divers éléments différentiels $d\omega$ qui composent la section de rupture,
multipliée par le carré de la distance variable v de chaque élément à la
ligne des fibres neutres.

n est la distance maxima de la ligne des fibres neutres (qui passe par
le centre de gravité de la section dans les pièces homogènes) au point de
la section d'encastrement qui en est le plus éloigné.

On aura aussi l'équation $PL = \dfrac{RI}{n}$

Et si la section est symétrique par rapport à l'axe des fibres neutres,
on aura, en appelant

h la hauteur de la pièce

$$n = -\frac{h}{2} \qquad PL = \frac{2RI}{h}$$

Fig. 60. — Si, au lieu d'un poids unique appliqué à l'extrémité, la

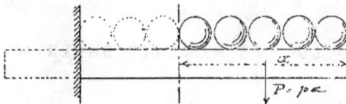

Fig. 60.

pièce est *uniformément chargée* dans toute sa longueur, par une série de
poids élémentaires p (par unité de longueur), on aura :

$$pL \times \frac{L}{2} = \frac{RI}{n}$$

Fig. 61. — Pièce reposant sur deux appuis, a ses extrémités libres
et chargée d'un poids P en son milieu.

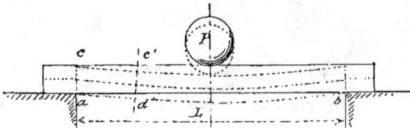

Fig. 61.

$$\frac{PL}{4} = \frac{RI}{n}$$

Fig. 62. — Pièce reposant sur deux appuis, avec charge uniformément
répartie sur toute sa longueur.

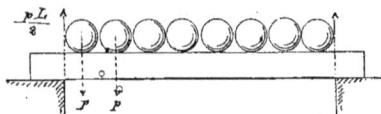

Fig. 62.

$$\frac{pL^2}{8} = \frac{RI}{n}$$

Fig. 63. — Dans le cas où la pièce serait chargée d'un poids P en un

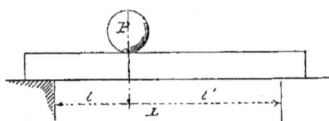

Fig. 63.

point l de sa longueur, on aurait

$$l + l' = L \qquad \frac{P\,ll'}{L} = \frac{R\,I}{n}$$

CALCUL DES MOMENTS D'INERTIE

Comme il a été dit plus haut, le moment d'inertie d'une pièce ou
d'une section, par rapport à la ligne des fibres neutres, est la somme
intégrale des produits des divers éléments de surface $d\omega$ par le carré de
la distance variable v de chaque élément à la ligne d'axe.

Voici les formules qui donnent ces moments pour les diverses formes
de section que l'on rencontre le plus généralement :

Fig. 64. — Section rectangle : hauteur h, base b. On aura, par rapport
à l'axe neutre :

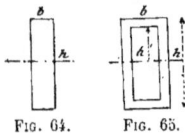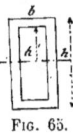

$$I = \frac{1}{12}\,bh^3$$

Fig. 65. — Rectangle creux : h et h' hauteurs
intérieure et extérieure, b et b' bases correspon-

Fig. 64.   Fig. 65.

dantes : on aura par différence :

$$I = \frac{1}{42}\left(bh^3 - b'h'^3\right)$$

Fig. 66. — Fer double T, ou fontes. $I = \frac{1}{12}\left(bh^3 - b'h'^3\right)$

Fig. 67. — Croix symétrique, $I = \frac{1}{12}\left[bh^3 + (b'-b)\,h'^3\right]$

Fig. 68. — Poutre de pont a profil double T, composée de nervures

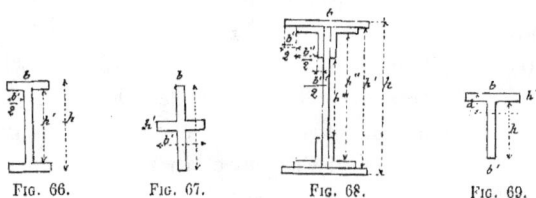

Fig. 66.   Fig. 67.   Fig. 68.   Fig. 69.

en fer méplats d'une âme en tôle pleine et de cornières d'assemblage.

On aura $\quad n = \frac{h}{2}; \quad I = \frac{1}{12}\left[bh^3 - (b'h'^3 + b''h''^3 + b'''h'''^3)\right]$

$$PL = \frac{1}{6}\,\frac{R}{h}\left(bh^3 - b'h'^3 - b''h''^3 - b'''h'''^3\right)$$

$$\frac{PL^3}{3} = \frac{1}{12}\,E\,f\left(bh^3 - b'h'^3 - b''h''^3 - b'''h'''^3\right)$$

Et la flèche $f = \dfrac{4\,PL^3}{E\,(bh^3 - b'h'^3 - b''h''^3 - b'''h'''^3)}$

Fig. 69. — Fer a T simple. — En appelant n la distance entre le centre de gravité ou axe neutre de la section et l'horizontale supérieure du T, et si l'on prend le moment d'inertie par rapport à la ligne neutre,

On a $\qquad n = \frac{1}{2}\,\dfrac{bh'^2 - b'h'^2 + b'h^2}{bh' - b'h' + b'h}$

$$I = \frac{1}{3}\left[bn^3 - (b-b')\,(n-h')^3 + b'\,(h-n)^3\right]$$

$$PL = \frac{R}{3} \times \dfrac{bn^3 - (b-b')\,(n-h')^3 + b'\,(h-n)^3}{h-n}$$

$$\frac{PL^3}{3} = EI\,f; \text{ donc } f = \dfrac{PL^3}{E\left[bn^3 - (b-b')\,(n-h') + b'\,(h-n^3)\right]}$$

Fig. 70. — Fers cornières. — Pour calculer la résistance des fers d'angle, on admet qu'ils équivalent à des fers à T simple dont les deux éléments (âme et nervure) seraient des mêmes dimensions. Cette hypothèse n'est pas absolument juste, car il y a dans les cornières un effet de porte à faux, ou de torsion, dont le calcul ne tient pas compte. Mais comme les fers cornières sont en général, à cause de leur plus grande facilité de laminage, de *meilleure qualité*, c'est-à-dire plus homogènes de grain que les fers à T, cela fait pratiquement compensation.

Fig. 70.

Fig. 71. — Fers en U. — Les fers en U, ou doubles cornières, se sont récemment répandus dans le commerce et dans la construction, et rendent de grands services par les facilités d'assemblage qu'ils présentent dans certains cas spéciaux. On les assimile dans le calcul aux fers double T : seulement, ici, la qualité serait plutôt un peu moins bonne, car le laminage des fers *double* T est en réalité bien plus facile que celui des fers en U.

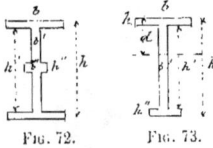
Fig. 71.

Quoi qu'il en soit, dans les limites de $\frac{1}{6}$ ou de $\frac{1}{4}$ de la charge de rupture, on peut toujours admettre les formules comme suffisamment exactes pour une vérification : l'écart entre la résistance rigoureusement vraie et celle donnée par la formule ne serait jamais que de moins d'un cinquième ou d'un sixième de sa valeur même.

Fig. 72. — Fers en triple T (à nervure centrale).

$$I = \frac{1}{12}\left[b''h''^3 + b'(h'^3 - h''^3) \right]$$

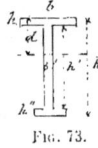
Fig. 72.   Fig. 73.

Fig. 73. — Fers double T a nervures inégales. — En appelant d la distance verticale de l'axe neutre, au plat supérieur de la section, le moment d'inertie par rapport à l'axe neutre sera donné par la formule

$$I = \frac{1}{3}\left\{ b\left[d^3 - (d-h)^3\right] + b'\left[(d-h)^3 + (h+h'-d)^3\right] \right.$$
$$\left. + b''\left[(h+h'+h''-d)^3 - (h+h'-d)^3\right] \right\}$$

Dans la pratique, on se sert rarement de ces formules assez compliquées : on remplace les parties des sections dont les formes sont trop difficiles à calculer par des rectangles équivalents, et l'on rentre dans le cas ordinaire de l'équation des moments.

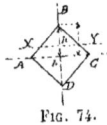
Fig. 74.

Fig. 74. — Section en losange. — Si b est la plus grande largeur horizontale, soit à l'axe neutre, et h la demi-hauteur totale, on a $n = h$ et $I = \frac{bh^3}{6}$.

Les formules générales deviennent alors :

$$PL = \frac{Rbh^2}{6}$$

$$\frac{PL^3}{3} = \frac{Ebh^3 f}{6}$$

$$f = \frac{2\,PL^3}{Ebh^3}$$

Dans le carré parfait, fléchissant par sa diagonale verticale, on aurait $b = \dfrac{2c}{\sqrt{2}}$ et $h = \dfrac{c}{\sqrt{2}}$; donc alors :

$$\mathrm{PL} = \frac{Rc^3}{6\sqrt{2}} ; \quad \frac{\mathrm{PL}^3}{3} = \frac{Ec^4 f}{12} ; \quad f = \frac{4\,\mathrm{PL}^3}{Ec^4}$$

Fig. 75. — SECTION TRIANGULAIRE. $\mathrm{PL} = \dfrac{R b h^3}{12}$

$$\frac{\mathrm{PL}^3}{3} = \frac{E\,bh^3 f}{12} \quad \text{et}\quad f = \frac{4\,\mathrm{PL}^3}{E\,bh^3}$$

De telle sorte que l'on trouve la valeur de PL moitié de ce qu'elle est dans le losange entier et la valeur de f, c'est-à-dire de la flèche, double. La résistance est, en effet, moitié moindre pour les mêmes éléments b et h.

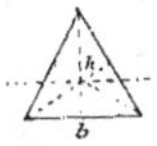

FIG. 75.

Fig. 76. — CERCLE PLEIN, DE RAYON R.

On a, dans ce cas, $n = R$ et $I = \dfrac{\pi R^4}{4}$

$$\mathrm{PL} = \frac{R\,\pi R^3}{4} ; \quad \frac{\mathrm{PL}^3}{3} = \frac{\pi\,\mathrm{ER}^4 f}{4} ; \quad f = \frac{4\,\mathrm{PL}^3}{3\pi\,\mathrm{ER}^4}$$

En comparant cette formule à celle du carré (figure 64 avec $b = h$) on voit que la résistance du cercle est à celle du carré de même diamètre circonscrit, comme $\dfrac{3\pi}{16} : I$

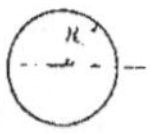

FIG. 76.

Fig. 77. — CYLINDRE CREUX. — Rayon extérieur R, rayon intérieur r.

$$n = R ; \quad I = \frac{\pi}{4}\left(R^4 - r^4\right) ; \quad \frac{\mathrm{PL}^3}{3} = \frac{\pi\,E f}{4}\left(R^4 - r^4\right)$$

$$f = \frac{4\,\mathrm{PL}^3}{3\pi\,E\,(R^4 - r^4)}$$

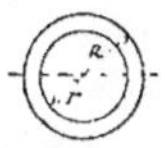

FIG. 77.

On voit que si $r = 0$, on retrouve simplement la formule du cylindre plein.

Fig. 78. — DEMI-CERCLE. — Si le rayon du demi-cercle est R, on a $I = 11\,R^4$

$$bh^2 = 38\,R^3.$$

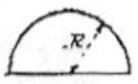

FIG. 78.

Fig. 79. — ELLIPSE, à section verticale, grand axe $2a$, petit axe $2b$:

$$n = a ; \quad I = \frac{\pi}{4}\,ba^3$$

$$\frac{\mathrm{PL}^3}{3} = \frac{\pi E\,ba^3 f}{4} ; \quad f = \frac{4\,\mathrm{PL}^3}{3\pi\,E\,ba^3}$$

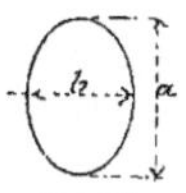

Si $a = b$, on retrouve les formules du cercle plein.

FIG. 79.

Fig. 80. — Section elliptique creuse.

Soient $2a$ et $2b$, les $\frac{1}{2}$ axes de l'ellipse extérieure et $2a'$ et $2b'$ les axes intérieurs, on aura :

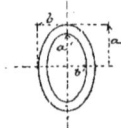

Fig. 80.

$$n = a ; \quad I = \frac{\pi}{4}\left(ba^3 - b'a'^3\right)$$

$$\frac{PL^3}{3} = \frac{\pi E f}{4}\left(ba^3 - b'a'^3\right) \text{ et } f = \frac{4\,PL^3}{3\pi\,E\,(ba^3 - b'a'^3)}$$

Dans le cas où les deux ellipses sont semblables, c'est-à-dire si l'on a la relation $a' = ma$ et $b' = mb$, les formules ci-dessus se simplifient et deviennent :

$$PL = \frac{R}{4}\frac{\pi}{}ba^3\left(I - m^4\right) \text{ et } f = \frac{4\,PL^3}{3\pi\,E\,ba^3\,(I - m^4)}$$

L'expérience a démontré que, pour des surfaces et hauteurs égales, c'est-à-dire des sections équivalentes, plus on diminue l'épaisseur du fer à l'âme en augmentant la largeur des ailes, plus la valeur de $\frac{i}{n}$ devient grande.

Nous prendrons comme point de comparaison le fer plat et le fer à double T.

Premier exemple. — Fer plat de $0,010 \times 0,200$

Surface $= 0,010 \times 0,200 = 0,002$, $\quad \dfrac{i}{n} = \dfrac{0,01 \times 0,2^2}{6} = 0,0000\,6666$

Deuxième exemple. — Fer I dont $b = 0,033$, $h = 0,200$, $h' = 0,184$ et dont l'épaisseur d'âme est $0,008$.

Surface $= 0,184 \times 0,008 + 2 \times 0,033 \times 0,008 = 0,002$.

$$\frac{i}{n} = \frac{\dfrac{0,033 \times 0,02^3 - (0,025 \times 0,184^3)}{12}}{0,10} = 0,00009022$$

Troisième exemple. — Fer I dont $b = 0,079$, $h = 0,200$, $h' = 0,184$ et dont l'épaisseur d'âme est $0,004$.

Surface $= 0,184 \times 0,004 + 2 \times 0,079 \times 0,008 = 0,002$.

$$\frac{i}{n} = \frac{\dfrac{0,079 \times 0,02^3 - (0,075 \times 0,184^3)}{12}}{0,10} = 0,00013734$$

On voit que la valeur de $\frac{i}{n}$ augmente au fur et à mesure que, tout en ne dépensant que le même poids de métal, on reporte sur les ailes une plus grande portion de l'âme, qu'on a donc ainsi une résistance plus considérable.

Et cela se comprend facilement, si l'on considère que dans une pièce fléchie, la ligne d'axe n'a pas changé de longueur, tandis que celle supérieure a été comprimée, et celle inférieure allongée ; il est donc raisonnable de dire que si la fibre neutre ne travaille pas, celles qui l'avoisinent au-dessus et au-dessous n'ont qu'un travail progressif au fur et à mesure qu'elles en sont plus éloignées.

Aussi la meilleure forme à donner à un fer I consiste-t-elle à diminuer l'épaisseur du fer sur la ligne neutre en augmentant graduellement jusqu'aux ailes, forme que nous exagérons un peu dans notre croquis (fig. 81).

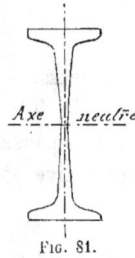

Fig. 81.

DIVERS EXEMPLES

CALCUL DES FERS A PLANCHERS

Règle générale, il faut toujours connaître pour calculer la force d'une solive ou d'une poutre, la portée et le poids qu'elle supporte.

La portée est facile à connaître, c'est le plan de la construction qui la donne.

Le poids supporté se détermine en multipliant le nombre de mètres carrés que supporte la pièce par un nombre déterminé de kilogrammes par mètre carré.

En plus des tables que nous donnons précédemment nous croyons utile de donner ici la formule qui sert à les établir, et quelques exemples d'applications qui reviennent le plus fréquemment dans la pratique.

Pour une pièce quelconque reposant librement sur deux points d'appui et chargée uniformément dans toute sa longueur on aura :

$$\frac{P L}{8} = R \frac{I}{N}$$

P, poids total supporté,

L, portée de la pièce entre les points d'appui ;

$\frac{P L}{8}$ Moment fléchissant ;

R $\frac{I}{N}$ moment de résistance dans lequel R est un coefficient de sécurité qu'on peut faire pour le fer, égal à 6 000 000, 8 000 000 ou 10 000 000. On dit alors que le fer travaille à 6, 8 ou 10 kilogr. par millimètre carré, suivant qu'on donne à R l'une ou l'autre de ces valeurs.

Dans la formule ci-dessus, une seule quantité est inconnue, c'est la valeur de $\frac{I}{N}$ qui à cause de l'égalité $\frac{PL}{8} = R\,\frac{I}{N}$ est égale à $\frac{PL}{8}$ divisé par R.

EXEMPLES. — Soit une solive de cinq mètres de portée avec une charge totale de 400 kilogr. par mètre carré de plancher, et supposant les solives espacées de $0^m,70$ en $0^m,70$.

La solive portera :

$$5 \times 0{,}70 \times 400 = 1\,400^{ks}$$

on aura donc pour le moment fléchissant :

$$\frac{PL}{8} = \frac{1\,400 \times 5{,}00}{8} = 875^{ks}$$

Si on fait travailler le fer à 6 kilogr. il faut choisir le coefficient 6 000 000 et la valeur de $\frac{I}{N}$ deviendra $\frac{PL}{8}$ divisé par R ou :

$$\frac{875}{6\,000\,000}\ 0{,}000146$$

Il s'agit de trouver une section dont la valeur de $\frac{I}{N}$ corresponde précisément à 0,000146.

C'est une opération assez longue et qui ne peut se faire que par tâtonnement (si on n'a pas à sa disposition de tableau donnant les valeurs).

Choisissant par exemple une solive en fer double T de 180/55 ordinaire dont l'âme aura 0,006 et les ailes 0,008 d'épaisseur.

$$\frac{I}{N} = \frac{0{,}055 \times 0{,}0180^3 - 0{,}049 \times 0{,}164^3}{\dfrac{12}{0{,}09}} = 0{,}000096866$$

Cette section prise au hasard, donnant une valeur de $\frac{I}{N}$ plus faible fait voir qu'en l'employant le fer travaillerait à plus de 6 kilogr., mais serait trop forte si on veut la faire travailler à 10 kilogr., car on aurait exactement :

Moment fléchissant $\dfrac{PL}{8} = 875$

Moment résistant $R\,\dfrac{I}{N} = 6\,000\,000 \times 0{,}000\,096\,866 = 581$ et $\dfrac{875}{581} \times 6 = 9$

Cette solive travaillerait donc à 9 kilogr.

D'après l'exemple ci-dessus, tout se réduit donc à avoir des valeurs de $\frac{I}{N}$ calculées d'avance pour toutes les sections. Le même calcul s'applique à toutes les sections symétriques, solives ou poutres, soit même aux solives ou poutres en bois.

EXEMPLE. — Pièce prismatique dont la base est b, et la hauteur h, bois ou fer.

$$\frac{b\,h^3}{2} \text{ divisé par } 1/2 \text{ de } h.$$

Supposons $b =$ à $0,10$ et $h =$ à $0\ 20$ on aura :

$$\frac{I}{N} = \frac{\dfrac{0,10 \times 0,20^3}{12}}{10} = 0,000066$$

Pour un fer à double T 180×55 de $0,006$ d'âme et $0,008$ d'ailes comme épaisseur on aura :

$$\frac{I}{N} = \frac{\dfrac{0,055 \times 0,18^3 - 0,049 \times 0,164^3}{12}}{0,09} = 0,000096866$$

Pour une poutre en tôle composée d'une âme de 400×10 et de quatre cornières $\frac{100 \times 100}{10}$ on aura :

$$\frac{I}{N} = \frac{\dfrac{0,21 \times 0,40^3 - (0,18 \times 0,38^3 + 0,02 \times 0,20^3)}{12}}{0,20} = 0,0014179$$

Pour une poutrelle à treillis composée comme suit : $b = 0,10$, $h = 0,50$, quatre cornières $\frac{50 \times 50}{6}$, treillis non compté.

$$\frac{I}{N} = \frac{\dfrac{0.10 \times 0,50^3 - (0.088 \times 0,488^3 + 0,012 \times 0,40^3)}{12}}{0,25} = 0,0005350$$

EXEMPLE pour solives ou poutres en bois dans un plancher.

Soit : Portée entre points d'appui . . . . . $4^{k8},00$
        Poids par mètre carré . . . . 400^{k8}
        Écartement des solives . . . . $0^m,40$

Chaque solive portera :

$$4^m,00 \times 0,40 \times 400^{k8} = 600^{k8}$$

$$\frac{PL}{8} = R \cdot \frac{I}{N} \qquad \frac{640 \times 4}{8} = \text{moment fléchissant } 320$$

Quand la pièce est en bois, les valeurs de R, 6, 8 ou 10 deviennent respectivement $600\,000$, $800\,000$ ou $1\,000\,000$. Si on veut faire travailler le bois à 6 kilogr. par centimètre carré R deviendra $600\,000$ et la valeur de $\frac{I}{N}$ sera $\frac{320}{600\,000} = 0,000533$.

Il suffira donc de chercher une section dont la valeur de $\frac{I}{N}$ soit à très peu de chose près 0,000533 et on trouvera une section de $0,08 \times 0,20$ et en effet

$$\frac{1}{N} = \frac{\frac{0,08 \times 0,20^3}{12}}{0,10} = 0,0005333 \text{ exactement}$$

EXEMPLE pour une poutre en tôle, soit :

Portée entre points d'appui . . . . . $7^m,00$
Poids total par mètre carré . . . . . 400^{kg}
Écartement des poutres. . . . . . . $3^m,50$

Chaque poutre portera $7^m,00 \times 3,50 \times 400 = 9\,800^{kg}$

$$\frac{PL}{8} = R \frac{1}{N} = \frac{9\,800 \times 7}{8} = \text{moment fléchissant} = 8\,575$$

$$\frac{1}{N} = \frac{PL}{8} \text{ divisé par } R = 6\,000\,000, \text{ ou } \frac{8\,575}{6\,000\,000} = 0,001429$$

Il faudrait donc une poutre de la section indiquée dans l'exemple précédent, 0,40 de hauteur et cornières $\frac{100 \times 100}{10}$ dont la valeur de $\frac{1}{N} = 0,0014179$ très approchée de 0,001429.

EXEMPLE pour une poutrelle à treillis :

Portée entre les points d'appui . . $5^m,00$
Poids par mètre carré à supporter . 300^{kg}
Écartement des poutrelles . . . . . $3^m,00$

Chaque poutrelle portera :

$$5^m,00 \times 3,00 \times 300^{kg} = 4\,500^{kg}$$

$$\frac{PL}{8} = R \frac{1}{N} \quad \frac{4\,500 \times 5}{8} = \text{moment fléchissant} = 2\,812$$

$$\frac{1}{N} = \frac{PL}{8} \text{ divisé par } R = 6\,000\,000 \text{ ou } \frac{2\,812}{6\,000\,000} = 0,0004686$$

Il faudrait donc une poutrelle à treillis à très peu de chose près semblable à celle de $0^m,50$ de hauteur que nous avons donnée en exemple et dont la valeur de $\frac{1}{N} = 0,0005350$ est un peu trop forte.

Pour le calcul du treillis de ces poutrelles, voir au chapitre IV, *Charpentes en fer*, le calcul des pannes en treillis.

TABLEAU DES EFFORTS DE TRACTION

QUE PEUVENT SUPPORTER LES MÉTAUX JUSQU'A LA RUPTURE PAR CENTIMÈTRE CARRÉ
DE SECTION

D'après MM. Morin, Poncelet, etc.

Important : On ne doit faire travailler les métaux qu'au 1/6 ou 1/7 de la charge qui a déterminé la rupture.

Fer forgé	Le plus fort de petit échantillon, première qualité.	6 000 kilogr.
ou étiré en	Le plus faible de gros échantillon, 0,06 de côté. .	2 500
barres.	Fondu. . . . . 1 350 à	1 250
Tôle.	Tirée dans le sens du laminage.	4 100
	Tirée dans le sens perpendiculaire	3 600
Fer dit ruban, très doux.		4 500
Fil de fer	De l'Aigle, employée à la corderie, de 23 milli-mètres de diamètre	9 000
non	Le plus fort de 0,5 à 1,0 millimètre de diamètre .	8 000
recuit.	Le plus faible d'un grand diamètre.	5 000
	Moyen de 1 à 3 millimètres	6 000
Fil de fer en faisceau ou câble (expérience de M. Burnet). . . .		3 000
Chaînes	Ordinaires à maillons oblongs	2 400
en fer doux.	Renforcées par des entretoises	3 200
Fonte grise.	La plus forte, coulée verticalement	1 350
	La plus faible, coulée horizontalement	1 250
Acier.	Fondu de cémentation, étiré au marteau en petit échantillon et de première qualité	10 000
	Le plus mauvais	3 600
	Moyen	7 500
Bronze de canon, en moyenne		2 300
Cuivre.	Rouge battu	2 500
	Rouge fondu	1 340
	Jaune ou laiton fin	1 260
Cuivre rouge	Le plus fort au-dessous de 1 millimètre de dia-mètre	7 000
en fil	Moyen de 1 à 2 millimètres de diamètre.	5 000
non recuit.	Le plus mauvais	4 000
Cuivre jaune,	Le plus fort au-dessous de 1 millimètre de dia-mètre.	8 500
laiton en fil non recuit.	Moyen au-dessus de 1 millimètre de diamètre . .	5 000
Platine	Ecroui, non recuit de 0,127 millimètres	11 600
en fil.	Ecroui recuit, d'après la mesure directe du dia-mètre	3 400
Etain fondu		300
Zinc fondu		600
Zinc laminé		500
Plomb fondu		128
Plomb laminé		133
Fil de plomb fondu et passé à la filière		136

TABLEAU DES EFFORTS DE COMPRESSION

QUE PEUVENT SUPPORTER LES MATÉRIAUX JUSQU'A LA RUPTURE,

ET CHARGES DE SÉCURITÉ

(D'après M. Morin.)

DÉSIGNATION des CORPS	CHARGES DE SÉCURITÉ PAR CENTIM. CARRÉ DE SECTION TRANSVERSALE — RAPPORT DE LA LONGUEUR à la plus petite dimension transversale					POIDS qui détermine la rupture par centimètre carré de section transversale
	AU-DESSOUS de 12	12	24	48	60	
	kil.	kil.	kil.	kil.	kil.	kil.
Fer forgé	1 000	833	500	167	84	5 000
Fonte	2 000	1 650	1 000	333	167	10 000
Métal de canon	5 000	»	»	»	»	25 000
Cuivre rouge coulé	823	»	»	»	»	8 000
— — forgé	4 650	»	»	»	»	28 000
— jaune	560	»	»	»	»	2 800
Etain fondu	100	»	»	»	»	600
Plomb fondu	28	»	»	»	»	140
Basalte	200	»	»	»	»	2 000
Granit dur . . . . . . , ...	70	»	»	»	»	700
— ordinaire	40	»	»	»	»	400
Marbres les plus durs	100	»	»	»	»	1 000
— blancs veinés	31	»	»	»	»	300
Calcaires durs	50	»	»	»	»	500
— ordinaires	30	»	»	»	»	300
Grès durs	90	»	»	»	»	900
— tendres	0,4	»	»	»	»	4
Brique dure	15	»	»	»	»	150
— ordinaire	4	»	»	»	»	40
Plâtre	6	»	»	»	»	60
Béton de dix-huit mois	4	»	»	»	»	40
Mortier — —	2,5	»	»	»	»	25

CHAPITRE III

DES COLONNES EN GÉNÉRAL

Les colonnes sont des supports isolés, quelquefois couplés, qui portent une poutre, ou reçoivent la retombée d'un arc.

Une colonne se compose de trois parties principales : la base, le fût
et le chapiteau.

La résistance considérable de la fonte soumise à la compression en
fait un excellent élément pour constituer un support vertical; et sa propriété d'être coulée fondue rend très faciles à obtenir les formes les plus
simples, comme les plus compliquées; elle se prête admirablement à
l'architecture, à laquelle elle permet d'atteindre l'effet élancé, qu'ont
cherché les artistes du moyen âge, en divisant leurs gros piliers par des
colonnettes engagées; moyen ingénieux du reste, et qui donnait cette

illusion d'élévation qui nous frappe encore aujourd'hui dans les grandes
nefs de nos cathédrales.

COLONNES PLEINES DU COMMERCE

On trouve dans le commerce des colonnes en fonte pleine variant de
$0^m,08$ à $0^m,20$ de diamètre et plus, par longueurs variant de $0^m,05$ en
$0^m,05$, en prenant comme point de départ $2^m,00$ pour celles de $0^m,08$ de
diamètre et les autres en rapport.

Les colonnes pleines ont une base assez large pour répartir l'effort
d'écrasement sur le libage qui les reçoit, et sont munies d'un goujon en
fer, pris dans la fonte au moment de la coulée ; ce goujon qui pénètre
dans la pierre et y est scellé, empêche tout déplacement de la colonne,
déjà bien assujettie en place par son propre poids.

Le fût d'une colonne bien faite est légèrement renflé vers le milieu ;
ou, mieux encore au point de vue de l'effet, cylindrique dans le premier
tiers de sa hauteur, et allant jusqu'au chapiteau par une légère courbe
environ 2 1/2 millimètres soit pour 4 mètres de hauteur une différence de
0,01 entre le diamètre du fût dans le premier tiers et celui sous l'astragale.

Le chapiteau, ou chapeau, est un profil quelconque, accompagné de
deux consoles de repos, destinées à recevoir la poutre,

Disons de suite ici que, pour recevoir un poitrail, on place sur tête
de la colonne, un fort fer méplat, dans lequel est engagé le goujon supérieur ; ce fer plat est relevé de chaque côté, de manière à embrasser les
deux fers composant le filet.

Les colonnes peuvent être couplées par deux ou quatre ; elles sont
alors réunies par des colliers en fer, forgés, boulonnés, et réunies au
sommet par un plateau.

On fait aussi des colonnes destinées à supporter plusieurs linteaux ou
filets, ou, si l'on préfère plusieurs planchers ; elles portent alors sur le fût
à une hauteur donnée (elles ne se font que sur commande) des consoles
de repos, comme celles que nous avons décrites en parlant des planchers
sur colonnes.

Les colonnes en fonte pleine, sont employées pour remplacer les piles
ou les trumeaux, et donner aux devantures des boutiques le plus grand
espace libre possible.

RÉSISTANCE

Une pièce de fonte, dont la hauteur varie de 1 à 5 fois, la plus petite dimension de la section transversale, ne s'écrase que sous une charge de 7 500 à 8 000 kilogr. par centimètre carré.

M. Claudel donne la formule suivante, pour obtenir la charge qu'on peut faire supporter en toute sécurité à une colonne :

$$P = \frac{1.250.\,S}{1,45 + 0,00337\left(\frac{l}{d}\right)^2}$$

1 250 est le 1/6 de la charge qui détermine l'écrasement. S, la section en centimètres carrés ; l et d, les dimensions du plier en centimètres (longueur et diamètre).

TABLEAU DONNANT LE POIDS DES COLONNES PLEINES
ET LES CHARGES DE SÉCURITÉ DONT ON PEUT LES CHARGER

DIAMÈTRE des colonnes en millimètres	SECTION transversale en millimètres carrés	POIDS par mètre de longueur	CHARGES DE SÉCURITÉ DONT ON PEUT CHARGER LES COLONNES PLEINES DONT LES HAUTEURS SONT							
			1 m.	2 m.	3 m.	4 m.	5 m.	6 m.	7 m.	8 m.
		kil.	kil.	kil.	kil.	kil.	kil.	kil.	kil.	kil.
50	200	15	9 500	3 900	2 000	1 160	760	»	»	»
80	500	36	33 500	19 000	11 000	7 000	4 500	3 000	2 100	1 900
100	780	56	58 000	37 000	23 000	15 000	11 000	7 630	5 700	4 500
120	1 130	82	95 000	63 000	42 000	30 000	20 000	14 000	11 000	9 000
140	1 540	111	152 000	92 000	69 000	50 000	36 000	27 000	20 000	16 000
160	2 010	145	230 000	134 000	96 000	78 000	60 000	47 000	32 000	25 000
180	2 540	183	310 000	180 000	135 000	107 000	82 000	65 000	50 000	40 000
200	3 140	226	418 000	234 000	175 000	140 000	120 000	93 000	75 000	60 000
220	3 800	275	550 000	310 000	232 000	191 000	159 000	130 000	108 000	86 000
240	4 520	330	650 000	380 000	290 000	245 000	205 000	172 000	148 000	122 000

Les poids indiqués dans le tableau ci-dessus, ne comprennent que le mètre courant de fût ; on peut ajouter pour une colonne de 3 mètres prise comme moyenne, environ 40 kilogr. pour base, chapiteau et repos.

COLONNES CREUSES

On admet, pour les colonnes pleines, que le renflement vers le milieu augmente la résistance de 1/8 environ ; que, de plus, à section égale, le poids dont peut être chargée une colonne diminue si on augmente sa hauteur.

Il est évident que ce n'est pas la surcharge provenant de la colonne elle-même, qui la rend plus faible, mais que l'expérience a démontré qu'il fallait aussi compter sur la flexion latérale, car l'écrasement n'a jamais lieu verticalement sur toute la surface de la section, mais d'un côté seulement, et la colonne écrasée est rejetée latéralement.

Cet effet peut s'expliquer par la répartition imparfaite des charges, par une mauvaise assise de la base, ou encore, ce qui est le plus probable, par le manque d'homogénéité de la matière, soufflure ou vice quelconque.

On a donc raison de conclure de là qu'il y a avantage à poids égal à employer les colonnes creuses et nous sommes entièrement de cet avis.

Si on n'utilise pas les colonnes creuses comme descente des eaux pluviales (ce qui, si on n'a pas la précaution de les doubler d'un tuyau en plomb d'un diamètre inférieur au vide, pour éviter les effets de la congélation des eaux par les basses températures peut causer la rupture des colonnes), on peut les remplir d'un mortier de ciment, béton fin ou autre, qui, parfaitement maintenu par les parois, ajoute encore à la résistance à l'écrasement.

Dans l'épaisseur des colonnes creuses, il y a lieu de compter avec les imperfections du métal et de la coulée, et il serait imprudent de descendre au-dessous de 12 millimètres pour une colonne de 2^m,50; 18 à 20 millimètres est une bonne épaisseur moyenne.

Nous avons souvent observé dans les colonnes creuses, des différences sensibles dans les épaisseurs ; cela tient à ce que, coulées horizontalement, le noyau qui tient la place du vide à obtenir n'a pas été parfaitement soutenu, s'est arqué par son propre poids, et la colonne, obtenue très épaisse d'un côté, peut être très faible de l'autre, c'est pourquoi il est bon de forcer légèrement les épaisseurs.

Dans la coulée verticale, cet inconvénient n'existe que si le noyau est mal fait, et se tourmente sans y être sollicité par aucun effort; mais ce genre de moulage n'est pas usité pour les colonnes.

On compte en général que la colonne creuse a une résistance égale à celle de la colonne pleine, moins celle d'une colonne de même hauteur, pouvant remplir le vide

$$\text{ou } P = \frac{1,250.\ S}{1,45 + 0,00337 \left(\frac{l}{d}\right)^2} - \frac{1,250.\ S'}{1,45 + 0,00337 \left(\frac{l}{d}\right)^2}$$

S' représentant la section du vide en centimètres carrés.

TABLEAU DONNANT LE POIDS DES COLONNES CREUSES

ET LES CHARGES DE SÉCURITÉ DONT ON PEUT LES CHARGER

DIAMÈTRE des colonnes en millimètres	ÉPAISSEUR des colonnes en millimètres	POIDS par mètre de longueur	CHARGES DE SÉCURITÉ DONT ON PEUT CHARGER LES COLONNES CREUSES DONT LES HAUTEURS SONT						
			4m·	5m·	6m·	7m·	8m·	9m·	10m·
		kil.	kil.	kil.	kil.	kil.	kil.	kil.	kil.
120	12	30	14 000	10 000	9 000	»	»	»	»
140	14	43	23 000	18 000	13 000	10 000	»	»	»
160	16	52	36 000	28 000	21 000	16 000	13 500	»	»
180	18	66	50 000	40 000	31 000	25 000	21 000	16 000	»
200	20	82	68 000	64 000	55 000	36 000	30 000	25 000	22 000
220	22	100	87 000	73 000	60 000	51 000	42 000	35 000	26 000
240	24	121	110 000	92 000	78 000	66 000	56 000	48 000	40 000
260	26	139	135 000	116 000	100 000	86 000	72 000	62 000	55 000
280	28	161	162 000	143 000	125 000	97 000	102 000	80 000	70 000
300	30	184	190 000	170 000	152 000	132 000	115 000	100 000	88 000
350	35	250	272 000	251 000	229 000	205 000	182 000	161 000	144 000

Les poids indiqués dans le tableau ci-dessus ne comprennent que le mètre courant de fût, il faut, comme pour les colonnes pleines, ajouter environ 40 kilogr. pour base et chapiteau, poids moyen.

COLONNES EN FONTE SUR MODÈLES SPÉCIAUX

COLONNES POUR PETITES CONSTRUCTIONS

Ces colonnes se font pleines jusqu'à 0m,075 à 0m,08 de diamètre; passé cette dimension, on peut les faire creuses pour satisfaire à des données spéciales, mais l'économie de matière employée, ne compense pas la supériorité du prix de la fonte creuse, sur la fonte pleine.

Nous donnons (fig. 82, 83, 84) un exemple d'une petite colonne à profils. Les sections en sont variées, dans la partie devant régner avec le soubassement, et le fût est d'un plus faible diamètre; au-dessus du du chapiteau également venu de fonte, continue une partie à section carrée, qui peut recevoir une ou plusieurs consoles, des retombées d'arc, des poutrelles, etc.

Une autre disposition est la colonne de petite dimension en diamètre, appliquée en saillie sur une paroi quelconque, en fer et verre généralement.

Dans les dessins (fig. 85, 86, 87), on en voit un modèle destiné à recevoir en outre de la cloison vitrée, une légère poutrelle par le haut, sou-

tenue par des consoles; l'espace laissé libre, entre le fût de la colonne et
la paroi vitrée, est destiné à la descente d'un store ou d'une claie.

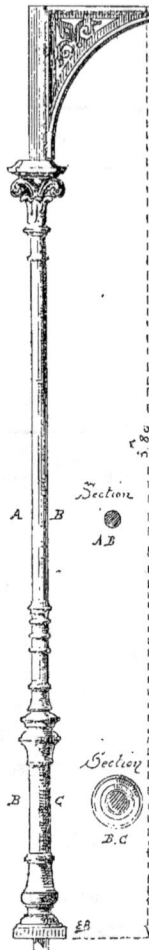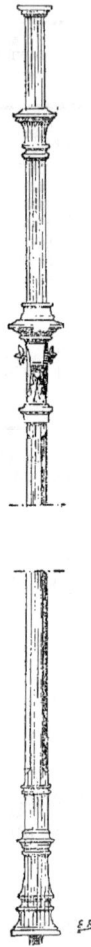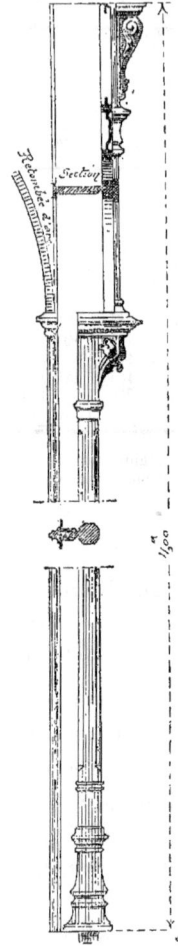

Fig. 82, 83 et 84.   Fig. 85.   Fig. 86 et 87.

Nous avons parlé de fût carré pour les assemblages ; voici encore une
disposition qui permet d'assembler une poutre sur une colonne
(fig. 88, 89).

La colonne est venue de fonte avec deux fortes nervures, retournées
en T, qui s'appuient sur les consoles qui accompagnent le chapiteau.

L'espace entre l'aile transversale de la nervure et la colonne doit per-

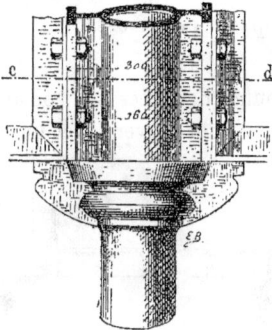

Fig. 88.

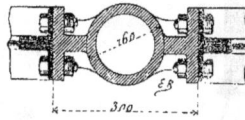

Fig. 89.

mettre l'introduction de l'écrou avec un jeu raisonnable, la figure 89 est la coupe en C D de la figure 88.

La fonte se prête à une grande finesse de profils ; nous croyons qu'on

Fig. 90.

peut, sans sculpture, donner à ces points d'appui d'un effet si élégant, un caractère architectural ; dont nous essayons de donner une idée dans nos croquis (fig. 90, 91); nous y ajoutons aussi l'assemblage d'une console et d'une balustrade, pour l'application en support de terrasse, ou balcon par exemple.

Les colonnes destinées aux constructions fer et verre se font souvent avec une section

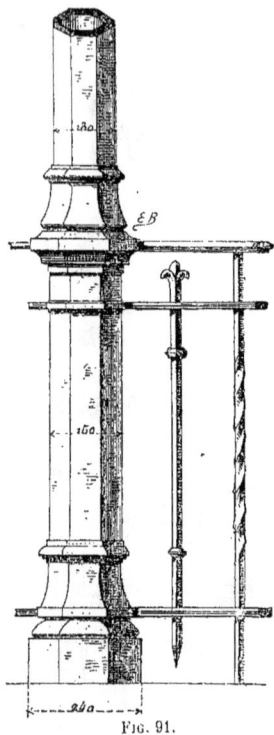

Fig. 92.

Fig. 93.

du genre de celles indiquées (fig. 92, 93), pour colonnes intermédiaires et d'angle; on doit observer dans l'étude de ces colonnes une certaine pondération de quantité de matière entre la colonne et sa nervure ou lardon; cela est indispensable, parce qu'au refroidissement dans le moule, les parties de petites dimensions en se rétrécissant, sont plus vite froides et ont une tendance à se cintrer, les parties plus considérables,

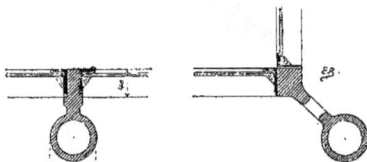

Fig. 91.

encore en fusion obéissent à cet effort, et on obtient des colonnes courbes.

Quand la fonte est bonne, on peut redresser ces colonnes défectueuses, en les chauffant à l'air libre et en chargeant avec des poids.

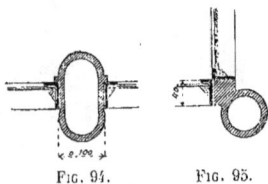

Fig. 94.

Fig. 95.

Les sections que représentent les figures 94 et 95, également colonnes intermédiaire et d'angle, figurent des colonnettes engagées; on peut les établir pour recevoir des parois vitrées, des cloisons légères, du briquetage, etc.

Les colonnes destinées à recevoir un briquetage portent des ailettes destinées à recevoir les briques.

Celles que nous donnons (fig. 96, 97) sont pour brique de 0ᵐ,22;

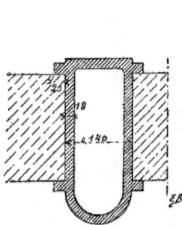
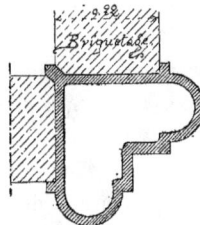

FIG. 96.   FIG. 97.

diminuant de grandeur, elles peuvent être appliquées aux cloisons de
0ᵐ,06, 0ᵐ,011, etc.

CONSOLES EN FONTE SIMPLES ET ORNÉES

La fonte est une bonne matière à employer pour l'équerrage; on en
fait de bonnes consoles. Simples comme dans la figure 98, qui est destinée à recevoir un briquetage et à être assem-
blée sur une colonne semblable à la section
représentée (fig. 96).

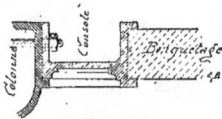

Fig. 98.

Employée pour les consoles ornées, on obtient, quand il y a répétition, une décoration
riche et peu coûteuse (fig. 82, 99, 101).

Nous montrons (fig. 100) le mode d'attache des consoles sur les

FIG. 99.

FIG. 100.   FIG. 101.

colonnes, des oreilles réservées en quantité suffisante, et en rapport
avec les dimensions de la pièce servent de passage à des boulons qui
traversent la colonne, ou de fortes vis.

DES MODÈLES

Nous ne voulons pas terminer ce rapide examen des colonnes et consoles en fonte sans dire quelques mots au sujet des modèles qui servent au moulage.

Les bois employés à la confection des modèles doivent être bien secs, sans gerçures, tendres ou durs, suivant qu'on doit obtenir des pièces, de grosses ou faibles dimensions, simples ou détaillées ; le grisard, le noyer, etc., sont propres à faire des modèles et les pièces délicates sont finies avec grand soin et vernies.

On sait que les pièces les plus simples se font dans un châssis en deux pièces ; on place le modèle dans le sable, qu'on pilonne autour jusqu'à mi-épaisseur, on saupoudre à sec pour isoler, puis on place la deuxième moitié du châssis et on remplit de sable.

Pour les pièces compliquées, on est obligé de faire dans le moule des pièces mobiles, dites pièces battues, qu'on ôte avant la sortie du modèle et qu'on replace ensuite

La fonte, en se refroidissant, se retire d'environ $0^m,011$ par mètre ; c'est ce qu'on appelle le retrait ; il convient donc de construire les modèles avec un mètre spécial, dit mètre de modeleur.

On comptera deux retraits, ou $0^m,022$ par mètre, dans le cas suivant :

Un modèle en bois de formes délicates ne peut être employé que pour quelques moulages seulement ; si donc on veut fondre un certain nombre de pièces semblables, il faut faire un deuxième modèle en bronze.

D'où nécessité de compter :

Un retrait du modèle bois au modèle bronze, et un autre du modèle bronze à la fonte froide après rétrécissement.

COLONNES EN FER CREUX

On emploie les colonnes en fer creux dans les constructions en les habillant de bases, bagues et chapiteaux en fonte ornée qu'on trouve dans le commerce.

Les colonnettes en fer creux peuvent être utilisées comme descente des eaux pluviales, pour marquises ou autres petites constructions, mais on devra prendre aussi pour elles les précautions contre la gelée, que nous avons recommandées pour les colonnes en fonte, soit : mettre à l'intérieur un tube en plomb d'un plus faible diamètre.

TABLEAU DONNANT LE POIDS DES FERS CREUX PAR MÈTRE LINÉAIRE

DIAMÈTRE extérieur	ÉPAISSEUR	POIDS DU MÈTRE approximativement	DIAMÈTRE extérieur	ÉPAISSEUR	POIDS DU MÈTRE approximativement
millim.	millim.	kilogr.	millim.	millim.	kilogr.
25	2	1,150	120	4 $^1/_4$	11,720
27	2	1,200	125	4 $^1/_4$	12,220
30	2	1,500	130	4 $^1/_4$	12,730
32	2 $^1/_4$	1,600	135	4 $^1/_4$	13,230
35	2 $^1/_4$	1,700	140	4 $^1/_2$	14,540
40	2 $^1/_2$	1,800	145	4 $^1/_2$	15,070
45	2 $^1/_2$	2,540	150	4 $^1/_2$	15,610
50	2 $^3/_4$	3,150	155	4 $^1/_2$	16,150
55	2 $^3/_4$	3,440	160	4 $^1/_2$	16,690
60	3	4,000	165	4 $^1/_2$	17,220
65	3	4,460	170	4 $^1/_2$	17,790
70	3	4,810	175	4 $^1/_2$	18,300
75	3	5,180	180	4 $^1/_2$	18,830
80	3 $^1/_4$	5,930	185	5	19,720
85	3 $^1/_4$	6,330	190	5 $^1/_2$	20,650
90	3 $^1/_4$	6,720	195	5 $^3/_4$	21,660
95	3 $^1/_4$	7,110	200	6	22,720
100	3 $^3/_4$	8,630	205	6	23,570
105	3 $^3/_4$	9,080	210	6	24,420
110	3 $^3/_4$	9,530	215	6	25,270
115	3 $^3/_4$	9,970	220	6 $^1/_2$	28,670

PANS DE FER

Jusqu'au dernier siècle on a construit, en même temps que des maisons en maçonnerie, des maisons entièrement en bois, mais la construction du pan de bois était générale dans les parties sur cour, cages d'escalier, etc., et on l'emploie encore aujourd'hui, mais recouverte d'un enduit au lieu d'être apparente comme autrefois.

On ne peut nier les qualités de ce mode de construction, la facilité du travail du bois, les combinaisons auxquelles il se prête, soit comme structure, soit comme décoration ; mais ce qu'on ne peut nier aussi, c'est que le bois de bonne qualité devient de jour en jour plus rare et que, défaut plus grave, il est un danger permanente d'incendie.

Comme dans toutes les autres parties de la charpenterie, le fer se substitue au bois ; si ce dernier facilitait l'établissement de cloisons de plus faibles épaisseurs que la maçonnerie le fer le permet aussi et mieux encore.

On a tout dit en ce qui concerne les défauts du fer : sa sonorité, sa conductibilité, sa dilatation, etc.; mais, comme il est employé aujourd'hui dans la construction, entièrement noyé dans la maçonnerie, nous ne croyons pas que la dilatation soit un inconvénient grave ; nous connaissons des pans de fer établis depuis de longues années qui se comportent très bien.

Quant à la sonorité, nous répondrons que les pans de fer ne sont utilisés que sur cour, cages d'escaliers, etc., et qu'enveloppés comme ils le sont ils ne sont pas plus sonores que les planchers en fer.

CONSTRUCTIONS DES PANS DE FER

Un pan de fer se compose de montants, de sablières, d'entretoises et autres détails.

Les montants assemblés sur écharpes, qui sont presque en contact dans les pans de bois, se réduisent dans les pans de fer aux montants principaux, qui sont espacés de 1 mètre à $1^m,40$, reliés entre eux par des tirants ou entretoises, et assemblés sur les sablières (fig. 102, 103).

Les écharpes s'emploient dans les pans de fer quand la maçonnerie de remplissage n'offre pas une grande consistance et que l'ensemble est soumis à des efforts particuliers, le vent ou autre, dont on n'a pas à tenir compte ordinairement, étant parfaitement relié avec l'ensemble de la construction stable.

Les sablières sont les pièces horizontales qui reçoivent les montants d'un étage et portent sur ceux de l'étage du dessus.

Les tirants ou entretoises servent à relier les montants entre eux.

MONTANTS

Les montants sont faits en fer à double T seul ou couplé ; on peut aussi employer des fers de formes quelconques, à la condition qu'ils présentent une section suffisante et fassent rainure pour recevoir la maçonnerie.

FIG. 102 et 103.

Ainsi on peut employer le fer I, deux fers II entretoisés et assemblés par deux boulons, deux fers U assemblés de même, le fer zorès V s'il s'agit d'une tourelle (briquetage en partie cintrée), etc. .

SABLIÈRES

Les sablières sont toujours composées, dans les pans de fer, de deux fers à double T placés sur champ, entretoisés et boulonnés.

LES ENTRETOISES OU TIRANTS

Les entretoises ne sont pas toujours employées ; un briquetage bien fait les rend inutiles ; elles se font en fer rond de $0^m,014$, boulonnées et chevauchées, ou en fer plat de la largeur du fer et placé horizontalement entre les lits de brique.

Ces entretoises sont coudées aux extrémités, en forme d'équerre, et fixées sur les montants par des boulons.

SEMELLE

La semelle est une pièce horizontale ordinairement en fer U ou T sur laquelle repose l'ensemble du pan de fer.

FORCE DES FERS

Les pans de fer dans les maisons se font, pour montants et sablières :

1° En fer double T de $0^m,120$ pour brique de $0^m,11$, soit $0^m,13$ enduit ; les fers sont donc recouverts de $0^m,015$ de plâtre ;

2° En fer double T de $0^m,140$ avec sablières de $0^m,160$ pour brique de $0^m,11$, soit $0^m,16$ enduit ; les fers sont donc recouverts de $0^m,010$ de plâtre ;

3° Les entretoises en fer plat ont $0^m,120$ ou $0^m,140 \times 0^m,003$, suivant la force des montants.

POTEAU CORNIER

On appelle ainsi le montant composé qui forme l'angle d'un pan de fer ; il est composé de deux fers à double T et d'une cornière réunis ensemble par une pièce en fer plat placée à l'intérieur des fers ; notre figure 104 montre un poteau cornier assemblé à équerres sur la sablière.

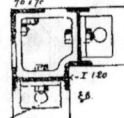

FIG. 104.

MONTANT D'ANGLE

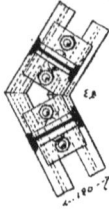

Fig. 105.

La figure 105 donne une disposition du montant d'angle, composé de deux fers à double T et assemblé sur la sablière.

Les deux sablières sont assemblées entre elles par des éclisses coudées et une bride intérieure forgée ; les montants du dessus et du dessous portent des équerres et le tout est assemblé à boulons.

ASSEMBLAGE D'UN MONTAGE SUR LA SABLIÈRE (Fig. 106 et 107)

La sablière passe, c'est le montant qui est interrompu ; la partie supé-

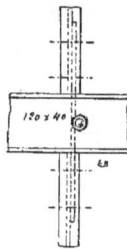
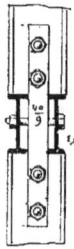

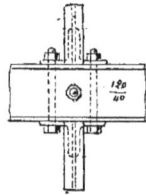

Fig. 106.   Fig. 107.   Fig. 108.   Fig. 109.

rieure est reliée à la partie inférieure par une plate-bande en fer boulonnée à chaque montant; cette plate-bande fait juste la largeur entre les deux fers de la sablière, qui sont rapprochés par un serrage à boulon.

Une variante d'assemblage consiste à armer d'équerres les montants haut et bas et à serrer par des boulons passant entre les fers qui composent la sablière (fig. 108, 109).

ASSEMBLAGE D'UNE SABLIÈRE SUR POTEAU CORNIER

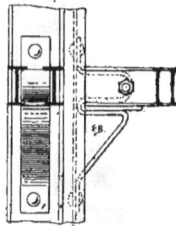

Fig. 110.

Le poteau cornier, composé comme l'indique la figure 104, reçoit, sur ses deux faces correspondantes aux cloisons, des consoles en fer plat roulé, suivant profil donné figure 110, qui reçoivent une plaque en tôle sur laquelle vient reposer la sablière; deux fortes équerres, intérieure et extérieure, viennent contribuer à l'attache solide de la sablière au poteau.

On monte des pans de fer ainsi construits à cinq et six étages de hauteur.

La charge d'écrasement est supportée par la brique (qu'on choisit très résistante) et par les fers.

L'ensemble, qui doit être parfaitement relié au bâtiment principal, constitue suivant sa forme un excellent chaînage.

MONTANTS EN FER COMPOSÉS
ET OSSATURES EN FER

On fait des constructions dont la carcasse, montants, sablières, planchers et combles sont entièrement en métal, ces constructions variant beaucoup de dimensions et aussi par la manière de faire.

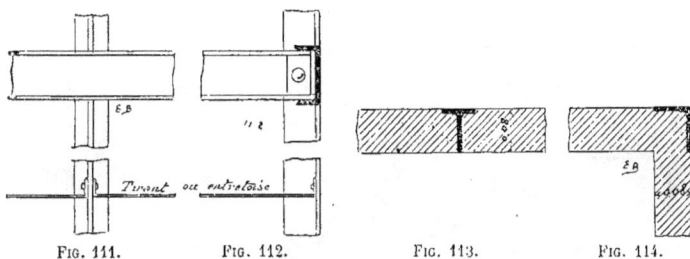

FIG. 111.   FIG. 112.   FIG. 113.   FIG. 114.

Ainsi, pour de petites constructions, on emploie le procédé le plus simple, dont on voit les détails figures 111, 112, 113, 114.

Les angles sont en cornières de $\frac{0,08 \times 0,08}{9}$, les montants intermédiaires en fer T $\frac{75 \times 80}{8}$, les sablières sont en fer U de $0^m,120$, assemblées à équerres sur les montants d'angles et intermédiaires et portent un plancher composé de solives de $0^m,100$ assemblées dans le fer U.

Des entretoises en fer rond ou plat maintiennent l'écartement des montants et sont noyées entre les lits de briques.

La brique, ainsi que tout le système métallique, repose sur une sablière qui repose elle-même sur un muret.

Les parois sont en brique de $0^m,06$ avec enduit aux deux faces, soit en tout $0^m,08$.

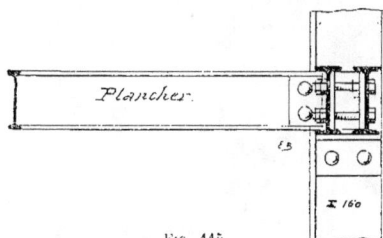

FIG. 115.

La construction en fer U est en tous points la même, mais plus importante ; là, la brique est sur son plat, les cloisons font $0^m,16$ d'épaisseur (fig. 115, 115, 117). C'est, à proprement parler, du pan de fer comme celui que nous avons décrit plus haut.

Enfin, s'il s'agit d'ériger quelque chose d'important, on emploie les

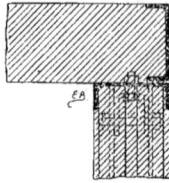

FIG. 116.

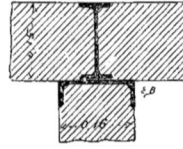

FIG. 117.

montants tubulaires en fer composés ; les figures 118, 119 et 120 donnent les différentes dispositions en coupe pour : montant d'angle

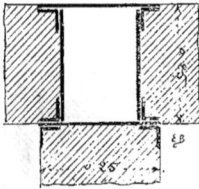

FIG. 118.

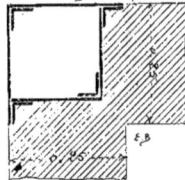

FIG. 119.

FIG. 120.

montant intermédiaire avec cloison perpendiculaire, et intermédiaire simple.

Nous ne croyons pas à la nécessité de dépasser beaucoup l'épaisseur de $0^m,25$, parce qu'au delà la maçonnerie devient assez résistante pour se passer du métal.

CHAPITRE IV

CHARPENTES EN FER — COMBLES — HANGARS — MARCHÉS COUVERTS

DE LA CHARPENTE EN GÉNÉRAL

La charpente comprend toutes les applications du bois en gros échantillon, employé dans les constructions.

« L'art du charpentier, dit M. Viollet-le-Duc, dut être un des premiers parmi ceux que les hommes appliquèrent à leurs besoins : abattre les arbres, les ébrancher et les réunir à leur sommet en forme de cône, en remplissant les interstices laissés entre les troncs avec du menu bois, des feuilles et de la boue ; voilà certainement l'habitation primitive de l'homme, celle que l'on trouve encore chez les peuples sauvages. »

Donc, dès le principe, la charpente avait plusieurs applications : elle servait à constituer les parois et à faire la couverture.

Nous n'essaierons pas de reprendre ici un sujet que M. Viollet-le-Duc, a traité dans son histoire de l'habitation humaine ; la tâche serait trop au-dessus de nos forces, et, de plus, n'apporterait certainement rien de nouveau.

Disons donc seulement, qu'aujourd'hui, la charpente se divise en spécialités, qui sont déterminées par les diverses destinations :

La charpente civile, qui comprend tous les ouvrages se rapportant aux bâtiments en général ;

La charpente navale, appliquée à la construction des navires ;

La charpente hydraulique, qui s'occupe des travaux à exécuter dans l'eau, ponts, digues, barrages, etc. ;

La charpente mécanique, qui a pour objet la construction des engins, machines élévatoires, etc., etc.

Chaque spécialité de l'art de la charpente a des procédés particuliers, nés de la nécessité de résoudre les problèmes qu'ont soulevés dès leur commencement les différentes applications et surtout les traditions du travail qui se sont depuis l'origine perpétuées jusqu'à nos jours gardant quelque chose du génie particulier de chaque race, qui a excellé dès le principe dans l'art appliqué à un besoin spécial, la charpenterie navale par exemple.

Nous l'avons dit, dans toutes les branches de la construction le fer tend à remplacer le bois, les diverses charpentes, civile, navale, hydraulique et mécanique se font en fer, et il n'est pas une seule application où ce métal ne soit supérieur au bois.

Nous ne traitons dans ce livre que de la charpente civile, en touchant cependant quelques points de la charpente hydraulique, les ponts par exemple.

Nous avons subdivisé la charpente civile en diverses spécialités que nous avons séparées par chapitres : les planchers, supports, pans de fer, charpente de combles et escaliers, division du travail qui nous a permis une plus grande facilité de recherche pour les documents et une plus grande clarté dans la classification.

CHARPENTES DE COMBLES

Il n'entre pas dans le cadre de notre ouvrage de traiter en détail les charpentes métalliques, des traités spéciaux sur ce sujet sont faits; nous nous bornerons à donner quelques exemples, et à décrire les différentes formes de fermes, réservant la plus grande place aux charpentes décoratives qui tiennent plus étroitement à notre programme.

RENSEIGNEMENTS GÉNÉRAUX

INCLINAISON DES COMBLES

Ou l'inclinaison est déterminée par des exigences d'élévation intérieure, par le climat du pays dans lequel on construit, les formes

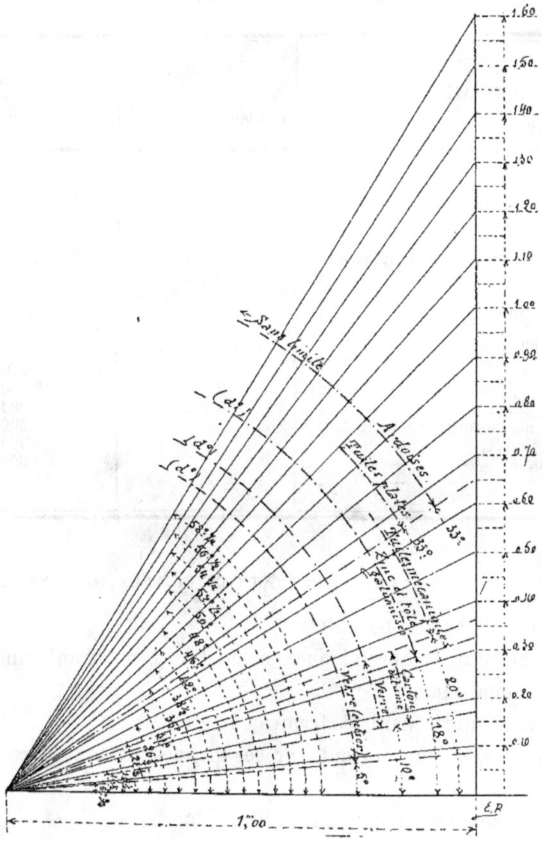

FIG. 121.

architecturales, où simplement la nature des matériaux de couverture
qu'on peut le plus facilement se procurer.

Nous donnons (fig. 121) les différentes inclinaisons en degrés et en
mètres, qui conviennent aux divers modes de couvertures.

Ces inclinaisons sont des minimums; les toitures les plus inclinées sont les meilleures au point de l'étanchéité, et sous le rapport des poussées de fermes, qui sont moins considérables, plus les arbalétriers tendent à se rapprocher de la verticale; par contre, elles offrent plus de prise au vent.

TABLEAU DES DISTANCES D'AXE EN AXE

A DONNER AUX LATTIS ET AUX PANNES, SUIVANT LES ÉLÉMENTS CONSTITUANT LA COUVERTURE
AVEC POIDS PAR MÈTRE CARRÉ

DÉSIGNATION	ÉCARTEMENT d'axe en axe avec des lattis ou pannes	POIDS par mètre carré de couverture
		kilogr.
Tuiles métalliques (Menant)	$0^m,323$	6 000
Ardoises en tôle galvanisée (Montataire).	$0^m,37$	4 500
Tuiles à emboîtement et recouvrement		
(Muller)	$0^m,34$	40 (moyenne)
— à écailles, plates (Montchanin). .	$0^m,11$	55 à 60
— du pays (pureau de 11 $^{m.c.}$). . .	$0^m,11$	85 (moyenne)
Ardoises grandes	$0^m,195$ à $0^m,265$	32 —
— petites.	$0^m,11$	38 —
Tôle ondulée (Carpentier) ondes 109×30		de 5^k 300 à 12^k suivant
— — — 135×28	$1^m,55$ et $1^m,90$	épaisseur variant de
		4/10 à 1 millimètre.
— (Montataire) — 76×14	$0^m,80$	5 500
Zinc.	Voligeage.	8 000
Verre simple, compris mastic, etc. . .		5 500
— 1/2 double, — — . . .		7 750
— double — — . . .		9 500
— strié — — . . .		15 000

COMPOSITION D'UNE CHARPENTE DE COMBLE, ORDINAIRE

Une charpente se compose de :

1° La ferme qui comprend deux arbalétriers, un tirant, un poinçon, des bielles, liens, etc.;

2° Les pannes qui relient les fermes entre elles ;

3° Les chevrons qui portent sur les pannes et sont parallèles aux fermes;

4° Le lattis destiné à recevoir les tuiles, etc.

PRINCIPAUX TYPES DE CHARPENTE ET FERMES

CHARPENTE DE COUVERTURE SANS FERMES

Pour couvrir des espaces restreints entre murs, on emploie ce moyen qui est d'une grande simplicité.

Il se compose d'un faîtage placé longitudinalement, auquel on donne la force nécessaire pour recevoir les chevrons qui viennent s'appuyer sur ledit faîtage à leur partie supérieure, et en bas, sur un chéneau ou simplement sur un mur si l'écoulement des eaux peut se faire dehors; ces chevrons sont plus ou moins forts, suivant leur portée, et faits en fer T, double T ou poutrelles croisillonnées.

Le faîtage, construit de même, mais plus fort, peut être, si on dispose de points d'attaches solides, haubanné en deux points de sa longueur, ce qui équivaut presque à diviser la portée en trois parties.

Il peut aussi être soulagé près des portées par des liens ou des consoles.

Les espacements de chevrons varient avec le mode de couverture; on peut placer directement des frises en bois de 0,027, les chevrons écartés de 1ᵐ,00 environ, la couverture serait dans ce cas faite en zinc.

Les chevrons espacés de 1ᵐ,33 environ, on peut employer des lattis en cornières de 40/40 et couvrir en tuiles.

CHARPENTE DE COUVERTURE SANS FERMES, AVEC LANTERNEAU

Ce mode de construction s'emploie quand, enfermé entre murs, on ne peut pas prendre le jour et l'air latéralement.

Deux faîtages, espacés entre eux de la largeur du lanterneau, sont placés dans le sens longitudinal ou transversal, suivant les cas, et sont entretoisés entre eux pour résister aux poussées des chevrons; ils sont scellés dans les murs aux extrémités et portent leur partie supérieure de mètre en mètre des pieds-droits qui supportent une sablière; un point d'appui au milieu porte sur les entretoises et reçoit le faîtage, les fers à vitrage viennent se placer sur ledit faîtage et reposent sur la sablière avec une saillie suffisante pour empêcher d'entrer l'eau chassée par le vent à 45° environ, cette saillie est donc déterminée par la hauteur des pieds-droits.

Pour le reste, la construction est la même que celle du cas précédent. Cependant il est à observer qu'on peut éviter les pieds-droits en se servant des deux poutrelles elles-mêmes pour faire la surélévation nécessaire au lanterneau.

Cette partie qui reste ordinairement ouverte, peut être, si on a besoin de conserver à des moments donnés une température fixe, fermée par des châssis vitrés soit à soufflet, soit à charnière.

Comme dans le cas précédent on peut arriver à une grande légèreté, en mettant des consoles sous chaque extrémité des poutrelles, et même sous chaque chevron s'ils sont espacés d'un mètre au moins.

CHARPENTE DE COUVERTURE SUR POUTRES TRANSVERSALES SANS FERMES

Supposons le cas d'un espace très allongé par rapport à sa largeur, les murs ne devant être chargés que d'un poids vertical; on ne pourra pas mettre le faîtage longitudinalement; sa portée serait trop considérable. Il faut alors placer à des distances convenables $3^m,00$ à $4^m,00$ environ des fers double T ou poutrelles composées sur lesquels portent des pieds-droits ou chandelles.

Le piédroit du milieu porte le faîtage, les autres portent les pannes, espacés de $0^m,80$ à $1^m,90$, suivant l'importance de l'ensemble.

Nous avons vu que les deux premiers cas supprimaient les pannes (dans les petites portées on peut appliquer ce genre de comble); dans celui-ci on supprime les chevrons, mais il faut employer pour la couverture des éléments de grandes dimensions, ou le plancher en voliges et le zinc, ou la tôle ondulée et galvanisée.

Le jour venant du haut est obtenu par des châssis vitrés.

Ce type peut être utilement employé dans un atelier avec deux galeries; dans ce cas, les poutrelles servent à recevoir les transmissions, les paliers d'arbres, etc., et sont soutenues par des colonnes.

CHARPENTES ÉCONOMIQUES

Les charpentes économiques du système Pombla sont bien connues; elles sont applicables dans les mêmes circonstances que les cas qui précèdent

Composées d'un bois sous-bandé, réuni à la corde par de petits poinçons, ces fermettes peuvent aussi se faire entièrement en métal, le principe est bon.

Un fer T cintré, un entrait en fer plat et des petits fers plat moisant le fer T et l'entrait constituent une excellente fermette; c'est en somme, ce que nous avons esquissé en parlant des poutres armées.

CHARPENTES ENTRE MURS SOLIDES

Entre deux murs suffisamment résistants faisant fonction de culées on obtient facilement une charpente de couverture par deux fers inclinés pouvant résister à la compression, soit une section nervée propre à ne fléchir ni horizontalement ni verticalement le fer double T à larges ailes par exemple.

Les deux fers sont assemblés à leur partie de sommet par deux platines qui les réunissent.

Dans ce cas, il convient de placer les pannes et le faîtage en contre-haut, assemblés au moyen de chantignoles en fer comme celles que nous décrivons plus loin pour assemblage de panne en bois sur arbalétrier métallique.

Ces pannes, placées en contre-haut, permettent l'établissement du chéneau au-dessus des fers; si, cependant, on veut placer les pannes dans la hauteur des fers, on le pourra, à la condition de placer le chéneau à l'intérieur en dessous, porté sur des corbeaux et suspendu aux fers.

On peut neutraliser la poussée, soit en haubanant le faîtage, suivant

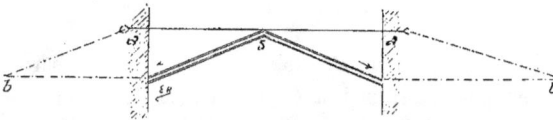

Fig. 122.

un angle dépassant 45°, ou par un tirant, comme l'indique la figure 122, qui vient s'amarrer en dehors; la partie du mur en a fait alors effet de bielle et sa consistance de maçonnerie permet de former deux triangles indéformables.

CHARPENTES COMPOSÉES DE CHEVRONS CROISÉS FORMANT LE LANTERNEAU

Ces petits combles, qui ne dépassent pas 8 mètres entre murs au plus, sont faits en fortes cornières placées dos à dos et se croisant pour

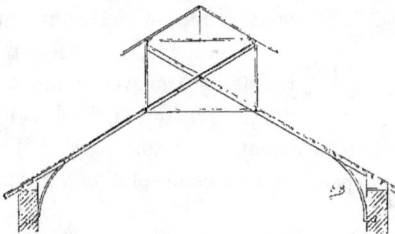

Fig. 123.

former le lanterneau (fig. 123); ils n'ont pas de faîtage, mais deux pannes en même fer qui reçoivent le pied-droit et la couverture.

On soulage les cornières par des consoles et le lanterneau est fait en fer à vitrage ; comme on ne peut pas mettre de liens, on comprend que cette construction demande à s'appuyer sur des murs pignons aux extrémités.

CHARPENTES DE COUVERTURE CONSTITUÉES PAR LA COUVERTURE ELLE-MÊME

On emploie encore beaucoup, surtout en Angleterre, les couvertures en tôle ondulée. Nous les plaçons ici parce qu'on peut les établir sans tirants entre murs solides ; mais elles peuvent aussi trouver leur emploi dans des constructions isolées, mais avec un entrait et un poinçon.

Elles sont cintrées et réunies par des rivets ; on doit avoir soin d'avoir au sommet une feuille à cheval sur les deux égouts pour éviter l'eau au faîte, qui reste presque stationnaire quand le rayon de l'arc est très grand.

Les Anglais se servent aussi des tôles ondulées comme parois verticales ; on les emploie aussi en France (les ateliers du chemin de fer de fer de l'Ouest « Réparations » sont ainsi construits). Nous avons même vu une église entièrement faite de tôle ondulée, mais nous n'avons pas à apprécier ici l'application de ces tôles aux parois.

CHARPENTES DE COUVERTURE AVEC TIRANT SUPÉRIEUR ET PIEDS-DROITS MÉTALLIQUES

Système employé à l'Exposition de 1867, avec 35 mètres de portée et placées à 15m,33 de distance entre elles ; ces fermes ont donné un résultat excellent.

Nous les rappelons ici parce que nous sommes convaincu que dans

Fig. 124.

nombre de cas l'emploi du tirant supérieur peut rendre d'importants services.

Ce système, nécessitant des montants résistants transversalement, ne peut être guère employé qu'isolé ; il a cependan l'avantage d'éviter l'inconvénient du tirant placé à l'intérieur et on peut tirer parfois un parti utile de cette solution (fig. 124).

FERME POLONCEAU

La ferme que nous allons décrire ci-dessous est à notre avis la plus rationnelle, en ce sens qu'elle fait plus que toute autre travailler le métal dans les meilleures conditions, et nous dirons, à l'appui de cette

opinion, que c'est elle qu'on a le plus souvent employée et qu'on emploie
encore très souvent aujourd'hui.

La ferme Polonceau se construit en fer ou en bois et fer ; dans ce
dernier cas, les arbalétriers seuls sont en bois et le reste en métal.

Nous ne nous occuperons ici que des fermes entièrement en fer, mais
nous donnerons cependant plus loin quelques détails permettant de

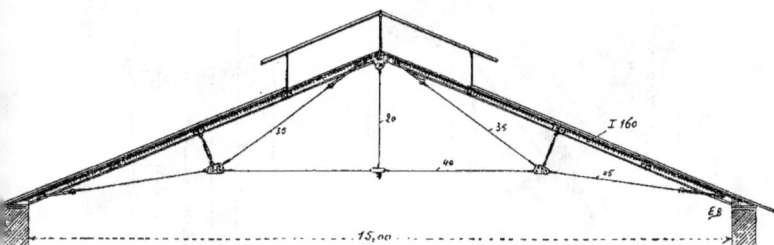

Fig. 125

construire des charpentes fer et bois, nos exemples étant choisis aux
seuls points de contact des deux matériaux.

La ferme Polonceau, véritable poutre armée (fig. 125), est composée
de deux arbalétriers (dont nous donnerons les diverses compositions) ;

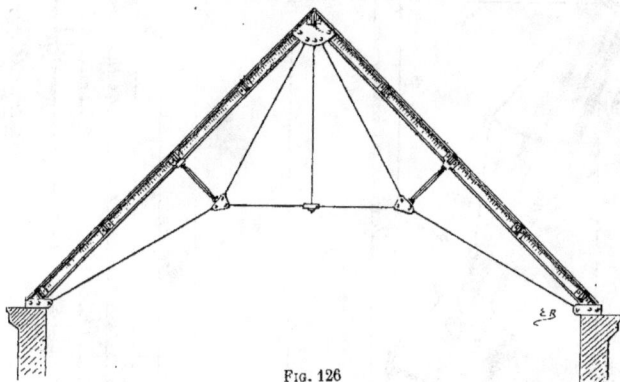

Fig. 126

son armature est formée de tirants en fer forgé sur lesquels s'appuient
des contre-fiches en fer ou en fonte.

Cette combinaison se prête à toutes les
pentes (fig. 126) comme à toutes les
portées. Quand on arrive à dépasser
16 mètres, on doit employer, par ferme,

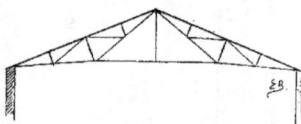

Fig. 127.

6 contre-fiches ou bielles (fig. 127), dont un exemple d'application en

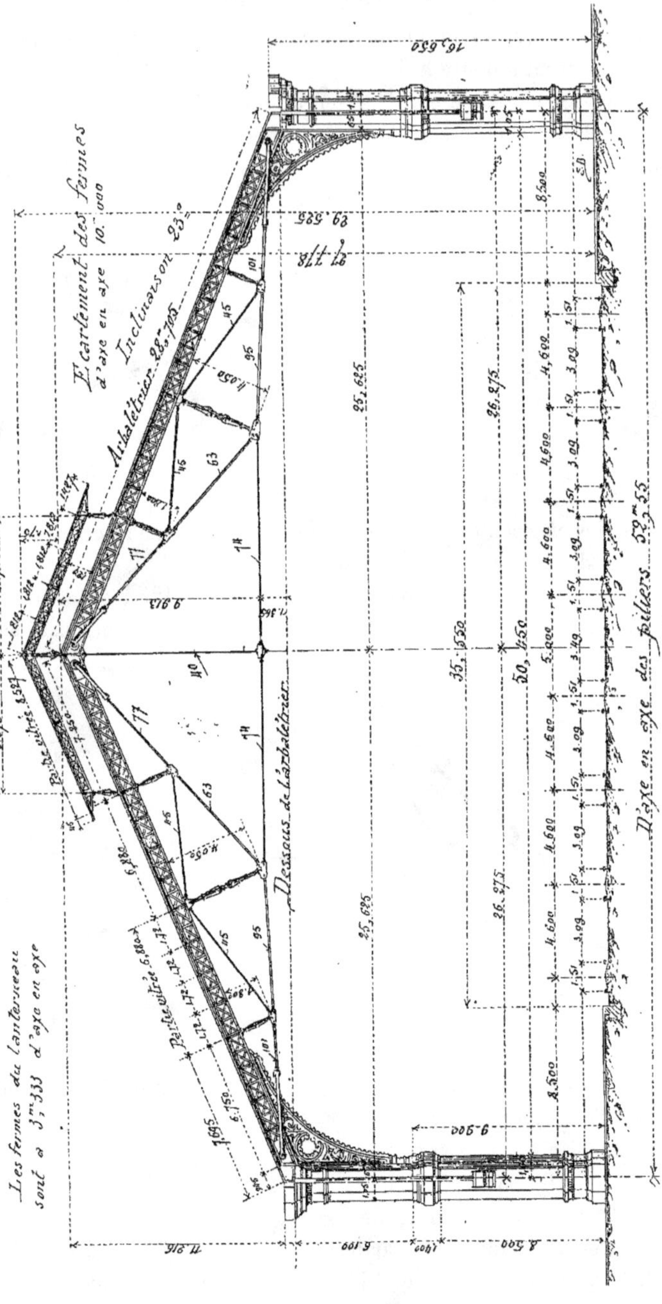
Les fermes du lanterneau
sont à 3m,333 d'axe en axe
Écartement des fermes
d'axe en axe 10.000
Inclinaison 23°
Arbalétrier 28m,705
Dessous de l'arbalétrier
D'axe en axe des piliers 52m,55

Fig. 128

grande dimension est celui de la gare d'Orléans, qui a 51ᵐ,250 entre points d'appui (fig. 128). Cette charpente, outre son grand caractère de hardiesse, est très décorative; on y remarque l'emploi des consoles en fonte pour parer au roulement.

DÉTAILS DE LA FERME POLONCEAU

ARBALÉTRIERS

Cette ferme se prêtant aux plus grandes comme aux plus petites dimensions, on fait les arbalétriers en fer T pour faible portée, en fer à double T pour portée plus grande, et enfin de véritables poutrelles, comme on l'a vu figure 128.

BIELLES

On appelle bielles ou contre-fiches les pièces qui, résistant à la compression, sont soulevées par les tirants et soulagent l'arbalétrier, soit en son milieu, soit en trois points pour grandes fermes.

Les bielles sont généralement en fonte, affectent la section en croix et sont renflées vers le milieu; elles sont terminées aux deux extrémités par des parties moulurées formant bagues au delà desquelles la bielle porte une partie en forme de disque percé qui s'introduit entre les plaques d'assemblage et est fixée par un boulon; le repos se fait sur les plaques, par la saillie de la bague ou astragale.

Les bielles se font quelquefois de quatre cornières rivées entre elles, en forme de croix, et habillées d'extrémités en fonte comme celles de la bielle en fonte.

Nous croyons qu'on peut, surtout pour les petites fermes, employer le fer à croix de 0ᵐ,08, profilé dans les ailes haut et bas et n'ayant conservé qu'une aile dans la partie qui pénètre entre les plaques.

Le fer creux, dans le même cas, peut être utilisé de la même façon; enfin, le fer carré avec chanfreins, extrémités forgées et bague refoulée et forgée.

ÉTRIERS

L'étrier est une bande de fer simplement recourbée de manière à former un U très haut, percé d'un œil dans la partie demi-circulaire et les deux extrémités percées d'un trou.

Ou bien deux lames de fer percées de même que ci-dessus, mais soudées à l'autre extrémité à une masse percée d'un œil.

Dans ces deux cas, l'étrier peut servir à recevoir les tirants ; soit à la base, soit au sommet, il se place à cheval sur le fer arbalétrier et on introduit le tirant taraudé dans l'autre œil, puis on boulonne entre les deux lames de l'étrier.

L'étrier le plus simple est celui en deux pièces, qu'on voit figuré plus loin à notre détail de sommet ; il est pris dans des fers plats, forgés aux extrémités en disques engagés de même épaisseur et obtenus par le refoulement, de manière à garder au moins une section égale à l'endroit percé qu'au milieu du fer.

Les deux pièces composant l'étrier sont posées de chaque côté de l'arbalétrier ; l'aile du double T est compensée par des fourrures en forme de rondelles, et le tout est boulonné par de forts boulons ; l'étrier est préparé pour recevoir le tirant.

PLAQUES D'ASSEMBLAGE

Les plaques d'assemblage reçoivent la bielle et les tirants. (Voir à l'assemblage, fig. 134, 135.)

TIRANTS

Les tirants sont en fer rond, simplement taraudés s'ils doivent s'assembler au premier étrier décrit, et forgés en polygone avec œil aplati et élargi pour s'assembler avec les étriers composés de deux fers ou avec les plaques.

PANNES

Les pannes sont les pièces horizontales qui sont portées par les arbalétriers et relient les fermes entre elles.

Elles sont, comme les arbalétriers, différentes, suivant l'importance de la construction et l'espace entre chaque ferme (qui est en moyenne de 4 mètres) en fer simple T, en fer double T, en poutrelles croisillonnées, en poutrelles à goussets, quelquefois en arc, les retombées égales à la hauteur de l'arbalétrier, comme dans l'exemple figure 128.

Elles prennent des noms variés suivant leur position : celle supérieure s'appelle panne faîtière ou faîtage ; les intermédiaires pannes et celles inférieures, qui reçoivent les abouts des chevrons, pannes sablières.

On emploie aussi dans la charpente en fer des pannes en bois. Nous en donnons plus loin la composition en même temps que l'assemblage.

CHANTIGNOLES

La chantignole, qui, dans la charpente en bois, est une sorte de tasseau cloué sur l'arbalétrier, est, dans la charpente en fer, faite par une large cornière rivée sur l'arbalétrier.

La fonction de la chantignole est de fixer la panne et d'en empêcher le glissement quand, au lieu d'être posée dans la hauteur de l'arbalétrier, elle est placée en contre-haut.

CHEVRONS

Les chevrons sont en bois de 8/8 dans les charpentes mixtes, fer et bois, et en fer dans celles métalliques.

Ils sont en fer T ou double T de petit échantillon et reposent en haut sur le faîtage, sur les pannes dans leur partie intermédiaire, et enfin sur la sablière à leur partie inférieure.

LATTIS

Les lattis dans les charpentes mixtes sont en bois 3/3 ; en fer, ils sont en L, fer T ou petits doubles T, suivant l'espacement des chevrons. Les lattis ne sont employés que pour les ardoises et les tuiles.

ASSEMBLAGE DE DEUX ARBALÉTRIERS AU SOMMET, AVEC FAITAGE ÉTRIERS ET POINÇON

PREMIER CAS : ARBALÉTRIER EN FER DOUBLE T

Les deux arbalétriers destinés à constituer la ferme sont coupés à

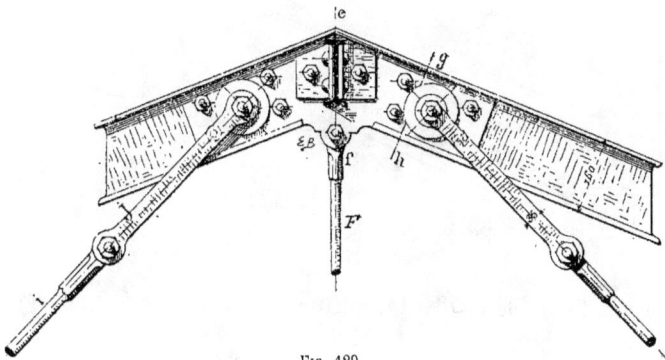

Fig. 129.

l'angle voulu, rapprochés et assemblés par deux fortes plaques qui s'appliquent sur l'âme et remplissent l'espace entre les ailes ; ces plaques sont découpées à la demande et on y réserve l'attache du poinçon F.

Le faîtage porte deux fortes équerres et est assemblé à boulons au sommet en pinçant les plaques et l'âme de l'arbalétrier.

La plaque couvre-joint est assemblée par huit boulons, quatre de chaque côté ; aux milieux des quatre trous se trouvent ceux qui doivent servir de passages aux boulons de serrage des étriers (fig. 129). On

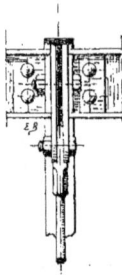
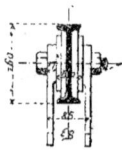
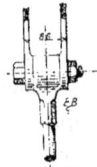

place ces derniers en intercalant entre eux et la plaque d'assemblage une rondelle qui remplit l'aile du fer double T et en isole l'étrier ; on fait de même du côté opposé, puis on boulonne.

Fig. 131.   Fig. 132.

Fig. 130.

La figure 130 donne une coupe dans l'axe vertical de la ferme en ef et la figure 131 coupe l'arbalétrier en gh, montrant les plaques, rondelles et étriers.

L'extrémité des tirants est faite comme le montre la figure 132.

ASSEMBLAGES AU PIED DE FERME

SABOT EN FER

Le repos d'assise d'une ferme sur un mur se fait en fer et en fonte.

En fer, comme sur notre croquis (fig. 133), le sabot se compose d'un

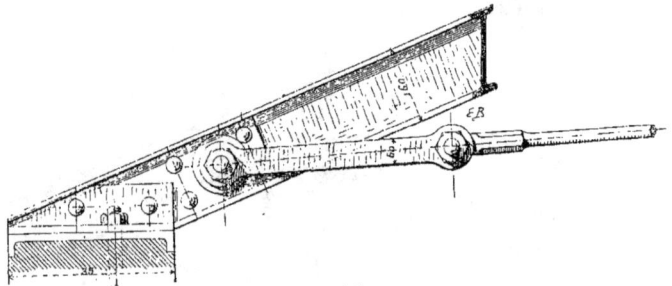

Fig. 133.

plateau en forte tôle de $0^m,014$, rabattue de chaque côté pour agripper le mur.

L'arbalétrier porte deux plaques, semblables à celles du faîtage, et deux larges équerres rivées à chaud ; dans le plateau a été ménagé le

passage de deux boulons à scellement qui sont encastrés dans la maçonnerie ; l'arbalétrier mis en place, les boulons traversent les équerres et
on boulonne par-dessus.

Le détail de l'étrier est le même que pour le sommet, mais de proportions plus fortes.

On fait aussi, et plus fréquemment même, les sabots en fonte ; fixés
au mur de la même manière, ces sabots viennent de fonte avec un
canal dans lequel pénètre l'arbalétrier ; le boulon d'étrier passe au travers du sabot et de l'arbalétrier. Nous reviendrons sur le sabot en fonte
aux dispositions de charpentes mixtes.

ASSEMBLAGES AUX PLAQUES

Les plaques d'assemblage sont prises dans une forte tôle de 0^m,012 à
0^m,016 d'épaisseur, suivant les cas ; découpées comme le montre le

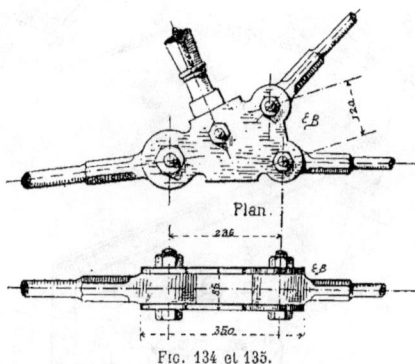

Plan.

FIG. 134 et 135.

dessin (fig. 134, 135), percées de quatre trous pour le serrage de la
bielle et des trois tirants.

ASSEMBLAGE DES PANNES

Dans le cas qui nous occupe, les pannes sont assemblées dans la hauteur du fer par deux équerres, comme la panne faîtière.

LANTERNE OU MANCHON

On nomme ainsi une pièce en fer forgé composée de deux écrous
reliés par des fers plats soudés aux dits écrous ; le manchon, évidé, est

taraudé dans les deux sens, de manière à pouvoir faire appel et régler très exactement la longueur du tirant.

Le poinçon qui descend verticalement passe dans le vide du manchon et est boulonné en dessous ; généralement, l'écrou qui le serre affecte la forme d'un cul-de-lampe.

MÊMES ASSEMBLAGES POUR FERMES CROISILLONNÉES

La ferme à croisillons s'emploie pour des portées plus grandes. La

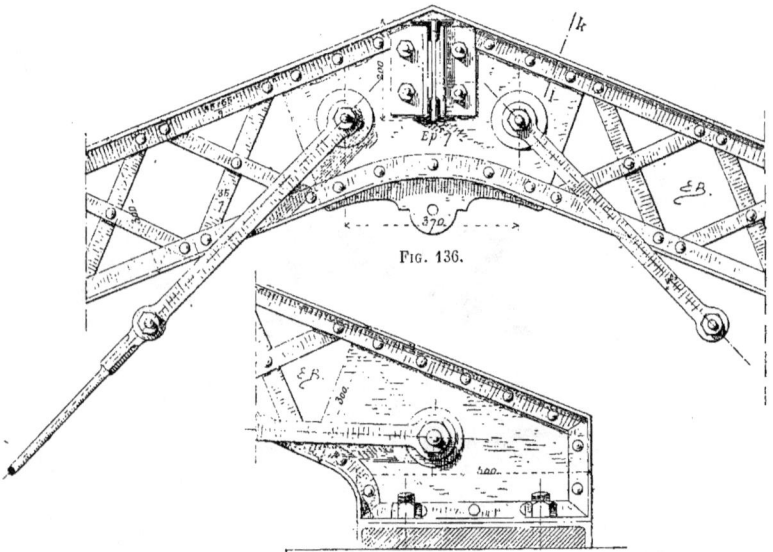

FIG. 136.

FIG. 137.

figure 136 indique clairement la construction de la tête de ferme ; il en est de même pour la disposition du sabot (fig. 137).

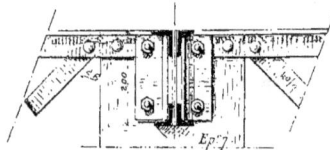

FIG. 138.

FIG. 139.

Pour permettre l'assem-
blage de la panne, on est obligé de rapporter un gous-
set pincé entre deux cornières (fig. 138, 139), et qui reçoit les équerres d'assemblages de la panne à treillis.

Les figures 140 et 141 sont des variétés de construction de fermes,

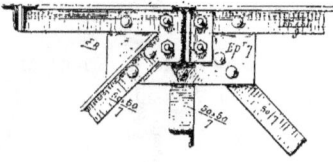

FIG. 140.

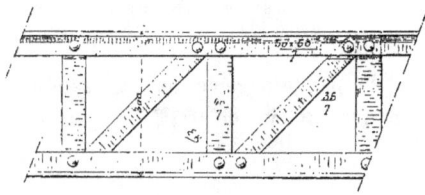

FIG. 141.

avec des cornières en remplacement des fers plats, et de la poutre en N substituée à celle à croisillons.

CHARPENTES MIXTES

QUELQUES DISPOSITIONS D'ASSEMBLAGE

ASSEMBLAGE DE PANNE EN BOIS SUR ARBALÉTRIER MÉTALLIQUE A AME PLEINE

Dans le cas que nous présentons, la panne se trouve placée en contre-haut de la ferme; il s'agit alors seulement d'en empêcher le glissement et de la rendre adhérente à ladite ferme : pour cela, on a rivé sur la

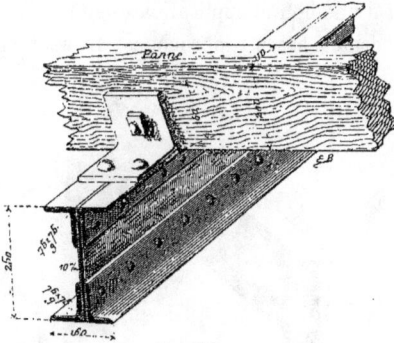

FIG. 142.

ferme une équerre en fer (cornière coupée de longueur), qui joue le rôle de chantignole et est assujettie à la panne par un tire-fond (fig. 142).

ASSEMBLAGE DE PANNE EN BOIS SUR ARBALÉTRIER
EN FER A CROISILLONS

La panne dans ce cas est assemblée dans la hauteur de la ferme; un panneau plein, de 0^m,350 de largeur, remplace un croisillon et reçoit

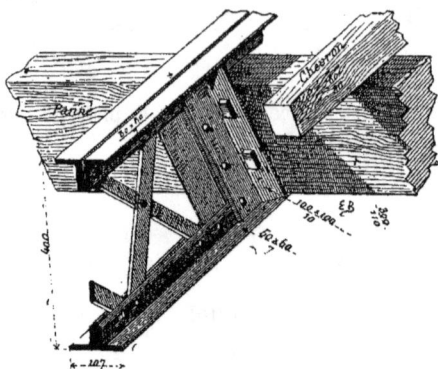

FIG. 143.

les équerres qui fixent les pannes, lesquelles, avec le chevron et le voligeage, forment la hauteur totale de la ferme (fig. 143).

MÊME ASSEMBLAGE

Ce système est d'une bonne application quand on a affaire à une petite portée et à des fermes assez rapprochées; on peut alors supprimer le

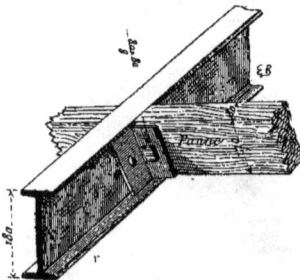

FIG. 144.

chevronnage en donnant seulement 1^m,25 à 1^m,30 d'écartement aux pannes; avec ces dimensions un voligeage de 0^m,022 rainé donne de bons résultats (fig. 144).

RETOMBÉE DE JAMBE DE FORCE SUR MONTANT EN FER

Cet exemple est celui d'un pan de fer remplit de maçonnerie de brique et couvert d'une charpente en bois; on a au préalable rivé sur le mon-

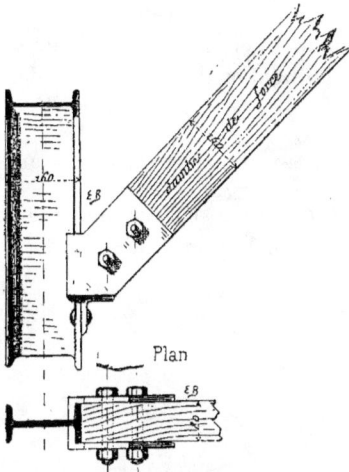

Fig. 145 et 146.

tant en fer I une équerre de repos, sur laquelle la jambe de force vient se reposer; cette dernière est réunie au montant par deux plaques coudées qui forment griffes et happent le patin du fer (fig. 145).

La figure 146 donne le plan de la disposition ci-dessus.

SABOT EN FER POUR PETITES FERMES

Pour petites portées, en employant ce moyen, on peut trouver une

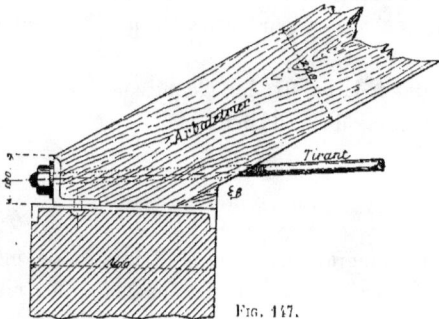

Fig. 147.

Fig. 148.

notable économie sur l'emploi du sabot en fonte; il offre d'ailleurs toutes les garanties de solidité désirables, et présente une grande facilité de montage.

Il consiste en une cornière, d'une longueur égale à la largeur de l'arbalétrier, rivée sur une platine coudée qui fait le repos sur le mur.

Comme on le voit figures 147, 148, on évite l'étrier en traversant le bois et en boulonnant le tirant en dehors de la cornière sabot.

SABOT EN FER POUR FERME EN BOIS

Ce sabot est formé d'une tôle coudée (fig. 149-150), de 10 millimètres d'épaisseur, fixée sur la plaque de repos au moyen de deux cor

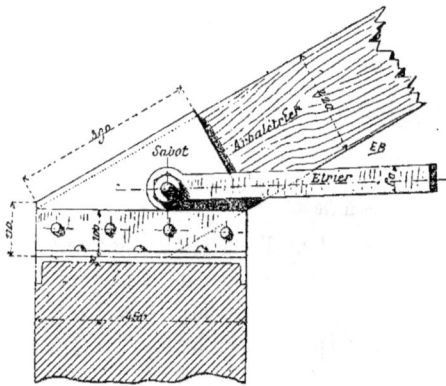
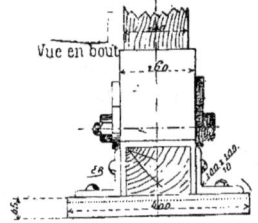

Fig. 149.   Fig. 150.

nières ; la partie inférieure de l'arbalétrier vient se coincer dans ce sabot, et l'écartement de la ferme est assuré par un tirant que viennent embrasser les deux branches d'étriers.

Pour les figures 147, 149, 151, on fixe les plaques de repos sur la maçonnerie au moyen de boulons de scellement.

ASSEMBLAGES BOIS ET FONTE

Si l'on est en présence d'une grande répétition de fermes de même modèle, on peut employer de préférence la fonte pour faire les pièces d'assemblages, les frais de modèles devenant presque nuls, répartis sur une grande quantité de pièces coulées (fig. 151, 152, 153).

De plus, il est facile de prévoir à l'étude toutes les formes devant

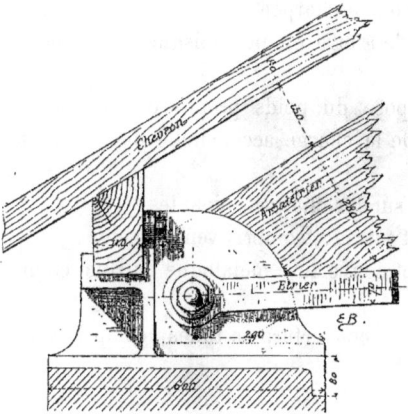

FIG. 151.

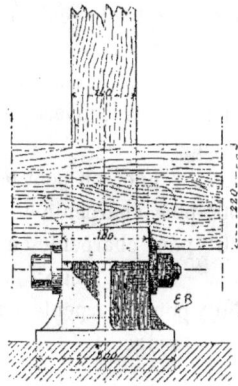

FIG. 152.

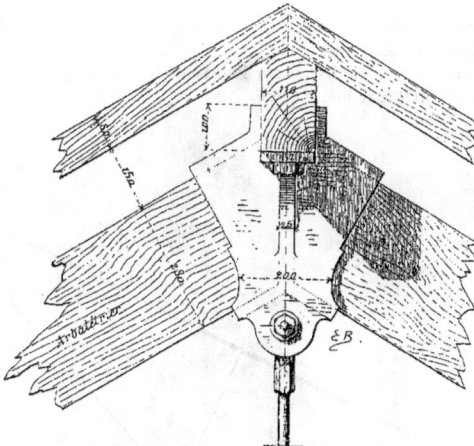

FIG. 153.

faciliter l'assemblage des bois et diminuer ainsi le prix de revient de la charpente.

CALCUL DES PRINCIPALES PIÈCES D'UNE FERME POLONCEAU

Il faut connaître les données suivantes :
Portée de la ferme.
Espacement des fermes.

Inclinaison de l'arbalétrier sur l'horizontale.

Charge totale que doit supporter la charpente.

La charge totale seule demande à être étudiée puisque les autres sont toujours connues.

Cette charge totale se compose du poids propre de la charpente augmenté de la couverture et de la charge accidentelle due au vent et à la neige.

En moyenne, on peut tabler sur les charges suivantes :

100^{kg} pour charpente en fer et vitrage, compris vent et neige ;

120^{kg} pour charpente en fer et couverture métallique ou zinc, compris vent et neige ;

150^{kg} pour charpente en fer et couverture en tuiles, compris vent et neige.

CALCUL DE L'ARBALÉTRIER

Soit : Portée de la ferme . . . . 16^m
Espacement des fermes . . . . $4^m,50$
Inclinaison de l'arbalétrier sur l'horizontale . . . . $25°$
Charge totale par mètre carré. . . . . 120^{kg}

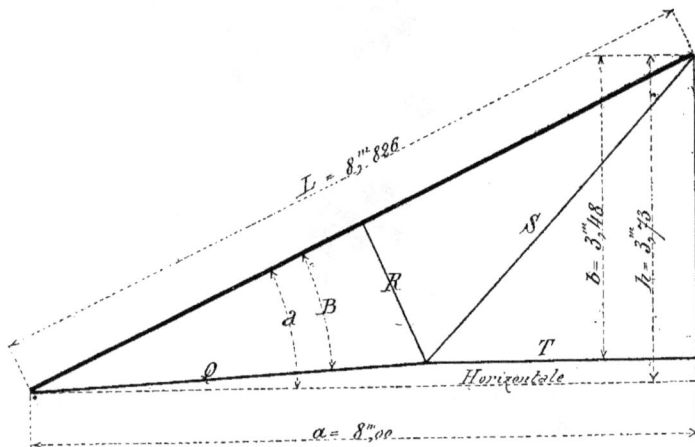

Fig. 153 bis.

Longueur R calculée   1,784
d°   Q   d°   4,760
d°   T   d°   3,246
d°   S   d°   4,760

L'arbalétrier de $8^m,826$ de longueur peut être considéré comme une pièce reposant librement sur deux points d'appui et chargée uniformément dans sa demi-longueur d'un poids de :

$$4{,}413 \times 4^{m}{,}50 \times 120^{kg} = 2383^{kg}$$

En appliquant la formule indiquée plus haut de l'égalité des moments fléchissant et résistant et remarquant qu'on doit tenir compte de l'inclinaison en multipliant par le cosinus de l'angle, on aura

$$\frac{PL \cos. 25^{\circ}}{8} = R\frac{I}{N}$$

ou $\dfrac{2385 \times 4{,}413 \times 0{,}91}{8}$ = moment fléchissant = 1196.21.

Prenant R = 8000,000, c'est-à-dire le fer travaillant à 8 kilogr.

$$\frac{I}{N} = \frac{1196.21}{8000.000} = 0{,}0001495$$

Si on cherche la valeur de $\frac{I}{N}$ correspondante dans les sections des fers double T, comme il a été indiqué au chapitre II « Planchers en fer » on trouvera un fer de 200 ordinaire pesant $22^{kg}{,}72$ le mètre courant.

Si en remplacement du fer double T on voulait employer une poutrelle à treillis ; en cherchant la valeur de $\frac{I}{N}$, on trouverait une section de $0^{m}{,}240$ de hauteur et quatre cornières $\frac{40 \times 40}{5}$ dont la valeur de $\frac{I}{N}$, calculée donne :

$$\frac{0.08 \times 024^{3} - \left(\dfrac{0.07 \times 0.23^{3} + 0.01 \times 0{,}16^{3}}{12} \right)}{12} = 0{,}0001481$$

Le calcul du treillis de l'arbalétrier se fait de la manière suivante :

L'effort au point le plus fatigué du treillis est exprimé par $F = \frac{5}{8}$ P cos. a ou 0.625 P cos. a.

Si la composition du treillis donne toujours deux barres en présence, on divisera par 2 et si les barres sont inclinées à 45°, on multipliera par $\sqrt{2} = 1{.}41$.

On aura donc $F = \dfrac{0.625 \, P \cos. \, a \, \sqrt{2}}{2}$ et remplaçant par les valeurs $F = \dfrac{0.625 \times 2383 \times 0.91 \times 141}{2} = 954.25$.

Faisant travailler les barres à 8 kilogr. par millimètre carré de section, en divisant 954.25 par 8, on aura le nombre de millimètres carrés contenus dans la section 189.28 ou 0.00018928.

Si donc on suppose aux barres de treillis une largeur de 0,04 on aura pour épaisseur

$$\frac{0.00018928}{0.04} = 0.0047, \text{ soit } 0^m,005, \text{ donc un fer plat de } 40 \times 5.$$

CALCUL DES PANNES

Supposant les pannes espacées de $1^m,70$, puisque leur portée est égale à $5^m,50$, espacement des fermes, elles porteront :

$$1.70 \times 4.50 \times 120^{kg} = 918^{kg}$$

Considérant les pannes comme reposant librement sur deux points d'appui et chargées d'un poids uniformément réparti, il sera facile de trouver, par la manière ordinaire, la valeur de $\frac{I}{N}$ et par suite la section à choisir soit pour fer double T, soit pour poutrelle à treillis.

Mais dans ce dernier cas la formule employée pour le treillis doit être dégagée des $\frac{5}{8}$ et du cosinus de l'angle dus à l'inclinaison.

Cette formule devient en cas de double barres à 45°

$$F = \frac{P\sqrt{2}}{2} \text{ ou } \frac{918 \times 141}{2} = 647,19$$

Faisant travailler le fer à 8 on aura :

$$\frac{647,19}{8} = 80.9 \text{ ou } 0.0000809$$

et si on donne aux barres 0,03 de largeur, l'épaisseur deviendra

$$\frac{0.0000809}{0.03} = 0^m,003$$

CALCUL DES TIRANTS

Nous désignons les tirants par des lettres, comme il est indiqué fig. 153 *bis*, pour plus de clarté.

L'effort de pression sur la contre-fiche R est évidemment tout le poids supporté par l'arbalétrier dans toute sa longueur qui est

$$2383 \times 2 = 4766$$

En raison de l'inclinaison on aura

$$\frac{5}{8} \text{ PL cos. a ou } 0.625 \times 4766 \times 0.91 = 2710^{kg}$$

Connaissant la résistance à la compression de la fonte ou du fer, il sera facile de déterminer la section de la contre-fiche qui, exécutée pour ne pas paraître trop légère à l'œil, est dans la pratique presque toujours trop forte.

La formule pour le calcul du tirant T est,

Tension = $\frac{p\ a}{2\ b}$ dans laquelle les lettres a et b sont les longueurs indiquées sur la figure, et petit p le poids par mètre courant sur l'arbalétrier qui dans ce cas et égal à $\frac{4766}{8^m,826}$ = 540

Remplaçant par les valeurs, on aura :

$$T = \frac{540 \times 8^{-2}}{2 \times 3^m,48} = 4965.5$$

Faisant supporter au tirant un effort de traction de 8 kilogr. par millimètre carré de section, on aura :

$$\frac{4965}{8} = 620 \text{ ou } 0.000620$$

Il suffit de trouver le rayon d'un cercle dont la surface =

$$0.000620\ r = \frac{\sqrt{0.000620}}{3.14} = 0^m,014$$

On peut donc employer pour ce tirant un fer rond de $0^m,03$ de diamètre.

La formule pour le calcul du tirant Q est Q = $\frac{13\ p\ a\ cos.\ a}{16\ sin.\ B}$, remplaçant par les valeurs on aura $\frac{13 \times 540 \times 8.00 \times 0.91}{16 \times 034}$ = 8475

Faisant travailler le fer à 8 kilogr. et opérant comme ci-dessus pour trouver le diamètre, on aura :

$$\frac{8475}{8} = 10.59 \text{ ou } 0.001059$$

$$r = \frac{\sqrt{0.001059}}{3.14} = 0^m,018$$

On pourra donc employer pour ce tirant un fer rond de $0^m,04$ de diamètre.

La formule pour le calcul du tirant S est S = $\dfrac{T\ sin.\ a - \dfrac{3}{16}\ p\ a\ cos.\ a}{sin.\ B}$ remplaçant par les valeurs, on aura :

$$S = \frac{4962 \times 0.423 - 0.187 \times 540 \times 8 \times 0.91}{0.34} = 0^m,012$$

Faisant travailler à 8 kilogr. et opérant comme pour tous les autres tirants, on obtiendra un diamètre de $0^m,025$.

Si on veut du reste éviter de faire ces calculs pour le tirant S il suffira de le mettre un peu plus faible que le tirant T.

Nous nous sommes arrêtés peut-être un peu trop sur les fermes Polonceau, mais les éléments et détails décrits auront occasion de revenir à nouveau et il est bon d'avoir étudié le détail avant d'en venir à l'application d'un ensemble.

CHARPENTES DE COUVERTURE A TIRANT RELEVÉ

Cette petite charpente légère donne par la disposition des tirants une plus grande hauteur disponible (fig. 154).

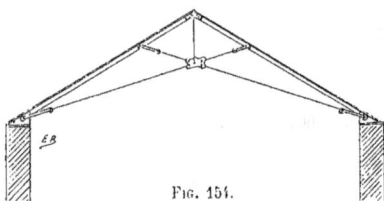

Fig. 154.

Elle a sept mètres de portée, les arbalétriers sont en fer T de $0^m,075 \times 0^m,080$ et espacés de $2^m,50$; les pannes en fer T de $0^m,045 \times 0^m,050$, sont au nombre de deux sur chaque versant plus le faîtage et la sablière.

Le chevronnage est fait en fer T de $0^m,030 \times 0^m,035$ espacés de $0^m,41$ environ, mesure de verre du commerce.

Les détails de construction sont, pour sabots, plaques, étriers, etc., de petites dimensions, mais semblables à ceux déjà détaillés.

CHARPENTES DE COUVERTURE A FERMES INDÉFORMABLES
SANS TIRANTS
(Fig. 155.)

Ces fermes représentés en arc sur notre croquis se font aussi droites, ce sont des poutres, très hautes au milieu, et qui diminuent de hauteur suivant le rampant.

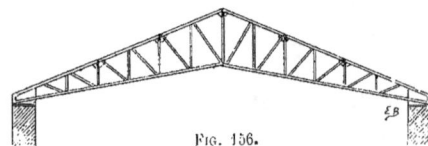

Fig. 155.

Les tirants et contre-fiches sont supprimés, mais on gagne peu de hauteur comparativement à la ferme à tirant; il y a plus de matière et un peu moins de forge.

Pour ce qui est de la solidité, on peut facilement s'en rendre compte par le seul examen de la figure, que dans les deux cas la rupture d'une

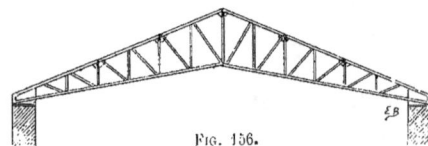

Fig. 156.

pièce peut déranger l'ensemble et amener la chute de tout le système.

Ces fermes se font en croisillons ou en N, selon la figure 156.

Il est encore une variété qui a été employée à l'exposition de 1878, et se composait de fermes avec pieds-droits allant jusqu'au sol, et affectant la forme dite en anse de panier, c'est-à-dire une courbe à 3, 5 ou 7 centres.

Les angles au sommet et à la sablière étaient rigides, reliés qu'ils étaient à l'arc par un croisillonnement.

CHARPENTE DE COUVERTURE POLYGONALE

Cette ferme, généralement employée entre murs solides, est susceptible de grandes proportions, mais peut s'appliquer aussi à de petites portées.

Notre figure 157 en est une application pour une portée de 7 mètres, un arc surbaissé fer L de 0^m,055 × 0^m,060 est réuni par

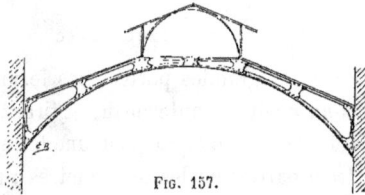

Fig. 157.

des goussets au fer supérieur également en fer T. La figure 158 donne une solution avec ferme droite.

Si, par suite d'une démolition d'un bâtiment adossé qui donnait au mur une grande force, on se trouve privé de son point d'appui, on peut toujours rapporter un tirant amarré dans les goussets

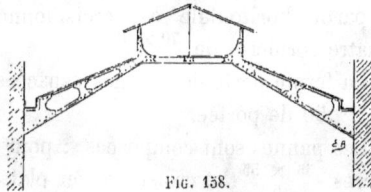

Fig. 158.

inférieurs ; ou même dans le premier gousset et le pied de lanterneau si le comble est de petite dimension.

LES MÊMES EN FER A DOUBLE T

Ces fermes se font également en fer à double T (fig. 159).

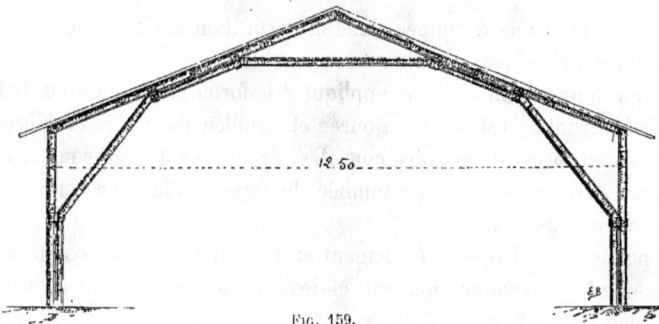

Fig. 159.

Tous les fers, en parties droites séparées et coupées suivant les angles, sont assemblés d'abord au moyen de platines coudées, puis sont

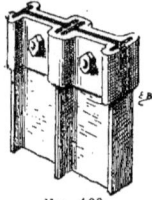

FIG. 160.

réunis entre eux par des crampons en bon fer de $0^m,010$ d'épaisseur serrés à boulon (fig. 160).

On remarque que le pied-droit, composé de deux fers double T offre une assez grande résistance; on peut donc compter pouvoir lui donner un fort scellement, 1/6 environ de la hauteur du pied-droit proprement dit, pour le faire travailler encastré.

LES MÊMES AVEC FERMES CROISILLONNÉES

Pour les grandes portées ces fermes se font à croisillons avec poinçons au droit du lanterneau, et tirant horizontal.

Voici la composition pour une ferme de 24 mètres entre murs, divisé en trois parties égales de 8 mètres : une horizontale au milieu (couverte par le lanterneau) et deux inclinées.

La ferme de $0^m,50$ de hauteur pour la partie inclinée, et $0^m,61$ pour la partie horizontale est croisillonnée en fers plats 60/9 serrés par quatre cornières de $\frac{70 \times 70}{9}$.

La ferme porte des pannes espacées horizontalement de 2 mètres et de $7^m,50$ de portée.

Les pannes sont composées : pour la panne faîtière des quatre cornières $\frac{55 \times 55}{6}$ et croisillons fer plat 50×9; les autres pannes sont en arc, et ont environ $0^m,58$ à l'assemblage vertical sur la ferme et $0^m,35$ au milieu. Elles sont formées d'éléments en N.

Les poinçons sont en fer rond de $0^m,020$, et le tirant horizontal $0^m,055$.

LES MÊMES, DÉCORÉES

L'emploi de la tôle découpée, dans la décoration des charpentes, offre au constructeur de très grandes ressources.

Nous en donnons un exemple appliqué à la forme polygonale (fig. 161); la partie horizontale est droite, ajourée et habillée de quatre cornières ; les fermes en forme de grandes consoles découpées à jour sont également armées de cornières ; la retombée de ferme se fait sur console en fonte scellée dans le mur.

Les pannes (fig. 161 *bis*), également en tôle ajourée, sont composées de la même façon. (Nous donnons ci-dessous toutes les dimensions de cette ferme.)

Cette construction, qui conviendrait admirablement à un comble carré, peut aussi être utilisée dans un rectangle, avec des croupes aux extrémités.

Celle que nous donnons a une longueur de 25 mètres, soit cinq tra-

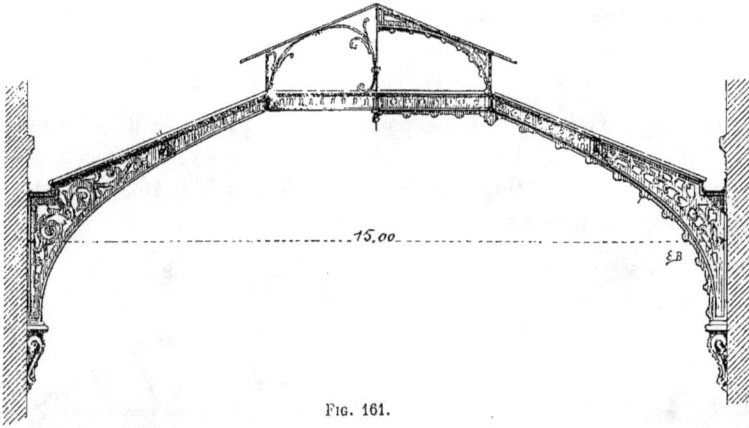

FIG. 161.

vées de 3 mètres et les deux croupes de 5 mètres = 25 mètres ; un

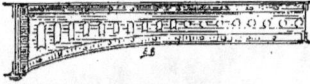

FIG. 161 bis.

chéneau en fer composé de : fond 400 × 5, côtés 200 × 3 $\frac{1}{2}$, habillage cornières d'assemblage $\frac{35 + 35}{5}$ avec moulures en fer, fait tout le pourtour, et est porté dans l'intervalle des fermes par des corbeaux décorés en fer ou en fonte.

Les fermes sont en tôle de 0^m,006 d'épaisseur armée en haut de cornières $\frac{50 + 50}{6}$, qu'on laisse passer en scellement par dessus le chéneau, de manière à ne pas pousser sur la paroi verticale de celui-ci. La partie inférieure de la ferme est armée de deux cornières de même force et on décore le plat à l'intérieur par un profil assez saillant qui calfeutre le joint des deux cornières et de l'âme, et donne une forme moins sèche.

Les pannes sont en tôle de 0^m,002 $\frac{1}{2}$ armées de cornières $\frac{35}{5 \frac{7}{2}}$.

Le même mode de décoration s'applique aux pannes.

Dans la construction décorative des fermes et pannes, les moulures, demi-ronds, plats chanfreinés, s'emploient aussi pour l'habillage inférieur, surtout quand on laisse la tôle faire saillie à l'intérieur comme le montre notre variante, côté droit du dessin ; on comprend que les cornières avec leurs lignes brusques ne sont plus à leur place.

D'une manière générale, la méthode la meilleure pour obtenir un bon découpage, nous entendons par là un découpage travaillant bien, consiste à tracer la ferme, la panne ou la poutrelle, la croisillonner comme si elle devait être faite de croisillons et chercher son dessin en respectant le plus possible le croisillonnement.

CHARPENTE DE COUVERTURE D'USINE DITE SHEED

Cette ingénieuse disposition a pour objet de permettre la prise de jour par le comble aussi facilement que par des parois verticales (comme on peut s'en rendre compte en voyant les figures 162, 162 *bis*) et de s'orienter de manière à éviter le soleil.

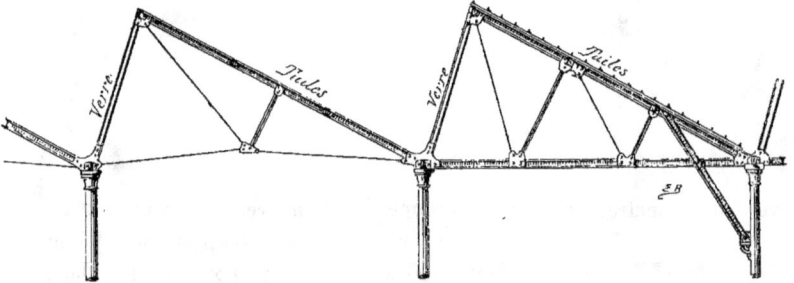

Fɪɢ. 162 et 162 *bis*.

Les angles ordinairement employés sont de 25° à 30° pour la couverture et 70°, 80° et même 90° pour la partie vitrée.

Nous en donnons deux types qu'on peut employer suivant les besoins ; le premier (fig. 162) est compris entre murs pignons et ne sert absolument qu'à couvrir et à prendre le jour ; dans le deuxième cas (fig. 162 *bis*) nous représentons la même charpente, mais construite pour atelier de mécanique ; la ferme est disposée pour porter les transmissions de force motrice.

CHARPENTE DE COUVERTURE DE HANGARS

Les hangars sont des constructions légères, généralement ouvertes, qui servent d'abris, de dépôts, etc.

Ils sont à deux pentes ou en appentis et se font généralement en bois.

Le système Pombla, dont nous avons parlé plus haut, se prête à ce genre de construction.

Construits en fer, les hangars se font en cornière et fer double T ; quelquefois, s'ils ont une certaine importance, on peut les construire en fer double T (fig. 163); les fermettes, soulagées par des consoles, scel-

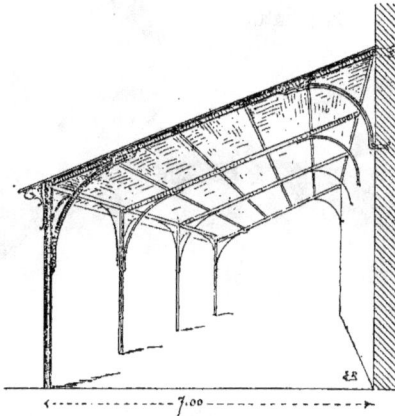

FIG. 163.

lées en maçonnerie ou assemblées sur montants, portent des pannes espacées de 1ᵐ,25 à 1ᵐ,50 environ.

La couverture des hangars est toujours légère, en zinc, et quelquefois en carton bitumé.

COMBLES CINTRÉS

La forme cintrée est une des plus favorables, tant sous le rapport de la hauteur libre à l'intérieur que comme stabilité. Au point de vue décoratif elle ne le cède en rien aux autres formes.

La figure 164 en donne un exemple : construite en tôle découpée, la

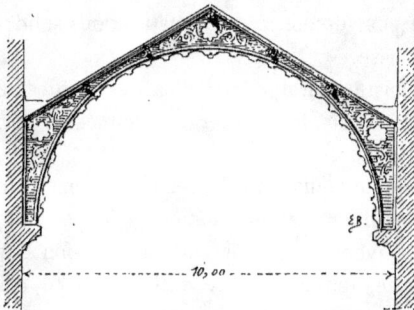

FIG. 164.

ferme est armée de cornières par le haut et la partie inférieure découpée est moisée par deux fers demi-ronds ou deux moulures.

Le découpage de ces fermes peut se faire au poinçon de petit dia-

mètre, qui fait aux contours du dessin une dentelure très fine, atténuée
encore, d'ailleurs, par la peinture.

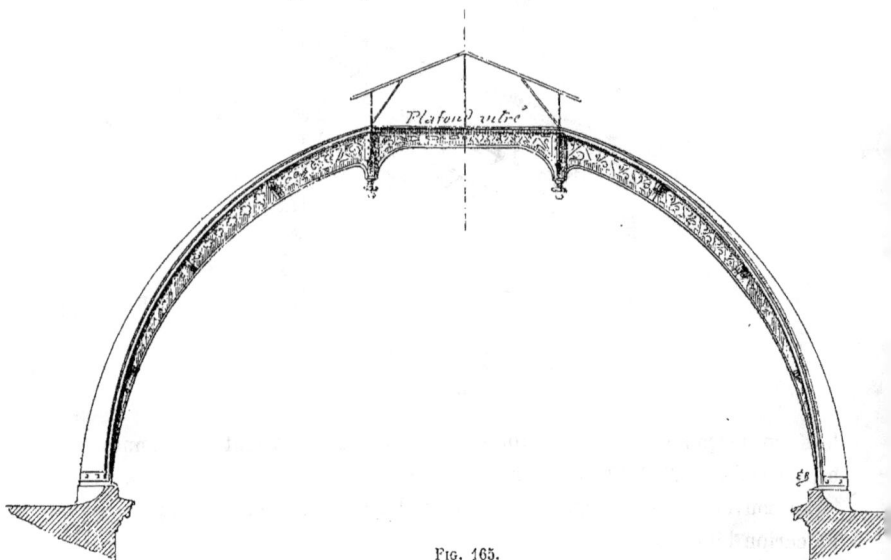

Plafond vitré

FIG. 165.

Le chéneau est formé par le voligeage, relevé à la demande en dos
d'âne pour former les pentes.

La figure 165 représente un comble plus important et aussi d'un
aspect plus léger.

Il nous donne l'occasion de parler d'un artifice dont se servent parfois
les constructeurs pour donner à des constructions solides un effet d'élégance et de hardiesse.

Ce procédé consiste à dissimuler les parties lourdes en les cachant en
partie; ainsi, dans un comble, placer les pannes et fermes en dehors
c'est alléger à l'intérieur.

Dans notre exemple nous avons pris un moyen terme, nous avons
pris deux centres différents, de manière à couper la ferme diagonalement, si nous pouvons employer cette expression dans le cas d'une
courbe, et la ferme, qui commence à rien au pied, arrive au sommet
avec toute sa hauteur.

L'inverse donnera un deuxième parti; on commencera avec la ferme
en toute largeur pour arriver au faîtage avec une très faible apparence.

Ou encore rejeter complètement la ferme à l'extérieur.

La partie horizontale, couverte par un lanterneau, est plafonnée vitrée. Nous parlerons plus loin des plafonds vitrés.

La forme ogivale se prête aussi à la décoration ; notre figure 166

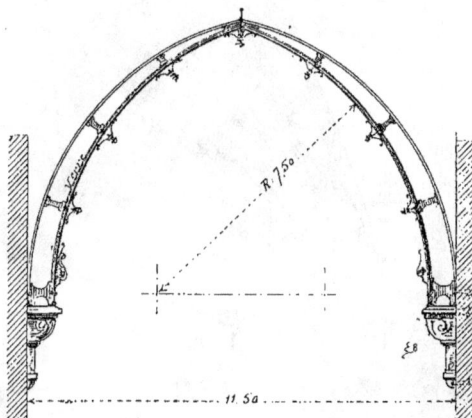

FIG. 166.

donne un modèle d'une grande légèreté ; les fermes sont faites de deux fers T réunis par des goussets ; les pannes sont en saillie à l'intérieur et motivées par des pièces en fer forgé et des pontets.

L'équerrage ou consolidation des angles se fait aussi en fer forgé roulé

FIG. 167.

(fig.167); quoique son travail, sur plat, ne soit pas des meilleurs, on peut l'employer pour la facilité avec laquelle il se prête à la décoration.

Nous donnons (fig. 168) une application des fermes découpées qui pourrait convenir, comme nous l'avons dit, à la disposition représentée figure 161.

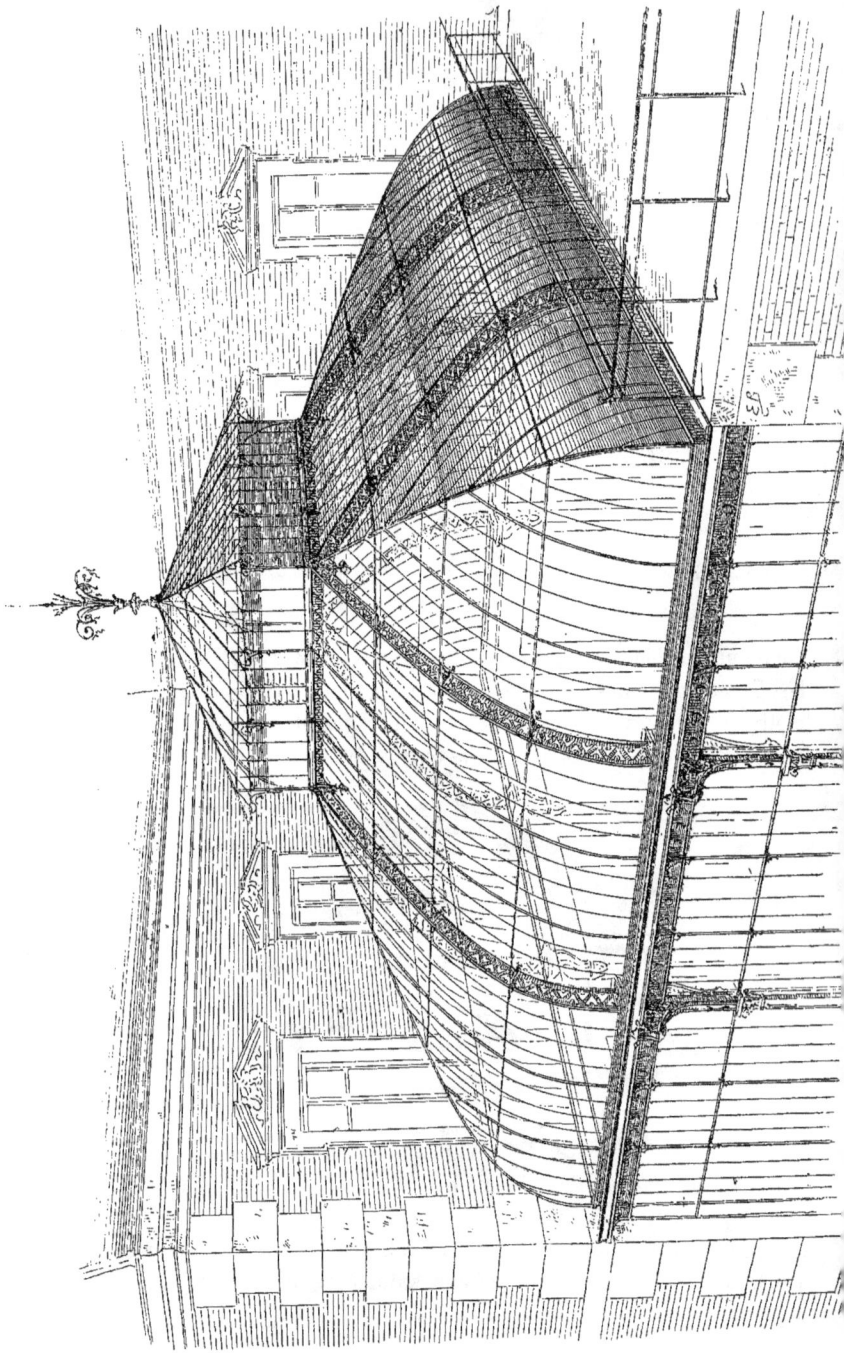

Une description est inutile ; la figure en perspective montre tout le parti de construction.

Nous ferons seulement remarquer le découpage en V, qui est une application de la méthode que nous avons indiquée plus haut.

Ces combles, mi-partie fixe et mi-partie mobile, s'emploient dans les cours utilisées comme salles de restaurant, de réunion, etc.

Le comble roulant se construit comme les autres combles que nous avons décrits, mais les faîtages sont de véritables rails sur lesquels est placé le lanterneau, qui est monté sur galets à gorge (espèce de poulie).

Quand on dispose d'assez de place, on fait le lanterneau en une pièce, mais si on est enfermé comme dans le cas que nous voyons figures 169, 170, on est obligé de le faire en deux pièces.

Nous recommandons d'étudier tout particulièrement le recouvrement de la jonction des deux parties de lanterneau en C.

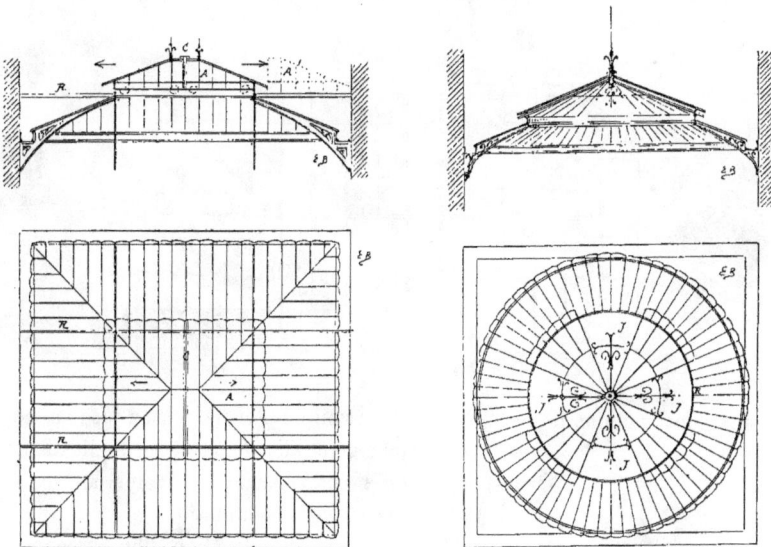

Fig. 169 et 170.

Fig. 171 et 172.

Nous n'avons pas vu d'exemple de la forme ronde que nous figurons 171, 172. C'est l'application en grand du papillon de ventilation et cela nous semble pratique.

On n'obtient, il est vrai, qu'un vide égal à la moitié de la surface, mais le fonctionnement en est bien plus simple que le précédent.

Le comble proprement dit s'appuie sur une couronne ; la partie fixe du lanterneau repose sur cette couronne et un cercle en fer T passe sur tous les chevrons et les vides ; c'est sur lui que se fait le glissement ou le roulement de la partie mobile du lanterneau, qui est entretoisé par des ornements en fer forgé, comme on voit au plan (fig. 172).

COMBLES D'HABITATIONS

Contrairement à ce qui arrive aux autres branches de la charpente, le fer est peu employé encore dans les maisons ; son usage est réservé

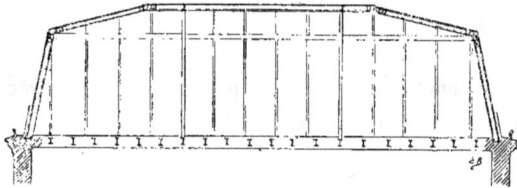

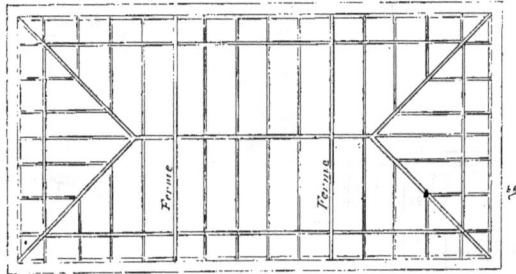

Fig. 173 et 174.

aux constructions importantes. Mais si son emploi n'est pas jusqu'à ce jour généralisé dans cette application, on n'en construit pas moins des combles pour les habitations.

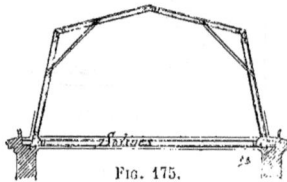

Fig. 175.

L'exemple, élévation, plan et coupe, représenté figures 173, 174, 175 est composé de deux fermes en fer double T de 0ᵐ,100 ; tous les autres fers double T sont de 0ᵐ,080 ; ils sont reliés entre eux par des tirants en fer rond de 0ᵐ,014 de diamètre espacés de 0ᵐ,80.

L'ensemble repose sur une sablière en fer U ; les intervalles sont hourdés et reçoivent des lambourdes scellées sur lesquelles on cloue le voligeage ; la couverture se fait en ardoise et en zinc.

MARCHÉS COUVERTS

Un marché est un espace libre, en plein air ou abrité, réservé à la vente des denrées, produits et autres objets de consommation et d'usage.

Ce n'est que vers le moyen âge qu'on a commencé à faire des marchés couverts, encore étaient-ils très rares. Actuellement, toutes nos villes en sont pourvues ou ont tout au moins des abris qui permettent aux marchands d'étaler leurs produits à couvert.

Les marchés sont mobiles ou permanents.

MARCHÉS MOBILES

Les marchés mobiles sont des espèces d'abris en toile, portés par quatre montants en bois, comme on le voit figure 176.

Ces abris sont disposés en longues files par places de 2 à $2^m,50$, et

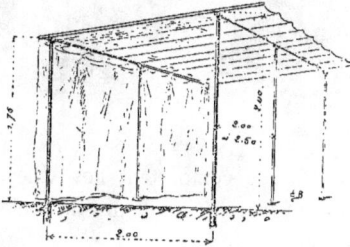

Fig. 176.

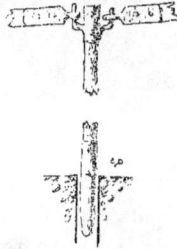

Fig. 177 et 178.

2 mètres de profondeur. Les montants sont en bois rond de $0^m,04$ de diamètre environ, ferrés par le bas, et s'engagent dans une douille scellée dans le sol, et par le haut portent les deux crochets qui reçoivent les pannes (fig. 177, 178).

Les pannes sont en bois de $0^m,03 \times 0^m,04$ ferrées aux deux extrémités en forme d'anneaux qui viennent s'accrocher sur les montants.

Les toiles formant la couverture sont moisées à des distances de $0^m,40$ environ par des lattes en bois qui permettent d'enrouler les toiles pour le transport et servent de chevrons quand elles sont déroulées en place.

Ces toiles sont rendues fixes aux pannes par des ligatures en corde mince de 0^m,004 de diamètre environ.

Comme l'indique notre croquis, on suspend à l'arrière des toiles destinées à abriter les marchands contre le vent ou les pluies fouettantes.

Ce système est certainement le plus simple et le plus économique, mais il est peu rigide, et au bout de peu de temps il devient bien..... laid, les poteaux se courbent ou s'inclinent ; il en résulte un ensemble tortueux qui peut bien être pittoresque, si le marché est très fréquenté, mais est à coup sûr défectueux et d'un mauvais effet.

D'autres abris mobiles, plus coûteux il est vrai, mais aussi plus dignes

Fig. 179.

de figurer auprès des constructions que comportent nos villes, ont été établis. Nous donnerons ici celui du marché aux fleurs de la Madeleine, à Paris, de M. O. André, constructeur.

Le métal et le bois y sont étroitement et surtout rationnellement unis ; le fer constitue les montants verticaux, rigides par la nature du métal et aussi parce qu'ils sont fixés au sol par un système de sabot à coincement. Nous en donnons un croquis d'ensemble (fig. 179).

Les dimensions de ces marchés sont variables dans la limite à observer pour qu'un homme de force et taille moyenne puisse en opérer le montage sans effort et, par conséquent, avec une grande célérité.

Ce qui les caractérise en outre de la construction proprement dite, c'est la grande saillie de l'avant-toit, qui permet à l'acheteur d'être à l'abri pendant le temps nécessaire à ses acquisitions.

Le cadre dont nous disposons ne nous permet pas de donner tous les détails de ce genre de marché, mais nous donnerons cependant les deux points importants, à savoir : la fixation du montant au sol et l'assemblage des pannes et fermettes sur la tête du montant.

Comme le montre l'ensemble, le marché se compose de montants, fermettes et trois cours de pannes ; en plus de la solidité obtenue par le sabot coinçant, des consoles mobiles serrées au montage par des frettes également mobiles (mais engagées sur le montant), parent au roulement dans le sens longitudinal du marché. Dans le sens transversal, des consoles également mobiles, et fixées aussi par les mêmes frettes de serrage, font l'équerrage et soulagent la partie de fermette qui forme l'avant-toit.

FIXATION AU SOL

Le montant porte à sa base une pièce en fonte malléable qui porte un ergot E en forme de T avec plan incliné (fig. 180).

Dans le sol est scellé un sabot (fig. 181) composé d'un fer plat, de deux joues en fer U doublés de plans inclinés (fig. 181, 182). C'est, à proprement parler, une boutonnière à serrage.

On introduit l'ergot E dans dans le trou G et on chasse le pied au maillet dans le sens de la flèche.

Au sommet, le montant est armé de deux joues (fig. 183), qui reçoivent les pannes ; celles-ci en place, on pose la fermette entre les deux joues, le goujon G pénètre dans la rainure réservée dans la boutonnière de

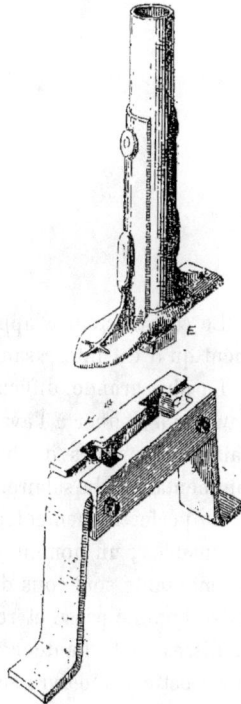

Fig. 182.   Fig. 180 et 181.

chaque panne et dans les encoches des joues ; le cavalier H, qui était relevé pendant le montage, reprend la position dans laquelle le représente notre croquis et empêche la fermette de jouer, tenue qu'elle est de chaque côté des joues par le goujon engagé dans l'encoche et par le cavalier, qui rend impossible la sortie dudit goujon ; le tout est ainsi rendu solide.

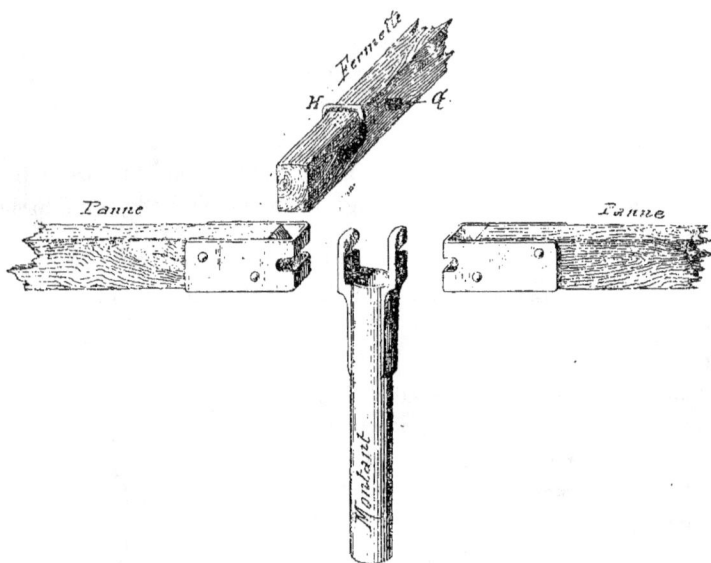

FIG. 183.

Le constructeur a apporté à ces marchés mobiles un perfectionnement qu'il est intéressant de noter ici.

La plus grande difficulté résidait dans le montage par suite de la hauteur à donner à l'avant des marchés ; on devait employer à ce travail des hommes de haute taille, d'où un choix, et, par suite, une augmentation du salaire.

Le perfectionnement apporté consiste à faire les montants de face extensibles ; un homme de taille moyenne peut monter le marché, dont les montants sont tous de même hauteur et la toiture horizontale ; un autre homme passe et relève successivement les montants, qui sont à coulisses, à la hauteur voulue, où ils sont arrêtés par un taquet à ressort ; cette manœuvre se fait à l'aide d'un crochet.

Pour démonter, on soulève légèrement la panne toujours à l'aide du crochet ; on fait rentrer le taquet et on laisse retomber la partie mobile du montant qui rentre dans la partie fixe ; la couverture reprend la position horizontale et le démontage se fait avec autant de facilité et de célérité que la mise en place.

MARCHÉS PERMANENTS OUVERTS

On fait les marchés ouverts d'abord, par raison d'économie ; ensuite, dans certaines localités, suivant les produits de la contrée, il peut être

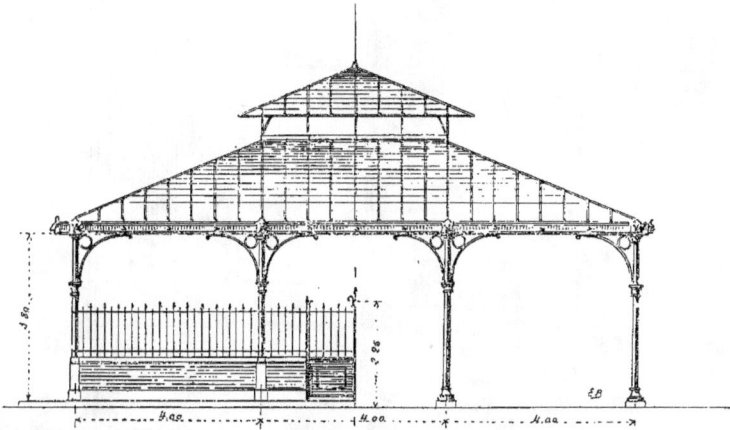

FIG. 184.

nécessaire de faire pénétrer jusque dans le marché les bestiaux et même les chariots.

C'est ce type que nous donnons figure 184 et auquel nous avons ajouté une variante avec grille, ce qui se fait assez souvent quand des marchandises doivent y rester en dépôt.

L'importance d'un marché n'est pas en rapport absolu avec le nombre d'habitants d'une grande ville, pour la bonne raison qu'il peut y avoir plusieurs marchés, mais dans celle où il s'agit d'établir un marché, aucun autre n'existant auparavant, on peut tabler sur une surface de 1 mètre carré pour cinq habitants, soit 1,000 mètres pour une ville de 5,000 âmes.

Cette surface comprend tous les aménagements intérieurs et la place réservée à la circulation du public.

MARCHÉS PERMANENTS FERMÉS

Ces marchés sont destinés à des marchands qui occupent leurs places constamment, comme ils feraient d'une boutique.

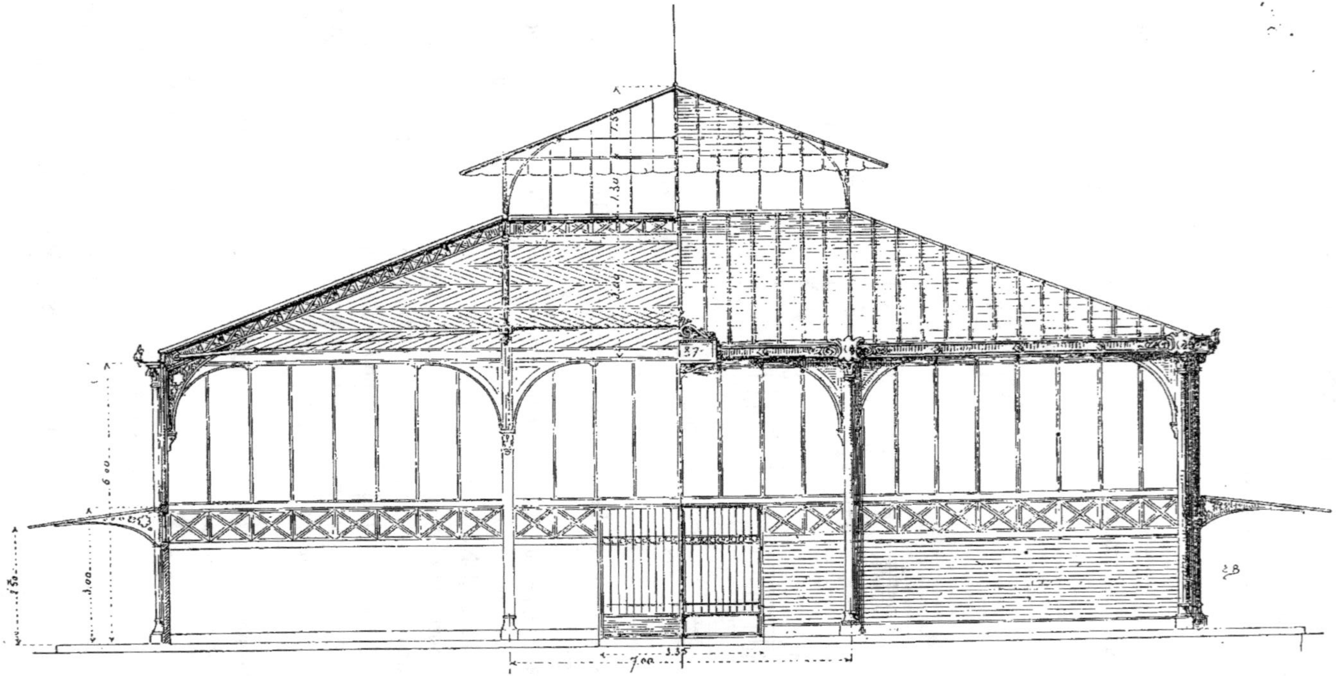

Fig. 185.

La figure que nous donnons montre à la fois la coupe et l'élévation
(fig. 185) d'un marché fermé.

Nous n'aurons rien à dire ici sur la construction, priant nos lecteurs
de se reporter au chapitre traitant des colonnes en fonte et à ce qui est
précédemment dit ici sur les charpentes.

Les hauteurs de parties pleines sont généralement montées en brique
de 0ᵐ,11 ou 0ᵐ,22 jusqu'à 2 ou 3 mètres de hauteur.

Au-dessus, une partie en fonte disposée pour être vitrée et enfin la

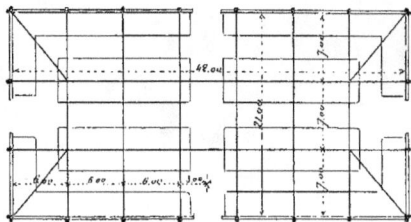

Fig. 185 bis.

partie supérieure jusqu'au chéneau, qui est composée de lames de verre
formant persiennes.

On fait ordinairement la moitié de la surface en persiennes en bois ou
en fer et l'autre moitié seulement en verre. La figure 185 bis donne la
disposition en plan.

La couverture est en frises de 0ᵐ,034 à baguettes, recouverte en zinc,
et le lanterneau est entièrement vitré.

PLAFONDS VITRÉS

On emploie souvent les plafonds vitrés dans les combles, pour éviter
la vue du lanterneau.

Construits en petits fers T de dessin variable, on réserve ordinairement une bande de ventilation au pourtour.

On décore cette bande ou frise par des rinceaux en métal découpé.

Les plafonds ne sont pas forcément plats; ils peuvent être bordés
d'une partie inclinée ou courbe qu'on décore dans le goût général.

CHAPITRE V

PASSERELLES ET PETITS PONTS

PASSERELLES ET PONTS

Les passerelles sont de petits ponts pour passage de piétons et de cavaliers.

La portée est indéfinie, mais la largeur varie toujours entre $0^m,90$ et $1^m,50$; passé cette dimension elles deviennent ponts.

Les passerelles, outre leur utilité, sont parfois un motif de décoration de parc; le ruisseau, au cours capricieux, n'est souvent établi que pour motiver ces petits ponts, qui coupent si gracieusement la monotonie d'une longue allée, et servent de points de vue, se trouvant presque toujours en un endroit découvert.

Les passerelles reçoivent de nombreuses applications; outre les parcs et jardins, elles peuvent servir au-dessus d'une voie ferrée; entre deux bâtiments, pour réunir des bureaux; comme cela existe dans les gares, etc.

PASSERELLES DE PARCS ET JARDINS

Ces passerelles sont formées d'un tablier composé de la manière la plus simple, ordinairement deux fers à double T, ou droits avec la flèche

commerciale, ou cintrés avec une flèche quelconque, et réunis entre eux
soit par un contreventement en fer plat sur champ, soit par des entretoises en fer double ou simple T assemblées à équerres.

La décoration des passerelles réside presque entièrement dans le
garde-corps; quelquefois aussi ce garde-corps fait lui-même poutre et
constitue la partie solide de l'ouvrage.

PASSERELLES RUSTIQUES

Les fers rustiques sont des fers laminés qui sortent des cylindres
façonnés en forme de bois rugueux d'écorce et ébranché de près ; on
trouve ces fers de toutes dimensions et forces, même en demi-rond
creux jusqu'à $0^m,08$ environ.

Les poids de ces fers se rapprochent sensiblement des fers ronds de
même diamètre; les creux figurant l'écorce compensent les nœuds de
branches.

Les garde-corps sont composés de maîtresses branches, sur lesquelles

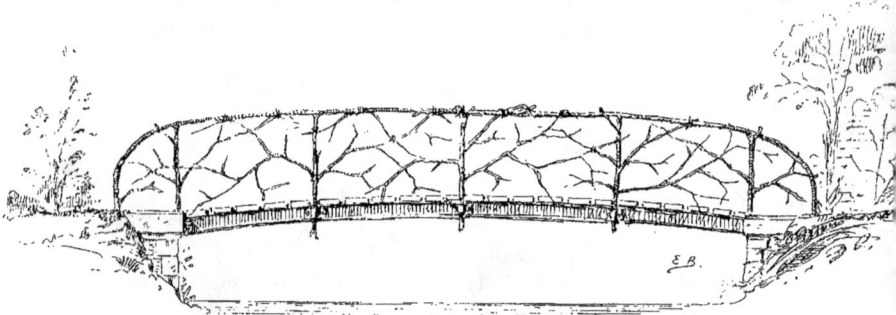

FIG. 186.

on soude des rameaux en fer de différents diamètres, de façon à
imiter la nature; nous ne saurions trop, dans ce travail, recommander
un procédé bien simple, qui consiste tout bonnement à prendre pour
modèle une branche d'arbre ; c'est en copiant le mode d'attache, en
observant le rapport existant entre les diverses branches qu'on donnera
le véritable caractère artistique que réclame un ouvrage de ce genre.

En procédant ainsi on verra qu'on peut, avec peu de fer et un nombre
restreint de soudures, c'est-à-dire avec économie, obtenir un garde-corps
ou autre objet d'un très bon effet et remplissant parfaitement le but à
atteindre.

Quelques-uns des montants sont terminés à fourchette imitant une bifurcation de branches ; c'est là que vient reposer la main-courante, faite en même fer rustique (fig. 186). Les rameaux sont fixés à vis sur la main-courante et des ligatures en fer demi-rond de $0^m,005$ à $0^m,006$ imitent des liens de jonc ou autre bois.

On fixe les montants sur les longerons en fer à double T par des crampons serrés par deux boulons ; on s'arrange de manière à ce que les montants de garde-corps se trouvent en face des entretoises et soient serrés avec les mêmes boulons.

Passé 5 mètres de longueur, le tablier sera contreventé en fer plat de 50×7 au moins.

Le tablier métallique est recouvert de madriers qui portent sur les longerons avec une saillie de $0^m,10$ environ.

De petits trous de passage percés dans l'aile du fer double T servent à passer les vis qui doivent maintenir les madriers en place, convenablement espacés de $0^m,01$ environ, en les vissant par en dessous.

On peut décorer le longeron d'un fort fer demi-rond rustique et peindre l'ensemble en couleur et décors imitant le bois.

PASSERELLES AVEC GARDE-CORPS EN FER PLAT

La première passerelle avec garde-corps en fer plat (fig. 187) est assez large, 2 mètres d'axe en axe des longerons de rives, comme on le voit

Fig. 187.

figure 187 *bis ;* c'est donc ce que nous pouvons appeler un petit pont.

L'arc est très prononcé ; les culées doivent pouvoir supporter une certaine poussée.

Les montants du garde-corps en fer plat sur champ de 14×25 sont assemblés à crampons comme le précédent ; les remplissages sont en fer plat de 20×9 et 20×7. La main-courante est faite d'une bandelette recouverte d'un fer demi-rond.

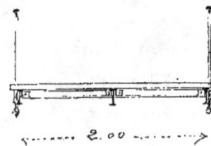

Fig. 187 *bis.*

Comme on le voit dans la coupe, le tablier métallique est composé de trois longerons ; on peut élargir en en mettant un plus grand nombre. La figuré 188 en est une variante ; les fers plats de remplissage sont chantournés à leurs intersections et rivés.

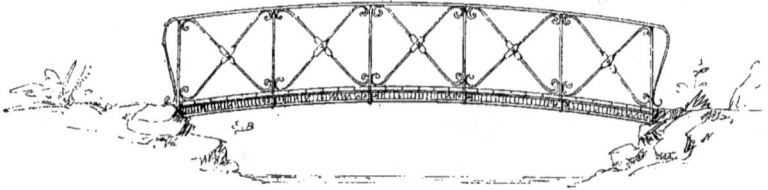

FIG. 188.

Le tablier est recouvert en madriers ou bastings de chêne ou bois dur, comme les précédents.

PASSERELLES AVEC GARDE-CORPS FAISANT POUTRES

En petites dimensions, on construit ces poutres de quatre cornières de $0^m,04 \times 0^m,04$ (pour le cas qui nous occupe figure 189 de 1 mètre de

FIG. 189.

large et 6 mètres de portée) réunies par des montants en fer $\rightarrow$ de $0^m,070 \times 0^m,035$ et des croisillons en fer plat $0^m,050 \times 0^m,007$. On peut décorer ce garde-corps, comme nous l'indiquons, ou d'une tout autre manière.

Les poutres sont soulagées par des consoles en fer T assemblées à goussets avec la poutre. Ces dites poutres sont réunies par des entretoises en fer L $0^m,04 \times 0^m,04$, dont les ailes reposent sur la cornière

intérieure et sont assemblées au montant fer-croix par une fourrure
placée entre les deux cornières entretoises et deux goussets qui assemblent et équerrent en même temps.

Le contreventement est en fer plat et forme un croisillon dans chaque
espace d'entretoise ; le plancher peut être placé en long ou en travers.

On remarquera que pour contribuer à la stabilité de la poutre les deux
cornières supérieures se terminent en quart de cercle et vont en scellement ; la partie supérieure de la poutre est habillée d'un fer demi-rond
$0,050 \times 0,011$.

DU CONTREVENTEMENT

Quand on n'est pas tenu par la place disponible et que la passerelle,
très étroite, a une grande longueur, on peut remplacer le contreventement par des haubans en fer rond ancrés assez loin de la culée et
maintenir la passerelle par de solides attaches en deux points de sa
longueur, divisée en trois, par exemple.

PIEUX A VIS ET A PLATEAUX

En supposant toujours une passerelle étroite, on peut admettre qu'elle
peut être très longue ; il est alors indispensable de la soutenir.

Nous avons pour cela plusieurs moyens à employer, suivant les
natures des terrains qu'on rencontre ; pour les terrains marneux, par
exemple, on peut se servir d'un pieu à vis construit d'un tube creux de
$0^m,08$ de diamètre rempli à son extrémité par une pointe en fer forgé et
portant environ $0^m,20$ plus haut un plateau rond de $0^m,60$ de diamètre
en tôle de $0^m,008$ à $0^m,010$, refendu en quatre ou six endroits, relevé en
hélice et fixé sur le pieu au moyen de deux bagues en fonte affectant en
section la forme d'une cornière.

On visse les deux pieux en place, on les réunit par une croix de
Saint-André, on les arrase et on les coiffe de deux plateaux qui serviront
à assembler dessus la passerelle.

Un autre moyen à employer, quand on a affaire à un terrain consis-
tant, est de prendre un pieu en fer creux qu'on appointit comme le précédent ; on le garnit d'un plateau en tôle et on le bat à la place qu'il doit
occuper jusqu'à ce qu'il présente une résistance suffisante.

Les autres détails semblables à ceux du pieu à vis.

PASSERELLES ENTRE BATIMENTS

Les passerelles s'emploient pour réunir deux corps de bâtiments séparés par une cour, une rue ou un cours d'eau.

La figure 190 est une passerelle dans laquelle le garde-corps est

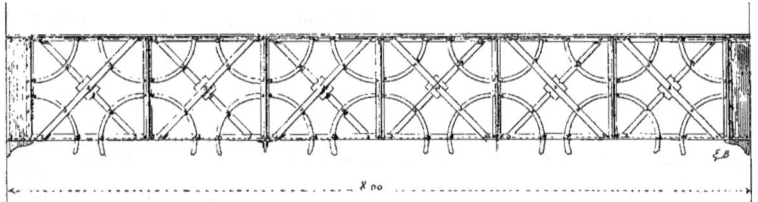

Fig. 190.

utilisé comme poutre ; la coupe (fig. 191) montre une disposition de tablier qui réunit les deux poutres et forme contreforts de chaque côté.

Fig. 191.

On peut aussi faire ces passerelles suspendues par deux ou quatre haubans, et, dans ce cas, faire le garde-corps de tirants passant dans des montants plats et tendus sur les murs de portée, au moyen de manchons à double pas et scellements aux extrémités.

Sous-bander ou soutenir par des consoles sont encore des solutions applicables aux passerelles et que nous avons décrites dans les chapitres précédents.

Pour certains services, entre bureaux ou magasins, par exemple, on

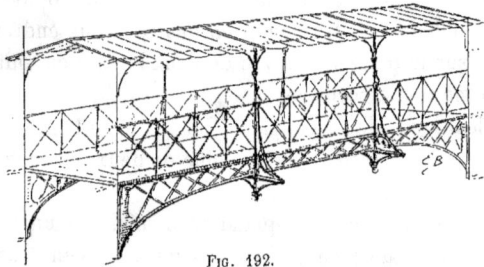

Fig. 192.

fait les passerelles couvertes (fig. 192), et, dans certains cas, couvertes et les parois vitrées, mais avec le soubassement en tôle pleine.

Le genre suspendu est aussi très décoratif; placé dans certains milieux, il présente une hardiesse que n'ont pas les autres modes de cons-

Fig. 193.

truction; celle que nous donnons figure 193 est supposée relier deux
petites éminences entre elles.

Cette passerelle a environ 20 mètres de portée et 2ᵐ,50 de largeur ;
elle est composée d'une légère poutre en arc, croisillonnée, qui porte le
garde-corps et est suspendue à la chaîne en fil par vingt aiguilles verticales composées de dix fils.

Les bielles sont en fonte, oscillent sur une large base transversale
et sont reliées en tête ; les chaînes sont ancrées à 5 mètres de distance.

PETITS PONTS
(Fig. 194.)

Entre deux culées en pierre, la poutre de 12 mètres de portée est
composée de deux fers simple T de $^{0,070}_{9} \times ^{0,100}$ réunis entre eux par des
goussets en tôle de 0ᵐ,009 d'épaisseur, rivés de rivets de 0ᵐ,014.

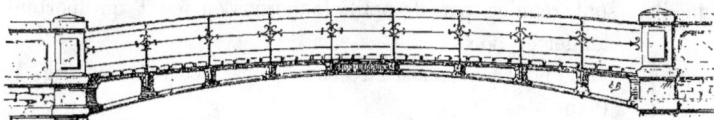

Fig. 194.

Les entretoises, de 1ᵐ,75 de longueur, sont en fer double T de 0ᵐ,80 ;
le contreventement en fer plat de 50/9.

PETIT PONT DE 15 MÈTRES DE PORTÉE ET 4ᵐ,10 DE LARGEUR

En arc, comme celui que nous venons de décrire, mais avec une plus grande portée et une plus grande largeur; il peut être construit avec

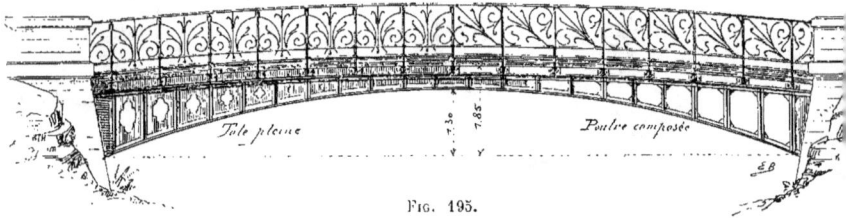

Fig. 195.

poutre pleine ou à goussets, comme l'indique notre croquis (fig. 195).
La poutre est composée de :

Une âme tôle de.	9ᵐᵐ
Quatre cornières	$\dfrac{70 \times 70}{10}$
Montants T à l'extérieur	$\dfrac{100 \times 60}{10}$
Fourrures tôles.	9ᵐᵐ
Tables supérieures.	160 × 10
Tables inférieures.	150 × 10 et 180 × 10

On voit figure 196 (coupe) que les entretoises en fer double T de 0ᵐ,180 sont placées au-dessus des poutres pour former les trottoirs et

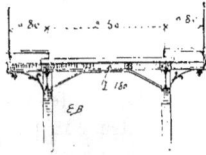

Fig. 196.

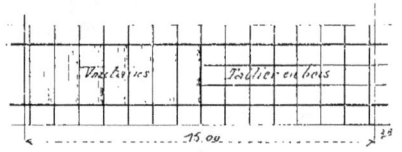

Fig. 197.

qu'elles sont réunies par de petits longerons en fer T qui portent le tablier en bois.

Le pont peut aussi être couvert par des voûtains (fig. 197). Plan.

La figure 198 donne la section de la poutre sans la table supplémentaire inférieure.

Fig. 198.

Nous donnons deux variantes de garde-corps qu'on peut faire en fer plat roulé.

PONT-ROUTE DE 8 MÈTRES DE PORTÉE, 4ᵐ,10 DE LARGEUR ET 3 MÈTRES
D'AXE EN AXE DES LONGERONS

Le pont est composé de deux poutres ou longerons, réunis par des
entretoises. Deux poutrelles de rives et un contreventement horizontal

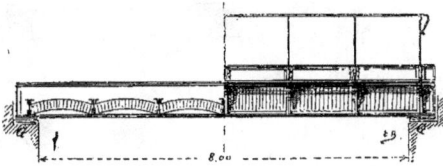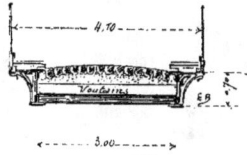

FIG. 199.   FIG. 200.

(fig. 199, 200, 201). Le tablier est formé de voûtains en brique, balasté

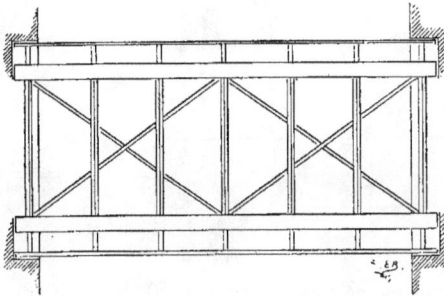

FIG. 201.

et pavé ; nous avons supposé les trottoirs en bois bordé d'une cornière
$\frac{60 \times 60}{9}$.

COMPOSITION DES PIÈCES

Les poutres sont composées : âme . . . . 700 × 10

Cornières . . . . $\frac{90 \times 90}{10}$

Tables . . . . 300 × 10

Les entretoises : âme. . . . . 250 × 7

Cornières . . . . $\frac{70 \times 70}{9}$

Poutrelles de Rives : âme . . . . 250 × 7

Cornières. . . . . $\frac{45 \times 45}{7}$

Contreventement : fer plat . . . . 80 × 9

Goussets tôle. 9ᵐᵐ

La console que nous donnons (fig. 202, 203, 204, 205), est appliquée

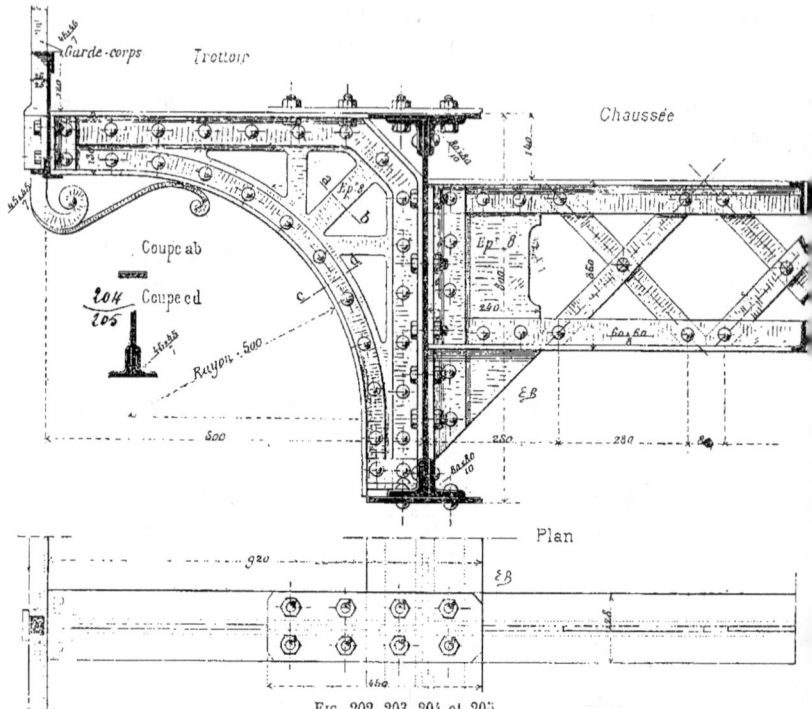

à une variante du même pont à poutre de 0ᵐ,80 de hauteur, à croisillons
en fer U et entretoises croisillonnées, pour tablier en bois.

La console est composée : d'une âme 8ᵐᵐ

Cornières . . . . $\dfrac{45 \times 45}{7}$

Poutrelles de Rives : âme . . . . 250 × 7

Cornières . . . . $\dfrac{45 \times 45}{7}$

Bride d'attache de la console . . . . 128 × 11

Entretoises : croisillons . . . . 60 × 8

Cornières . . . . $\dfrac{60 \times 60}{8}$

La poutre à croisillons (fig. 206, 207) est composée :

Croisillons . . . . 80 × 35

Fourrures 10ᵐᵐ

Panneau plein 10ᵐᵐ

Cornières . . . . $\dfrac{80 \times 80}{10}$

Cornières couvre-joints . . . . $\dfrac{70 \times 70}{9}$

L'assemblage des parties de poutres croisillonnées se fait :

1° Par le gousset lui-même ;

2° Par des cornières à angles arrondis, comme le montrent l'éléva-tion et la coupe ;

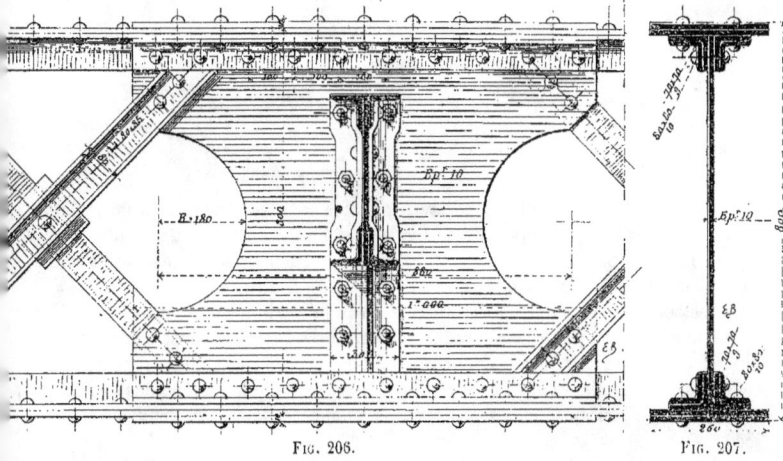

Fig. 206.   Fig. 207.

3° Par des lames de recouvrement de joints sur une longueur égale au gousset.

La moitié des rivets se font lors du montage.

L'assemblage de parties de poutres pleines se fait par des couvre-joints

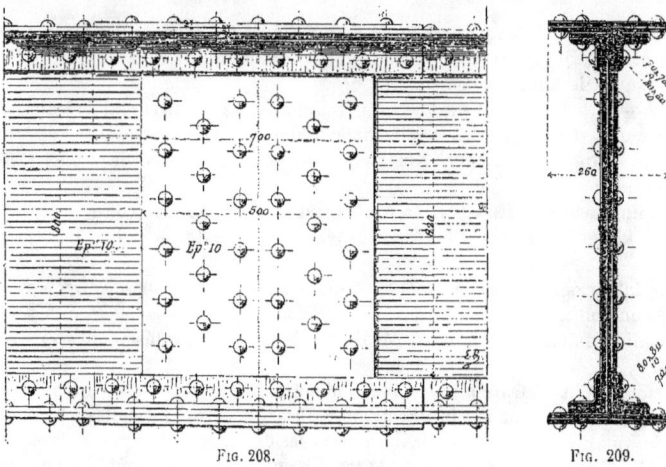

Fig. 208.   Fig. 209.

(fig. 208, 209); la coupe est prise dans le joint même et montre les diffé-rentes sections en cet endroit où la poutre se trouve absolument doublée.

RENSEIGNEMENTS DIVERS

NOUVEAU RÈGLEMENT
POUR LES ÉPREUVES DES PONTS MÉTALLIQUES

Circulaire du Ministre des Travaux publics, **9 juillet** 1877.

Monsieur le Préfet,

Une circulaire ministérielle du 26 février 1858 a réglé les épreuves à faire subir aux ponts métalliques supportant les voies des chemins de fer. Une autre circulaire du 15 juin 1859 a déterminé les épreuves auxquelles seront soumis les ponts métalliques destinés aux voies de terre.

Diverses observations ont été soumises à l'Administration au sujet des épreuves de ces ouvrages, et l'un de mes prédécesseurs, après l'avis du Conseil général des Ponts et Chaussées, a chargé une commission spéciale, composée d'inspecteurs généraux et d'ingénieurs des Ponts et Chaussées, d'examiner les modifications dont pourraient être susceptibles les dispositions énoncées dans les deux circulaires précitées.

Sur le rapport de cette commission, le Conseil général des Ponts et Chaussées a été d'avis, monsieur le Préfet, et j'ai reconnu avec lui que les ponts métalliques devaient satisfaire aux conditions suivantes :

PONTS SUPPORTANT DES VOIES DE FER

ARTICLE PREMIER. — Les ponts à travées métalliques qui portent des voies de fer devront être en état de livrer passage à tous les trains autorisés à circuler sur le réseau auquel ils appartiennent.

ART. 2. — Les dimensions des pièces métalliques des travées seront calculées de telle sorte que, dans la position la plus défavorable des surcharges que l'ouvrage peut avoir à supporter, le travail du métal, par millimètre carré de section, soit limité, savoir :

A *un kilogramme et demi* pour la *fonte* travaillant à l'extension directe ;

A *trois* kilogrammes pour la *fonte* travaillant à l'extension dans une pièce fléchie ;

A *cinq* kilogrammes pour la *fonte* travaillant à la compression, soit directement, soit dans une pièce fléchie ;

A *six* kilogrammes pour le *fer forgé* ou *laminé*, tant à l'extension qu'à la compression.

Toutefois, l'Administration se réserve d'admettre des limites plus élevées *pour les grands ponts*, lorsque des justifications suffisantes seront produites en ce qui touche les qualités des matières, les formes et les dispositions des pièces.

ART. 3. — Les auteurs des projets de travées métalliques devront justifier, par des calculs suffisamment détaillés, qu'ils se sont conformés aux prescriptions de l'article précédent.

En ce qui concerne les *fermes longitudinales*, ils pourront admettre l'hypothèse des surcharges uniformément réparties. Dans ce cas, ces surcharges, par mètre courant de simple voie, seront réglées conformément au tableau suivant :

Nota. — Les surcharges correspondant à des portées intermédiaires à celles qui sont indiquées ci-dessus, seront déterminées par voie d'interpolation.

Les dimensions des pièces qui ne font pas partie des fermes longitudinales, et notamment celles des pièces de pont, seront calculées d'après les plus grands efforts qu'elles peuvent avoir à supporter.

SURCHARGES PAR MÈTRE COURANT DE SIMPLE VOIE

PORTÉE des travées	SURCHARGE uniforme	PORTÉE des travées	SURCHARGE uniforme	PORTÉE des travées	SURCHARGE uniforme	PORTÉE des travées	SURCHARGE uniforme
mètres	kilogr.	mètres	kilogr.	mètres	kilogr.	mètres	kilogr.
2	12 000	11	6 900	20	4 900	70	3 500
3	10 500	12	6 500	25	4 500	80	3 400
4	10 200	13	6 200	30	4 300	90	3 300
5	9 800	14	5 900	35	4 200	100	3 200
6	9 500	15	5 700	40	4 100	125	3 100
7	8 900	16	5 500	45	4 000	150	
8	8 300	17	5 400	50	3 900	et	3 000
9	7 800	18	5 200	55	3 800	au delà	
10	7 300	19	5 000	60	3 700		

Art. 4. — Chaque travée métallique sera soumise à deux natures d'épreuves, l'une par poids mort, l'autre par poids roulant.

Ces épreuves s'opéreront au moyen de trains d'essai, composés de machines locomotives et de wagons à marchandises.

Pour les ponts à travées indépendantes, la longueur du train d'essai, mesurée entre les deux essieux extrêmes, devra être au moins égale à celle de la plus grande travée à éprouver.

Pour les ponts à travées solidaires, le train d'essai devra être assez long pour couvrir les deux plus grandes travées consécutives.

Le poids total du train d'essai devra être au moins égal à celui d'un train de même longueur, qui serait composé *d'une locomotive pesant, avec son tender, 72 tonnes, et d'une suite de wagons pesant chacun 15 tonnes.*

Il sera procédé à l'épreuve par poids mort, de la manière suivante :

Pour les ponts à travées indépendantes, le train d'essai sera amené successivement sur chaque travée de manière à la couvrir en entier.

Il séjournera dans chacune de ces positions, au moins pendant deux heures, après que les tassements auront cessé de se manifester dans le tablier.

Pour les ponts et travées solidaires, chaque travée sera d'abord chargée isolément comme il vient d'être dit. A cet effet, le train d'essai sera coupé de façon que la longueur de la partie antérieure ne dépasse pas sensiblement celle de la plus grande travée; ensuite on chargera simultanément les deux travées contiguës à chaque pile, à l'exclusion de toutes les autres, au moyen du train d'essai tout entier.

Les travées dont les tabliers sont supportés par des arcs métalliques seront d'abord chargées sur la totalité de leur portée et ensuite sur chaque moitié seulement.

Les épreuves par poids roulant seront au nombre de deux.

La première aura lieu avec le train d'essai qu'on fera passer sur le pont à la vitesse de 25 kilomètres par heure au moins.

La seconde se fera au moyen d'un train composé, quant au poids des véhicules, comme les trains de voyageurs les plus lourds dont la circulation est à prévoir, et ayant une longueur au moins égale à celle de la plus grande des travées à éprouver. Ce train marchera successivement avec des vitesses de 35 et de 50 kilom. à l'heure.

Toutefois, la partie de l'épreuve relative à la circulation en grande vitesse pourra être ajournée jusqu'à l'époque où la voie, aux abords du pont, sera parfaitement consolidée.

Les prescriptions qui viennent d'être formulées s'appliquent aux ponts à une voie, ainsi qu'aux ponts à deux voies indépendantes, dont chacune sera éprouvée séparément; pour les ponts à deux voies solidaires entre elles, l'épreuve par poids mort se fera d'abord sur chaque voie séparément, l'autre restant libre, puis sur les deux voies simultanément.

Il en sera de même pour l'épreuve par poids roulant.

L'épreuve simultanée des deux voies se fera, dans ce cas, au moyen de deux trains marchant dans le même sens aux vitesses fixées ci-dessus.

Les dispositions de détail des épreuves seront réglées, dans chaque cas particulier, par les ingénieurs en chef du contrôle de la construction et de l'exploitation du chemin de fer, de concert avec la compagnie concessionnaire.

ART. 5. — La mise en circulation, sur le tablier du pont, de locomotives dont le poids, tender compris, dépasserait notablement 72 tonnes, ne pourra avoir lieu qu'en vertu d'une autorisation spéciale du Ministre des travaux publics.

ART. 6. — Lorsque le poids du matériel roulant, destiné à circuler sur le pont, sera notablement inférieur à celui qui correspond au train d'essai défini à l'article 4, *l'Administration supérieure décidera* dans quelle mesure les indications données dans cet article et dans l'article 3 pourront être modifiées.

ART. 7. — *Elle se réserve d'ailleurs d'apprécier* les cas exceptionnels qui pourraient motiver des dérogations quelconques aux prescriptions du présent règlement.

PONTS SUPPORTANT DES VOIES DE TERRE

ARTICLE PREMIER. — Les ponts à travées métalliques dépendant des voies de terre devront être en état de livrer passage à toute voiture dont la circulation est autorisée par le règlement du 10 août 1852, sur la police du roulage et des messageries, c'est-à-dire aux voitures attelées au maximum de cinq chevaux si elles sont à deux roues, et de huit chevaux si elles sont à quatre roues.

ART. 2. — Les dimensions des pièces métalliques des travées seront calculées de telle sorte, que dans la position la plus défavorable des surcharges que l'ouvrage peut avoir à supporter, et notamment sous l'action des épreuves prescrites par l'article 3, le travail du métal, par millimètre carré de section, soit limité, savoir :

A *un* kilogramme *et demi* pour la *fonte* travaillant à l'extension directe;

A *trois* kilogrammes pour la *fonte* travaillant à l'extension dans une pièce fléchie ;

A *cinq* kilogrammes pour la *fonte* travaillant à la compression, soit directement, soit dans une pièce fléchie ;

A *six* kilogrammes pour le *fer forgé* ou *laminé*, tant à l'extension qu'à la compression.

Toutefois, l'Administration se réserve d'admettre des limites plus élevées *pour les grands ponts*, lorsque des justifications suffisantes seront produites en ce qui touche les qualités des matières, les formes et les dispositions des pièces.

ART. 3. — Dans les calculs de stabilité des travées, on admettra que le poids des plus lourdes voitures, véhicules et chargement, s'élève à 11 tonnes si elles sont à deux roues, et à 16 tonnes si elles sont à quatre roues, l'écartement des essieux étant d'ailleurs fixé pour ces dernières à 3 mètres.

Dans les localités où ces poids seraient exagérés, ils pourront être réduits, eu égard aux circonstances locales, sans que, dans aucun cas, le poids du véhicule et de son chargement puisse être inférieur à 6 tonnes pour les voitures à deux roues et à 8 tonnes pour les voitures à quatre roues, sur les routes soumises à la police du roulage.

En ce qui concerne le calcul des fermes longitudinales, on admettra pour la voie charretière celle des deux combinaisons de poids suivantes qui fera subir à ces fermes la plus grande fatigue, eu égard à leur portée, savoir : une surcharge uniformément répartie et évaluée à raison de 300 kilogrammes par mètre carré, ou bien une surcharge composée d'autant de voitures ayant les poids ci-dessus déterminés, que le tablier pourra en contenir avec leurs attelages, sur le nombre de files que comporte la largeur de la voie. On fera d'ailleurs le choix entre les voitures à deux ou à quatre roues, de manière à obtenir le plus grand travail du métal, et l'on supposera qu'une file de voitures occupe une zone de $2^m,50$ de largeur.

Dans les deux cas, les trottoirs seront censés porter une surcharge de 300 kilogrammes par mètre carré.

Les dimensions des pièces qui ne font point partie des fermes longitudinales, notamment celles des pièces de pont, seront calculées d'après les plus grands efforts qu'elles pourront avoir à supporter.

ART. 4. — Chaque travée métallique sera soumise à deux natures d'épreuves, l'une par poids mort, l'autre par poids roulant.

La première épreuve aura lieu au moyen d'une surcharge uniformément répartie de 300 kilogrammes par mètre carré de tablier, trottoirs compris. Cette charge devra demeurer en place pendant deux heures au moins après que les tassements auront cessé de se manifester dans le tablier.

Si le pont se compose de plusieurs travées solidaires, chacune sera d'abord chargée isolément ; puis on chargera simultanément les travées contiguës à chaque pile, à l'exclusion de toutes les autres.

Les travées dont les tabliers sont supportés par des arcs métalliques, seront d'abord chargées sur la totalité de leur portée et ensuite sur chaque moitié seulement.

On procédera à l'épreuve par poids roulant avec celles des voitures à deux roues ou à quatre roues qui, étant chargées comme il est dit à l'article 3, produiront le plus grand effort, eu égard à l'ouverture de la travée. Cette épreuve sera réalisée en faisant passer au pas, sur le tablier de la travée, autant de voitures qu'il en pourra contenir avec leurs attelages, sur le nombre de files que comportera la largeur de la voie charretière.

Pour les ponts à plusieurs travées solidaires, la longueur de chaque file de voitures devra embrasser la longueur totale des deux plus grandes travées consécutive

L'épreuve par poids mort, telle qu'elle est indiquée ci-dessus, n'est pas obligatoire pour les travées dont la portée ne dépasse pas 12 mètres. Mais pour les travées d'une portée moindre, on y suppléera en faisant stationner pendant deux heures au moins, sur le tablier, et de manière à le couvrir entièrement, l'ensemble des voitures destinées à l'épreuve par poids roulant.

ART. 5. — Le passage sur le tablier du pont de chargements notablement supérieurs à ceux qui auront été adoptés dans les calculs relatifs à la stabilité de l'ouvrage, ne pourra avoir lieu qu'en vertu d'une autorisation spéciale donnée par le préfet, conformément au rapport de l'ingénieur en chef du département.

ART. 6. — L'Administration supérieure se réserve d'apprécier les cas exceptionnels qui pourraient motiver des dérogations quelconques au présent règlement.

Veuillez, monsieur le Préfet, m'accuser réception de la présente circulaire, dont j'envoie ampliation à MM. les Ingénieurs en chef et aux Compagnies de chemins de fer.

Recevez, monsieur le Préfet, l'assurance de ma considération la plus distinguée.

Le Ministre des Travaux publics,

Signé : PARIS.

NOUVEAU RÈGLEMENT

POUR LES ÉPREUVES A FAIRE SUBIR AUX PONTS MÉTALLIQUES ÉTABLIS SUR LES CHEMINS VICINAUX

Paris, 26 mai 1881.

Monsieur le Préfet,

Une circulaire de M. le Ministre des Travaux publics, en date du 9 juillet 1877, a réglé les épreuves à faire subir aux ponts métalliques destinés aux routes nationales et départementales.

J'ai pensé qu'il convenait de soumettre les ponts métalliques établis sur les chemins vicinaux à des épreuves de même nature qui sont fixées ainsi qu'il suit :

ARTICLE PREMIER. — Les ponts à travées métalliques dépendant des chemins vicinaux devront être en état de livrer passage à toute voiture dont la circulation est autorisée par le règlement du 10 août 1852, sur la police du roulage et des messageries, c'est-à-dire aux voitures attelées au maximum de cinq chevaux, si elles sont à deux roues, et de huit chevaux, si elles sont à quatre roues.

ART. 2. — Les dimensions des pièces métalliques des travées seront calculées de telle sorte que, dans la position la plus défavorable des surcharges que l'ouvrage peut avoir à supporter, et notamment sous l'action des épreuves prescrites par l'article 3, le travail du métal par millimètre carré de section soit limité, savoir :

A *un* kilogramme et *demi* pour la *fonte* travaillant à l'extension directe ;

A *trois* kilogrammes pour la *fonte* travaillant à l'extension dans une pièce fléchie ;

A *cinq* kilogrammes pour la *fonte* travaillant à la compression, soit directement, soit dans une pièce fléchie ;

A *six* kilogrammes pour le *fer forgé* ou *laminé* tant à l'extension qu'à la compression.

Toutefois, l'administration supérieure se réserve d'admettre des limites plus élevées pour les grands ponts, lorsque des justifications suffisantes seront produites en ce qui touche les qualités des matières, les formes et les dispositions des pièces.

Art. 3. — Dans les calculs de stabilité des travées, on admettra que le poids des plus lourdes voitures, véhicules et chargement, s'élève à 11 tonnes si elles sont à deux roues, et à 16 tonnes si elles sont à quatre roues ; l'écartement des essieux étant d'ailleurs fixé, pour ces dernières, à 3 mètres.

Dans les localités où ces poids seraient exagérés, ils pourront être réduits eu égard aux circonstances locales, sans que, dans aucun cas, le poids du véhicule et de son chargement puisse être inférieur à 6 tonnes pour les voitures à deux roues et 8 tonnes pour les voitures à quatre roues, sur les chemins de grande communication et d'intérêt commun. Cette limite pourra encore être abaissée, s'il y a lieu, pour les ponts qui ne desservent que des chemins vicinaux ordinaires ou des chemins ruraux.

En ce qui concerne le calcul des fermes longitudinales, on admettra, pour la voie charretière, celle des deux combinaisons de poids suivantes qui fera subir à ces fermes la plus grande fatigue, eu égard à leur portée, savoir : une surcharge uniformément répartie et évaluée en raison de 300 kilogrammes par mètre carré, ou bien d'une surcharge composée d'autant de voitures, ayant les poids ci-dessus déterminés, que le tablier pourra en contenir, avec leur attelage ; sur le nombre de files que comporte la largeur de la voie. On fera d'ailleurs le choix entre les voitures à deux roues ou à quatre roues, de manière à obtenir le plus grand travail du métal, et l'on supposera qu'une file de voitures occupe une zone de 2 mètres de largeur.

Dans les deux cas, les trottoirs seront censés porter une surcharge de 300 kilogrammes par mètre carré.

Les dimensions des pièces qui ne font pas partie des fermes longitudinales, notamment celles des pièces de pont, seront calculées d'après les plus grands efforts qu'elles pourront avoir à supporter.

Art. 4. — Chaque travée métallique sera soumise à deux natures d'épreuves, l'une par poids mort, l'autre par poids roulant.

La première épreuve aura lieu au moyen d'une surcharge uniformément répartie de 300 kilogrammes par mètre carré de tablier, trottoirs compris. Cette charge devra demeurer en place pendant huit heures au moins après que les flexions auront cessé de se manifester dans le tablier.

Si le pont se compose de plusieurs travées solidaires, chacune sera chargée d'abord isolément, puis on chargera simultanément les travées contiguës à chaque pile, à l'exclusion de toutes les autres.

Les travées dont les tabliers seront supportés par des arcs métalliques seront d'abord chargées sur la totalité de leur portée et ensuite sur chaque moitié seulement.

On procédera à l'épreuve par poids roulant avec celles des voitures à deux roues ou à quatre roues qui, étant chargées comme il est dit à l'article 3, produiront le plus grand effort eu égard à l'ouverture de la travée. Cette épreuve sera réalisée en faisant passer au pas, sur le tablier de la travée, autant de voitures qu'il en pourra contenir avec leur attelages, sur le nombre de files que comportera la largeur de la voie charretière.

Pour les ponts à plusieurs travées solidaires, la longueur de chaque file de voitures devra embrasser la longueur totale des deux plus grandes travées consécutives.

ART. 5. — Le passage sur le tablier du pont de chargements notablement supérieurs à ceux qui auront été adoptés dans les calculs relatifs à la stabilité de l'ouvrage, ne pourra avoir lieu qu'en vertu d'une autorisation spéciale donnée par le préfet, conformément au rapport de l'agent voyer en chef du département.

ART. 6. — L'administration supérieure se réserve d'apprécier les cas exceptionnels qui pourraient motiver des dérogations quelconques au présent règlement.

Veuillez, Monsieur le Préfet, m'accuser réception de la présente circulaire, dont j'envoie un exemplaire à l'agent voyer en chef.

Recevez, etc.

Le Ministre de l'intérieur et des cultes,

CONSTANS.

NOUVEAU RÈGLEMENT

CONCERNANT LA HAUTEUR LIBRE SOUS LES PONTS FIXES

Le ministre des travaux publics, adoptant l'avis émis par le Conseil général des Ponts et Chaussées, a décidé :

1° Que sur les canaux dont les écluses ont 38ᵐ,50 de longueur utile de sas, conformément à la décision ministérielle du 20 juillet 1877, le minimum de la hauteur libre à ménager entre le plan d'eau normal et le dessous des ponts, dans toute la largeur du plafond du canal sous chaque pont, sera de 3ᵐ,70 ;

2° Qu'il ne sera fixé aucune hauteur pour ce qui concerne les rivières, mais que cette hauteur devra, dans chaque cas, faire l'objet de propositions spéciales motivées.

Nous empruntons à l'ouvrage de M. Pascal : *Traité des Ponts métalliques*, la liste des plus grands ponts construits jusqu'ici :

LONGUEURS DES TRAVÉES

1 Pont de Bommel, 118 mètres ;
2 Pont sur le Wal (en arc), 127 mètres ;
3 Pont de Saltash (Angleterre), 136 mètres ;
4 Pont sur le Britannia (droit), 138 mètres ;
5 Pont de Kulembourg, 147ᵐ,50 ;
6 Pont de Saint-Louis (Mississipi), 150 mètres ;

7 Pont de Pouchkepsie (droit), 157 mètres ;

8 Pont de Douro (Espagne), 172 mètres ;

9 Pont de Garabit (Cantal), 180 mètres ;

10 Pont du Niagara (suspendu), 200 mètres ;

11 Pont de Broocklin, 486 mètres, et travées extrêmes de 283 mètres ;

12 Pont sur la Tay (Ecosse), 519 mètres.

CHAPITRE VI

ESCALIERS EN FER

GÉNÉRALITÉS SUR LES ESCALIERS

Quoique notre programme ne comporte exclusivement que la construction proprement dite des escaliers en fer, c'est-à-dire l'application de ce métal à l'exclusion du bois, de la pierre, de la maçonnerie, etc., nous passerons cependant une rapide revue des principales dispositions et dimensions qu'on doit observer dans l'étude et dans la construction des escaliers, ainsi que des formes généralement employées.

Nous avons à cet effet réuni quelques-uns des divers types dont l'emploi est le plus fréquent.

L'escalier sert à mettre en communication les divers étages d'un bâtiment; c'est une suite de marches ou degrés placés les uns au-dessus des autres en encorbellement et formés de la partie horizontale, *giron* ou *marche*, et de la partie verticale ou *contremarche*.

DU GIRON

Dans les escaliers droits, la largeur de la marche, prise au milieu de sa longueur, est le *giron*.

Dans les escaliers balancés, ou à marches dansantes, de plus d'un mètre d'emmarchement, la largeur du giron doit être prise parallèlement à la projection horizontale de la rampe à $0^m,50$ de distance de celle-ci.

La ligne formée par les girons successifs prend le nom de *ligne de foulée*.

Cette distance de $0^m,50$ de la rampe représente l'axe de la place occupée par une personne montant ou descendant en s'appuyant sur la main courante.

BALANCEMENT

La répartition de la largeur des marches dans les parties courbes et droites se fait sur l'épure ; on détermine d'abord le nombre des marches dansantes jugées indispensables, on fixe la dimension minimum du plus petit collet, puis on prend au compas la dimension du giron et on trace en diminuant graduellement l'ouverture des branches jusqu'à la rendre égale au plus petit collet pris comme point de départ.

C'est par un tâtonnement, que la pratique rend facile, qu'on arrive au meilleur résultat. Les méthodes géométriques ne sont presque jamais employées et donnent toujours lieu à rectification.

HAUTEUR ET LARGEUR DES MARCHES ET PALIERS

La hauteur et la largeur des marches sont très variables, et en général commandées par l'emplacement réservé, ou *cage d'escalier ;* en principe, plus le giron ou largeur de marche à la ligne de foulée est considérable, plus la contremarche ou hauteur du degré doit être restreinte.

Les largeurs de marches varient de $0^m,23$ à $0^m,40$, et les hauteurs de $0^m,11$ à $0^m,19$, maximum et minimun qui ne doivent jamais être dépassés.

Les dimensions les plus communes donnent de $0^m,25$ à $0^m,35$ de largeur et $0^m,155$ à $0^m,165$ de hauteur ; dans ces limites, l'escalier est toujours facile à monter et peu fatigant.

Au rez-de-chaussée, on donne généralement plus de largeur aux trois premières marches ; à la première + $0^m,03$, à la seconde + $0^m,02$, et à la troisième + $0^m,01$; ainsi, par exemple, pour un escalier dont le giron est égal à $0^m,30$, la première marche aura $0^m,33$, la seconde $0^m,32$, et la troisième $0^m,31$.

Quand on n'est pas astreint à observer des dimensions fixes pour la cage et pour la hauteur à gravir, en étudiant un projet, par exemple, on peut établir la marche par $2\,h + l = 0^m,60$ à $0^m,66$, ou deux fois la hauteur et une fois la largeur, égalent $0^m,60$ à $0^m,66$, formule qui donne toujours un bon résultat.

On voit par là que plus le rampant d'escalier se rapproche de la verticale, plus les marches doivent être hautes, et que plus on se rapproche de l'horizontale, plus elles doivent être basses.

Un escalier ordinaire, pour être commode, doit se maintenir entre 24 et 30° d'inclinaison ; il doit être composé de marches de hauteurs uniformes, au moins pour chaque volée ou différence d'altitude entre les planchers (de parquet à parquet).

PALIERS

Les paliers les plus réduits doivent avoir au moins $0^m,80$, et, en tous cas, ne jamais être inférieurs à la somme de trois marches, mesurées horizontalement au giron, cela dit pour les escaliers de service et autres petits escaliers où l'on se trouve n'avoir à disposer que d'un espace restreint.

Dans tous les autres cas, il faut, règle générale, donner aux paliers la plus grande largeur possible.

NATURE ET DIMENSIONS DES MARCHES

Les marches se font en maçonnerie avec carrelage, ciment, etc., en bois de sapin, de pitchpin, de chêne, de hêtre (rarement), en pierre, en marbre, en fer.

Les épaisseurs pour les marches en bois varient de $0^m,027$ à $0^m,054$; pour de grands escaliers, de gares, par exemple, l'épaisseur des marches atteint $0^m,07$.

Le rabottage réduit ces dimensions de $0^m,003$ à $0^m,004$.

Les épaisseurs pour marches en pierre sont également variables ; elles sont ordinairement de $0^m,06$ à $0^m,08$; cependant, dans les escaliers peu exposés, on peut employer la plaquette de marbre jusqu'à la limite de

$0^m,03$ d'épaisseur, mais en ayant soin de la faire porter parfaitement sur une aire en plâtre ou en mortier.

Une question importante de la construction d'escalier, dont on doit se préoccuper à l'étude même du projet, est celle des échappées.

Dans l'escalier le plus fréquent, celui de la maison de rapport, on doit tenir compte :

1° De la hauteur d'échappée sous l'escalier pour la descente de cave ; il faut au moins quatorze marches pour obtenir une porte de 2 mètres de hauteur, dimension qui, suivant l'importance de la construction et sa destination, peut être réduite à $1^m,80$ et même $1^m,75$.

2° Le rez-de-chaussée ayant toujours une plus grande élévation que les autres étages, nécessite aussi un plus grand nombre de marches ; le palier d'arrivée étant invariable, on ne peut obtenir le nombre nécessaire qu'en avançant le départ dans le vestibule, de la quantité de marches exigée ; il en résulte que le palier du premier étage se trouve passer au-dessus de la sixième ou de la septième marche et réduit d'autant la hauteur d'échappée.

On obvie à cet inconvénient en augmentant la hauteur des marches pour en diminuer le nombre et passer avec le palier sur la troisième ou quatrième marche.

Les marches de la première révolution peuvent être sans inconvénient augmentées de $0^m,008$ à $0^m,010$; c'est surtout dans les étages supérieurs qu'il convient d'adoucir la rampe formée par les marches successives.

La hauteur d'échappée ne doit pas être inférieure à $2^m,20$; au-dessous de cette dimension, que nous donnons comme minimum, le passage des meubles dégrade le plafond.

Le départ d'escalier doit se trouver placé au-dessous du palier du premier étage.

DIVERSES DISPOSITIONS D'ESCALIERS

Echelle de meunier. — L'échelle de meunier est une simple rampe droite sans contremarches ; son inclinaison atteint et dépasse quelquefois 45° ; les dimensions de marches sont d'environ $0^m,20$, de la largeur et $0^m,20$ de hauteur.

La même disposition s'emploie aussi pour l'escalier de cave.

Escalier à rampe droite. — Cet escalier s'emploie généralement à l'extérieur ; ses dimensions sont celles ordinaires, de 0ᵐ,90 à 1ᵐ,20 de

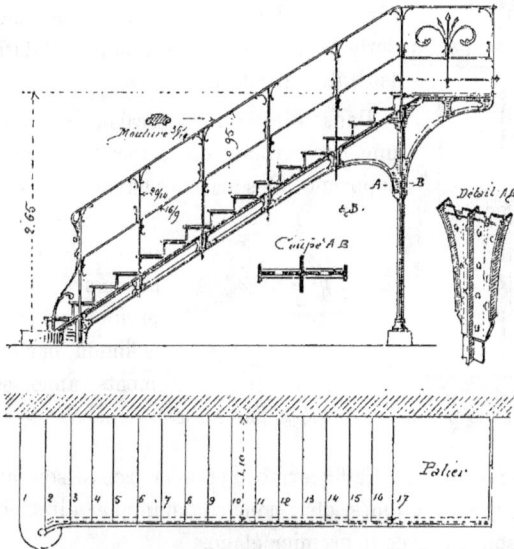

FIG. 210, 211, 212, 213 et 214.

longueur de marche ; il peut être porté sur consoles, colonne ou poteau.

Dans l'exemple que nous donnons figures 210, 211, le limon est composé de deux fers T 45/50, reliés par des goussets ou plaques en tôle de 0, 004 et repose sur un fer + de 0ᵐ,10 sur lequel les fers T inférieurs viennent s'amortir en forme de consoles.

Les figures 212, 213, 214 en indiquent l'assemblage et les détails. Une crémaillère en fer plat 30/7 reçoit les contremarches et les marches en tôle striée, dont l'autre extrémité va en scellement.

Escalier entre murs. — Dans cette disposition, le limon n'existe pas, marches et contremarches sont scellées à chaque extrémité ; les parois en maçonnerie servent à la fois de murs d'échiffre et de rampes ; souvent on scelle dans le mur une main-courante soit en fer rond, soit en fer plat recouvert d'une rampe en bois.

Nous reviendrons sur ce genre d'escalier en décrivant la construction des marches.

Escaliers en hélice, limaçons ou escargots. — Ces escaliers sont de deux genres : premièrement à noyau plein qui porte la totalité des marches, c'est l'escargot (fig. 215, 216); chaque contremarche est une sorte de potence indépendante solidarisée avec les autres par le limon.

Dans le cas où cet escalier est contenu dans une cage, ronde ou carrée, le limon peut être supprimé et les marches envoyées en scellement.

S'il y a seulement des points de contact avec les murs, on doit en profiter pour y sceller le limon par des scelle-ments rapportés et sou-lager d'autant les potences formées par les contremarches.

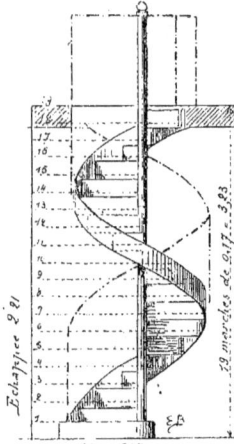

FIG. 215.

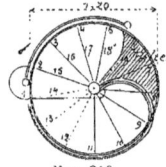

FIG. 216.

Tracé d'un limaçon. — Cette forme d'escalier trouve son application dans les magasins, boutiques, etc.; pour communiquer directement, soit avec le sous-sol, soit avec le premier étage.

On dispose ordinairement de peu de place et ces escaliers sont parfois réduits à $0^m,50$ et même $0^m,45$ d'emmarchement ou longueur de marche; ainsi réduit, le giron, ou plutôt la largeur de la marche au milieu, est très faible, $0^m,15$ pour $0^m,50$ de longueur de marche; il se présente alors, ici aussi, la difficulté de l'échappée ou hauteur nécessaire pour se tenir debout pendant la montée ou la descente.

Cette hauteur, à de rares exceptions près, et pour que l'escalier remplisse le but qui lui est assigné, ne doit pas être inférieur à $1^m,85$ ou $1^m,90$; il est facile de comprendre qu'il devient alors impossible d'augmenter la largeur des marches.

Si, par exemple, nous voulons avoir $0^m,25$ pour poser solidement le pied, nous aurons alors, en tablant sur un escargot de $0^m,50$ d'emmarchement, $0^m,30$ de rayon en comptant le rayon d'un noyau de $0^m,10$, soit $2 \pi R = 1^m,8849$ de circonférence au milieu de la marche, et si nous divisons $1^m,8849$ par $0^m,25$ nous obtiendrons sept marches et demi environ; prenons-en huit et comptons sur le maximum de hauteur de $0^m,19$, nous aurons $1^m,52$ d'élévation entre la marche n° 1 et celle n° 8, espace insuffisant pour se tenir debout.

On voit donc que ces petits escaliers sont forcément limités et arrêtés pour les hauteurs et largeurs des marches par une règle invariable, imposant une division fixe en plan et une hauteur de marche minima.

C'est pour éviter les pertes de temps occasionnées par le tâtonnement que nous donnons ici le procédé de traçage employé par les constructeurs spéciaux et qui assure toujours une échappée suffisante.

Les dimensions d'emplacement et de hauteur à monter étant déterminées, on divise la circonférence en *treize* parties égales (fig. 216) et la hauteur en degrés de $0^m,17$ au moins.

Treize marches en plan donnent quatorze hauteurs, en déduisant celle de la quatorzième, sous laquelle il faut passer : on aura de passage libre $0^m,17 \times 13 = 2^m,21$; et, si l'on compte l'échappée à l'arrivée, on aura, pour former le palier, deux marches à déduire, ou $2^m,21 - 0^m,34 = 1^m,87$.

Pour augmenter le plus possible l'échappée, on donne au palier la forme courbe qu'indique la partie hachurée (fig. 216).

Dans la construction en fer, le noyau se fait suivant l'importance de l'emmarchement, en tubes de $0^m,08$ à $0^m,14$ de diamètre, le limon en feuillard ou tôle de $0,003$ à $0^m,004$, les contremarches en $0^m,002$ $^1/_2$ ou $0^m,003$.

Les contremarches sont habillées haut et bas d'une cornière, de même aux extrémités, et assemblées à vis sur le limon et sur le noyau.

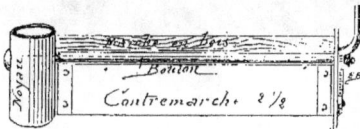

FIG. 217.

Nous donnons (fig. 217) une disposition d'une très grande solidité qui permet, dans les escaliers de petites dimensions, de remplacer le limon par un simple fer plat de 50/7.

Cette disposition consiste à prendre la cornière bordant la marche à l'extrémité extérieure, plus large d'aile, $0^m,045$ environ, et passer un boulon de $0^m,014$ qui traverse le noyau, passe sous la marche et vient assembler le montant de rampe.

Le deuxième genre d'escalier en hélice est à noyau évidé, plus proprement appelé escalier circulaire à jour.

Cet escalier est beaucoup plus commode que l'escalier à noyau plein, mais, aussi, nécessite plus de place, moins cependant que les autres dispositions carrées, rectangulaires, etc.; il se prête aussi bien mieux à la décoration et peut être employé dans les habitations particulières, magasins, bureaux, etc. La partie d'évidement ou jour doit se maintenir entre 0ᵐ,40 et 0ᵐ,60.

Les forme elliptique, ovale, sont des variantes de l'escalier circulaire à jour ; celle en huit que nous donnons (fig. 218) est très décorative.

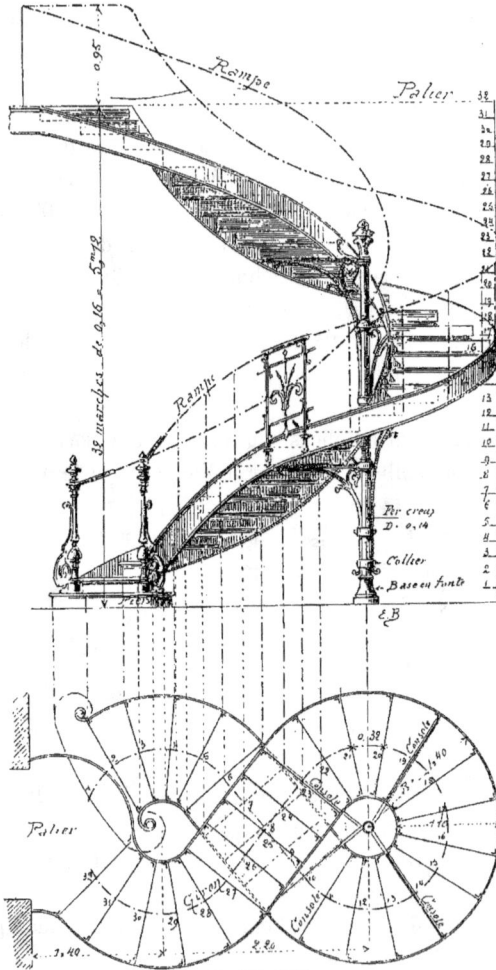

Fig. 218 et 219.

C'est principalement dans ces dispositions spéciales que le fer montre bien tous ses avantages, tant sous le rapport de la fabrication, des épures, du débillardement, que sous celui de l'élégance, de la légèreté et de la délicatesse des formes.

La construction du type que nous donnons figures 218, 219, 220 est excessivement simple ; un double limon prenant la forme indiquée est réuni par des contremarches en tôle armées de cornières et fers Z, suivant le croquis figure 222 ; un découpage ajourant chaque extrémité des marches vient allégir l'ensemble, et un tapis de 0m,70 à 0m,75, placé au centre, est maintenu par des tringles à tapis qui sont portées par des pitons, comme on le voit figure 221 ; la figure 222 donne la coupe de la contremarche.

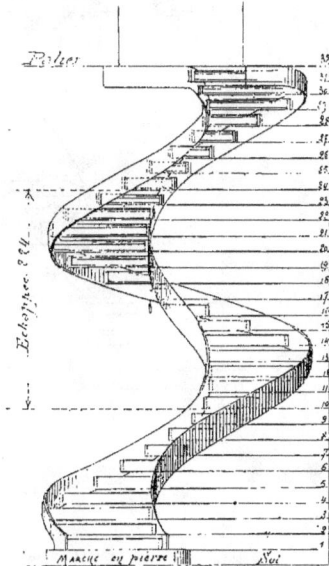

FIG. 220.

Un des anneaux du 8 est porté par une colonnette centrale sur laquelle quatre consoles viennent répartir la charge ; cette colonnette peut être motivée par un lampadaire, une applique à globes ou tout autre éclairage décoratif.

La partie supérieure est portée soit sur solives d'encorbellement

FIG. 221.

(comme nous les décrivons plus loin en traitant des paliers), soit sur des

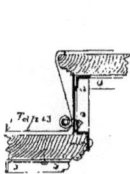

FIG. 222.

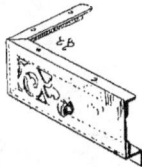

FIG. 223.

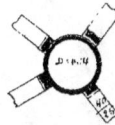

FIG. 224.

consoles ou une deuxième colonne disposée dans l'axe de l'autre anneau du 8.

Cet escalier peut encore être construit avec quatre colonnes, placées aux points d'intersections formés sur le plan par les limons en les écar-

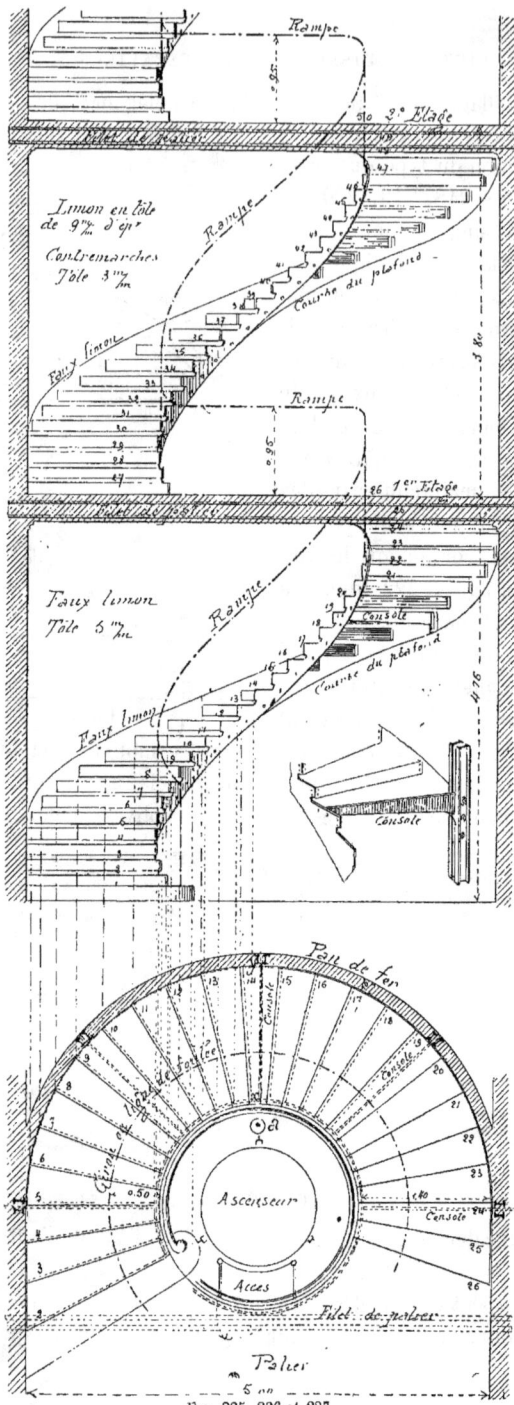

FIG. 225, 226 et 227.

tant assez pour laisser la place nécessaire à la main-courante et le passage de la main.

Les figures 223, 224 montrent le détail de la contremarche et la disposition des consoles sur la colonnette.

L'escalier circulaire s'applique aussi aux maisons de rapport, mais avec un jour plus considérable, et paliers de grandes dimensions; sa largeur d'emmarchement varie alors de 1^m,20 à 1^m,50.

Le cas que nous donnons figures 225, 226, 227, est contenu dans une cage construite en pans de fer de 0^m,15 d'épaisseur, enduits compris; les scellements étant impossibles à faire dans une cloison mince, chaque volée porte sur cinq consoles en tôle de 0^m,011 boulonnées entre les doubles montants métalliques et

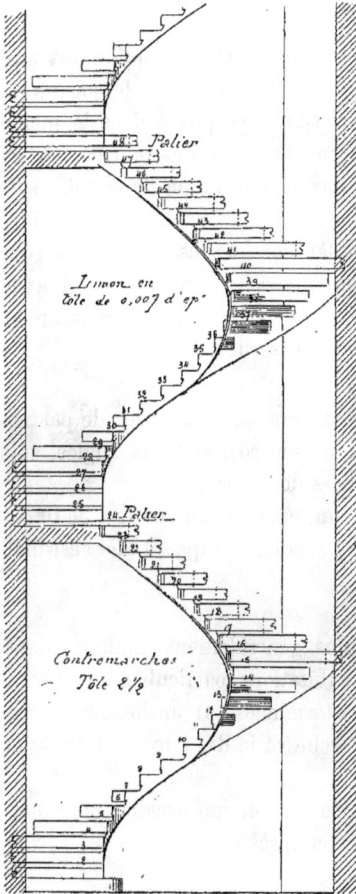

FIG. 228.

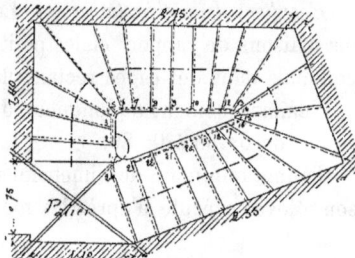

FIG. 229.

assemblées sur le limon au moyen de fortes équerres. Pour réunir les contremarches, un faux-limon en tôle de 0^m,005 occupe le pourtour de la cage.

Cet escalier est préparé pour recevoir un ascenseur; le jour à 1^m,90 à l'intérieur de la rampe; on peut y faire fonctionner une cabine de 1^m,20 de diamètre en s'écartant suffisamment de la rampe pour éviter l'effet de guillotine qui se produit lorsque la cabine d'ascenseur passe près du limon. On est alors, dans ce cas, obligé de surélever la rampe ou de garnir tout le jour d'escalier d'un réseau métallique qui donne assez l'idée d'une cage. Ces moyens remplissent le but, mais sont d'un effet qui laisse beaucoup à désirer.

Escalier à un seul limon médian sans jour. — Cette solution est motivée lorsqu'on se trouve avoir à établir un escalier avec le maximum possible d'emmarchement; les limons sont superposés dans le même plan pour toutes les volées, au-dessus les uns des autres, et les mains-courantes viennent s'amortir sous chaque limon de la volée suivante.

Ces escaliers se font par volée complète lorsque les paliers d'arrivée et de départ ne se trouvent pas les uns au-dessus des autres, et avec paliers intermédiaires si les arrivées et les départs sont superposés; ils sont principalement employés pour lycées, casernes, etc.

Escaliers rompus en paliers. — Ces escaliers sont composés de parties droites, suivant les murs de la cage, et séparés, soit aux angles, soit pour accès intermédiaires, par des paliers de repos.

Les figures 228, 229, représentent un escalier de service de $0^m,85$ de largeur qui est un cas mixte de l'escalier rompu et de l'escalier balancé.

Escaliers demi-circulaires. — Les plus généralement employés dans les maisons de rapport et les petites habitations particulières, ils sont contenus dans des cages rectangulaires terminées par un hémicycle.

L'emmarchement ou longueur de marche varie de 1 mètre à $1^m,30$ et le jour de $0^m,35$ à $0^m,80$.

Comme minimum de dimensions, nous citerons un escalier pour maison à loyer exécuté d'après les mesures ci-après :

Largeur de la cage	$2^m,30$
Longueur de la cage	$3^m,30$
Largeur des marches au giron	$0^m,23$
Longueur des marches	$1^m,02$

Les hauteurs de marches sont de $0^m,17$ dans la première volée, et $0^m,16$ dans les autres.

Le rez-de-chaussée a $3^m,40$ et les étages $2^m,90$ de parquet à parquet.

Mais il est bien entendu que nous donnons cet exemple comme un minimum absolu, que ces dimensions sont à peine suffisantes et qu'on ne doit les employer que si les exigences de plan et de terrain ne permettent pas de faire autrement.

Si le jour est assez considérable, 0ᵐ,75 au moins, les marches peuvent être balancées radialement, c'est-à-dire que leurs prolongements viennent converger au centre ; cependant, pour adoucir le passage de la partie courbe à la partie droite, il est bon de balancer encore de trois à six marches, suivant l'importance de l'escalier ; les autres marches sont parallèles entre elles.

Si, par suite de l'exiguité de la cage, le jour se trouve réduit à 0ᵐ,30, toutes les marches seront dansantes ou balancées.

Escalier à double révolution. — L'escalier à double révolution est employé dans beaucoup d'édifices ; il comporte, qu'il soit carré, rectangulaire ou rond, une montée médiane de grande largeur et deux montées latérales de dimension moindre, environ le rapport de 1 1/2 à 2.

Cette disposition, en proportions plus restreintes, est employée dans

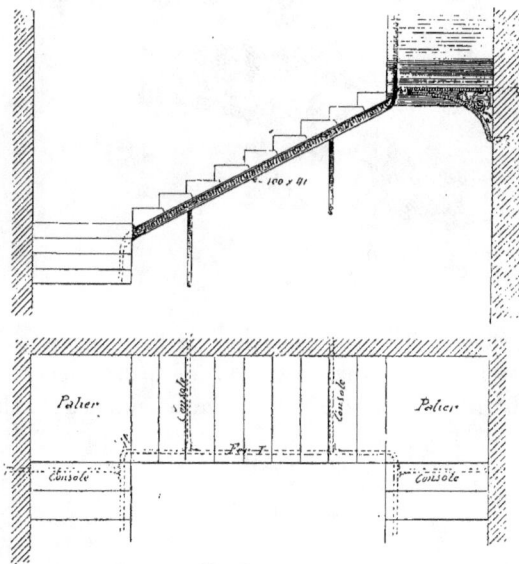

Fig. 230 et 231.

beaucoup de magasins importants et se prête à une décoration sobre, aussi bien qu'à une grande richesse d'ornementation.

Escaliers en fer à cheval. — Cette forme est principalement appliquée à l'extérieur ; prise au point de vue monumental, elle est d'un effet grandiose, l'escalier de Fontainebleau en donne un magnifique exemple.

Construite en fer, elle est surtout applicable aux perrons à double rampe : les murs d'échiffre, colonnes ou piliers employés pour les escaliers en pierre sont remplacés dans la construction en fer par des colonnes et des consoles, ornées dans le goût et le style de l'ensemble du bâtiment auquel l'escalier est adossé.

Faux-limons. — Les faux-limons sont des limons partiels placés au droit des baies que rencontre un escalier; ils sont, dans ce cas, garnis de rampes dans la largeur de ces baies.

Comme on l'a vu précédemment, le faux-limon peut garnir tout le pourtour de la cage, quand il doit recevoir les abouts des contre-marches.

Consolidation d'escalier en pierre. — L'escalier dont nous donnons la consolidation est construit en pierre de Volvic, lave volcanique (fig. 230,

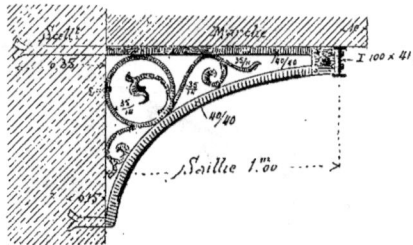

Fig. 232.

231); les marches droites sont encastrées de $0^m,10$ seulement dans le mur. Des consoles en fer carré (fig. 232) de $0^m,04$ supportent un fer double T de $0^m,100$ qui passe à $0^m,10$ de l'extrémité des marches.

RAMPES

La rampe ou main-courante d'un escalier ne doit jamais avoir une hauteur inférieure à 1 mètre, soit au palier, soit mesurée verticalement du dessus du nez ou astragale de la marche jusqu'au-dessus de la main-courante. On fait quelquefois cependant des rampes qui n'ont que $0^m,90$ de hauteur, mais c'est la limite extrême qu'il convient de ne pas dépasser.

Les écartements de barreaux doivent avoir de jour $0^m,13$ à $0^m,14$, soit environ $0^m,16$ maximum d'axe en axe.

Dans les rampes dites à remplissage, c'est-à-dire composées d'ornements en fer forgé, les jours mesurés aux côtés ne doivent pas dépasser $0^m,15$, surtout dans la partie inférieure.

Sur les rampes d'escaliers de lycées, collèges, écoles, et en général les escaliers fréquentés par des enfants, il est d'usage de disposer, de mètre en mètre, des boules en cuivre ou autre métal formant obstacles au glissement sur la rampe.

Nous traiterons plus loin les divers modes d'attache des barreaux sur les limons, ainsi que de leurs dimensions.

Une question étrangère à notre sujet, mais sur laquelle il nous paraît utile d'appeler l'attention des constructeurs, est la disposition de l'éclairage dans une rampe à barreaux.

Supposons l'éclairage placé en a de la figure 226, l'ombre portée viendra couper la marche suivant la ligne $x\ y$.

Les marches cirées se confondent entre elles à la descente et ne présentent que peu de différence de ton, surtout si les bois sont beaux et de même teinte ; il arrive alors qu'il y a tendance à prendre l'ombre portée du barreau pour la limite de la marche et poser le pied en porte à faux.

Nous avons observé cette disposition défectueuse dans beaucoup d'escaliers et croyons qu'on peut l'éviter de diverses manières, soit, par exemple, en prenant la lumière suspendue au-dessous de chaque palier, on aura des lignes d'ombre très courtes et coupant les marches plus en biais.

CONSTRUCTION DES ESCALIERS EN FER

PRINCIPAUX AVANTAGES DE L'EMPLOI DU FER

L'incombustibilité, la sécurité qu'offrent ses scellements, son incorruptibilité des parties encastrées et enfin sa grande résistance, toutes propriétés bien connues, montrent assez la supériorité du fer sur les autres matériaux.

Sans vouloir ici faire le procès du bois, nous devons cependant dire que celui employé maintenant laisse en général beaucoup à désirer ; il est vert, se gerce, se fend, les parties scellées se détériorent promptement, les joints s'ouvrent dans les assemblages, et le défaut d'horizontalité des marches produit par l'affaissement de l'ensemble rend inévitable le glissement du pied et les chutes.

Les autres avantages ont trait à la fabrication ; on sait le travail d'épure que nécessite le tracé d'un limon en bois, son débillardement, ses assemblages, etc.; pour le fer, le limon tracé comme nous l'indiquons plus loin en parlant des épures (voir *Eléments géométriques*), il ne reste plus qu'à le cintrer dans les quartiers tournants ; on trace, pour cela, sur le limon, un certain nombre de verticales, perpendiculaires à la ligne de base de l'épure, qui servent à indiquer le coup au cintreur (ce travail se fait au marteau) et à donner à la pièce la position propre à faciliter la régularité de sa courbe ; au levage, le limon mis en place, ces lignes doivent être conformes à la direction du fil à plomb.

L'escalier en fer, plafonné ou apparent, se prête à la décoration au moins aussi bien que ceux construits avec les autres matériaux.

Dans les escaliers à limons superposés, sans jour, on gagne au profit de l'emmarchement la différence d'épaisseur du limon en bois ou en pierre, avec le limon en fer, soit $0^m,07$ au moins.

Disons enfin que, grâce aux progrès constants des procédés de fabrication, le prix des escaliers en fer tend de plus en plus à se rapprocher du prix des escaliers en bois.

DIVERSES COMPOSITIONS DE MARCHES

MARCHES EN FER ET MAÇONNERIE

Nous donnons deux façons différentes de construire ces marches. Généralement employées entre murs sans limons, pour petits escaliers de théâtres ou autres édifices (fig. 233), d'une incombustibilité aussi absolue que possible, ces marches sont composées de deux cornières 40/40 et 40/20 ; celle supérieure forme nez de marche et celle inférieure est percée de trous dans lesquels on introduit des fentons ou côtes de vaches destinés à former paillasse au hourdi ; l'intérieur est garni en

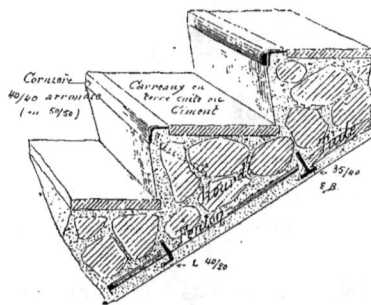

Fig. 233.

gravois ou débris de moellons hourdés en plâtre ou mortier, suivant les localités où l'on construit.

Ces deux cornières sont scellées dans les murs aux deux extrémités et celle supérieure porte dans sa longueur deux ou trois pattes à scellement qui la relient avec la maçonnerie.

On peut aussi remplacer la cornière inférieure par un fer T 35/40 placé la crête en l'air et dans les feuillures duquel viennent reposer des tuiles plates de pays ; le tout est hourdé comme il est dit ci-dessus et plafonné en dessous.

Si l'on veut obtenir une forme moins anguleuse au nez de marche, il suffit d'y rapporter un fer demi-rond de 30/14 environ.

L'aire de ces marches est faite d'un carrelage en terre cuite (carreaux carrés) ou en ciment bouchardé.

La deuxième solution (fig. 234) consiste à prendre pour contremarche des fers U de dimension convenable, 0^m,16 environ de hauteur, par exemple, scellés aux extrémités dans les murs à des hauteurs et dis-

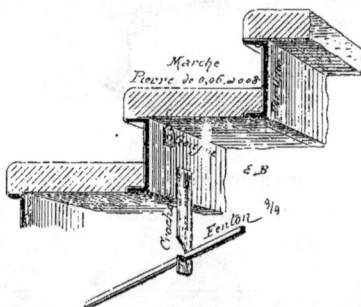

Fig. 234.

tances successives. Une dalle en pierre entaillée à la partie postérieure s'il y a lieu, pour regagner la différence de hauteur entre le fer U choisi et la hauteur réelle de la marche, repose simplement sur les fers et est scellée aux extrémités.

Ces marches peuvent être apparentes ou plafonnées ; dans ce dernier cas, il suffit de fixer à la contremarche des crochets de suspension de fentons, espacés de 0^m,20 à 0^m,25.

On comprend que ces deux genres de marches sont également susceptibles d'être employés avec limons en fer plein ou à crémaillère ; le scellement de contremarche est remplacé par des assemblages à équerres boulonnées et celui de la marche en pierre par deux goujons fixes sur la contremarche qui pénètrent dans la pierre et l'arrêtent.

MARCHES EN PIERRE

La contremarche destinée à recevoir une marche en pierre ou en marbre est composée de la manière suivante : la contremarche est en tôle de 0^m,003 à 0^m,004, d'une hauteur égale à la marche, moins l'épaisseur de la dalle formant ladite marche, qui varie de 0^m,06 à 0^m,08 ; elle est habillée en haut d'une cornière 30/30 assemblée à rivets fraisés à l'extérieur et écrasés de tête, ou boutrollés à l'intérieur, si le dessous doit rester apparent.

Aux extrémités, la contremarche est assemblée sur le limon d'une part par une équerre, et scellée de l'autre dans le mur à 0^m,10 de profondeur ; la partie en scellement est fendue et ouverte pour former queue dans la maçonnerie.

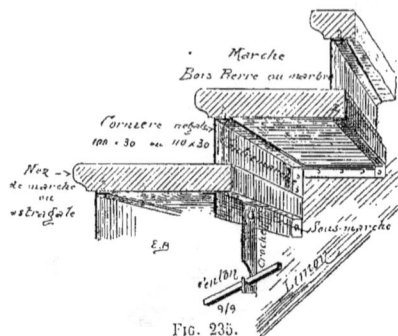

Marche
Bois Pierre ou marbre
Cornière inégale 100 × 30 ou 110 × 30
Nez de marche ou astragale
Sous-marche
Limon
scellon
9/9

Fig. 235.

Sous la dalle ou marche est placée une cornière dite sous-marche de 50/30, fixée également à équerre sur le limon et scellée de l'autre extrémité.

Si l'escalier doit rester apparent en dessous, on peut disposer la cornière sous-marche comme en Z, c'est-à-dire lui faire former feuillure (fig. 235).

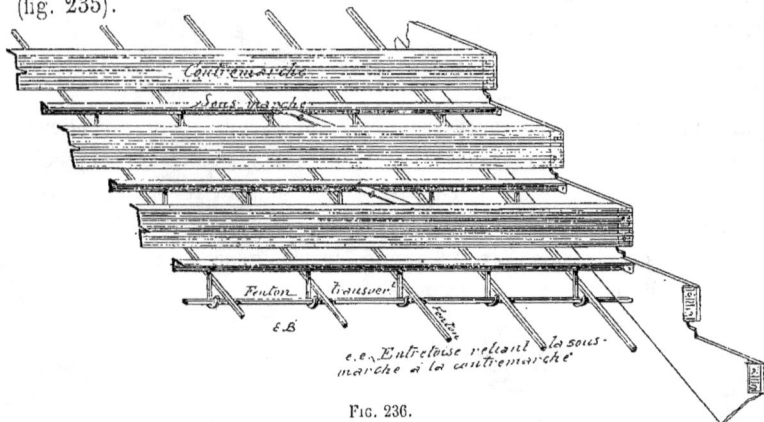

Contremarche
Sous-marche
Fenton transver
E B
e.e. Entretoise reliant la sous-marche à la contremarche

Fig. 236.

Si l'escalier est plafonné, la cornière sous-marche porte des crochets de suspension de fentons, comme dans le cas précédent.

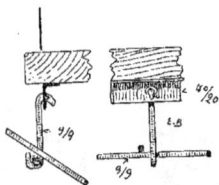

Ces suspensions sont en fer rond ou carré et s'accrochent dans un trou percé dans la sous-marche (voir fig. 237, 238).

Fig. 237 et 238.

Le découpage du limon dans un travail bien fait est entièrement garni de cornières 30/30, sur lesquelles la marche repose comme sur un cadre complet.

Pour fixer la marche, il suffit d'un scellement à la cornière sous-marche, et l'extrémité opposée au limon scellée dans le mur.

Dans le cas où l'on veut obtenir des marches démontables, on fixe deux goujons sur la cornière de la contremarche ; dans la dalle sont préparées deux logettes pour lesdits goujons; on introduit la dalle entre la contremarche et la sous-marche et on laisse reposer ; les goujons prennent leur place dans les logettes et la marche ne peut plus se déplacer. La figure 236 montre la disposition d'ensemble d'un escalier en fer préparé pour recevoir des marches en pierre (vue en dessus).

MARCHES EN BOIS FIXES

L'escalier ordinaire, à marches en bois fixes, est le plus simple comme construction (fig. 239).

La contremarche, en feuillard ou tôle de 0ᵐ,002 1/2 à 0ᵐ,003 d'épaisseur, dépasse de 0ᵐ,005 à 0ᵐ,007 le découpage du limon, et cette différence vient s'engager dans une rainure poussée longitudinalement dans la marche ; cette contremarche est garnie en haut, sur sa longueur, de trois équerres ou bouts de cornière

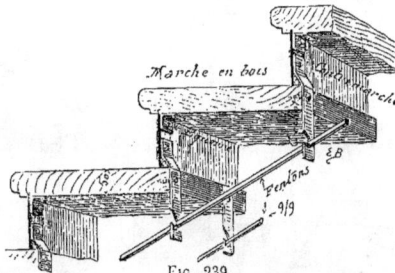

Fig. 239.

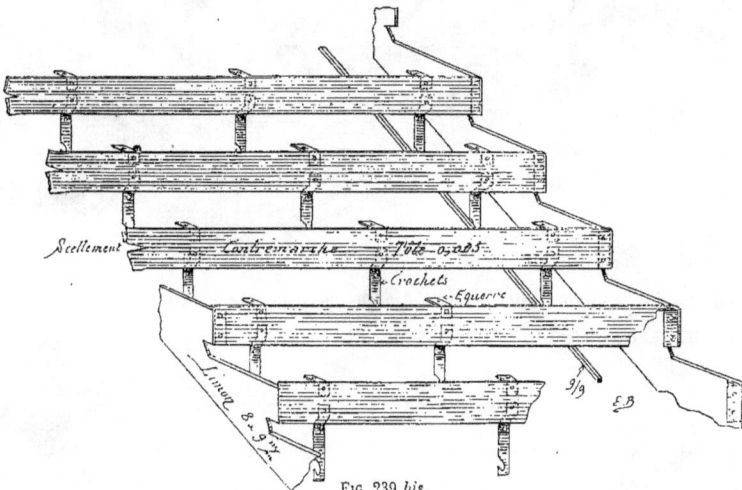

Fig. 239 bis.

35/35 et 0ᵐ,035 à 0ᵐ,040 de longueur, rivés et portant des trous de

passage de vis pour arrêter la marche (fig. 239 *bis* vue en dessus).

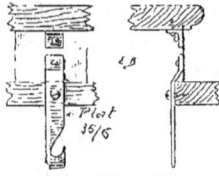

Cette contremarche porte en bas trois crochets renvoyés qui supportent les fentons et portent un trou pour fixer par une vis la marche à la contremarche (fig. 240, 241). La figure 242 montre la disposition d'ensemble de l'escalier vu en dessous avec suspensions des marches et des fentons.

Fig. 240 et 241.

Pour compléter la suspension des fentons, on place entre les grands

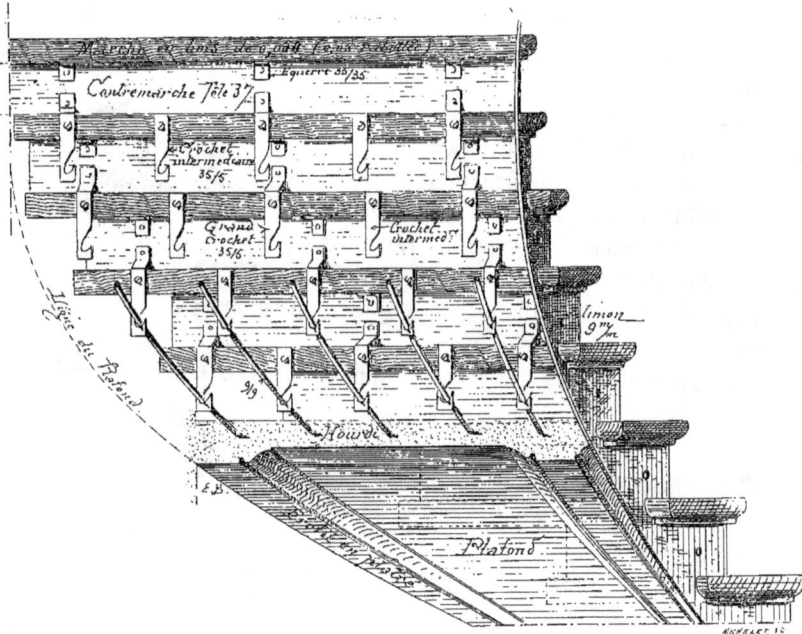

Fig. 242.

crochets des suspensions intermédiaires représentées figures 243, 244, qui sont fixées sur la marche en bois.

MARCHES EN BOIS DÉMONTABLES

Il serait inutile d'insister sur les avantages que présentent l'amovibilité des marches; il est en effet précieux de pouvoir, sans faire de dégradations, changer les marches dont l'usage est devenu impossible par suite de défauts ou d'usure.

Premier exemple. — La combinaison la plus économique est celle que nous représentons figure 245 ; sa construction est presque identique à la précédente (marche fixe), mais avec sous-marche en cornière 40/20 et faux-limon ; toute la suspension des fentons porte sur la sous-marche ; les crochets, semblables à ceux représentés sur les croquis (fig. 243, 244), sont vissés ou rivés sur la cornière.

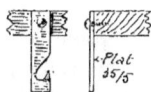

Fig. 243 et 244.

Comme dans le cas précédent, la contremarche dépasse la partie

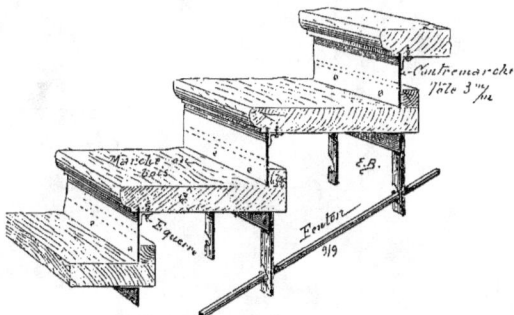

Fig. 245.

horizontale du découpage de limon ; la marche est rainée de même et porte à la partie postérieure un liteau de chêne de $0^m,03 \times 0^m,03$ et $0^m,50$ de longueur qui est cloué sur la marche.

Les trois équerres destinées à assembler la contremarche à la marche sont fixées sur cette dernière.

Le mode de démontage fera bien comprendre ce système ; les opérations nécessaires sont les suivantes :

1° Commencer par dévisser les deux extrémités de la contremarche assemblée sur les limons au-dessus de la marche à enlever ;

2° Dévisser les trois vis qui passent dans la contremarche et s'engagent dans les trois équerres fixées à la marche ; dévisser de même les deux vis qui fixent le bas de la contremarche au liteau ;

3° Sortir cette contremarche ;

4° Dévisser les trois vis du haut de la contremarche immédiatement au-dessous ;

5° Sortir la marche, qui est alors libre.

Deuxième exemple. — La contremarche, toujours comprise entre deux limons, est composée d'un fer Z à la partie supérieure, et à la

partie inférieure d'une cornière dans laquelle sont rivés deux goujons
(fig. 246).

On place la marche dans laquelle s'engagent les goujons, puis on
la laisse retomber dans le fer Z et on fixe à vis sous le nez de
marche.

Troisième exemple. — La contremarche composée d'une cornière
110/30, armée en haut d'une cornière 25/25, ou même d'un feuillard et

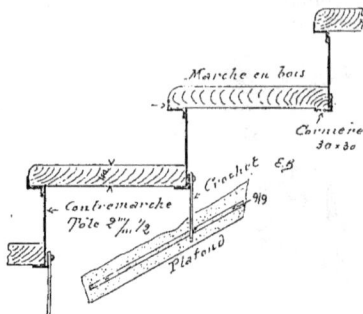

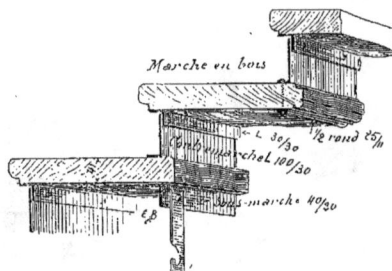

Fig. 246.   Fig. 247.

deux cornières, ou même encore simplement de la cornière 110/30 avec
la petite aile à la partie supérieure et une sous-marche en cornière
de 40/20 (fig. 247).

La marche joue librement entre la contremarche et la sous-marche et
est fixée à vis sous l'astragale; il ne faut donc, pour sortir la marche, que
dévisser quatre vis sur la longueur.

Quatrième exemple. — Ce système, breveté, est construit par la
Société des ateliers de Neuilly, O. André, directeur (fig. 248).

Il consiste en une contremarche en cornière de 100/30, 110/30 ou
135/30 (suivant les hauteurs de marches) assemblée avec un fer U 50/30
qui forme à la fois feuillure et sous-marche.

La suspension des fentons est faite comme pour les autres systèmes,
mais seulement rivée ou accrochée sur le fer U formant sous-marche.

La marche, d'une construction spéciale, est rainée transversalement
de trois rainures en forme de T, faites d'un trait de scie à mi-bois
pour la partie verticale et d'une passe de toupie pour la rainure double
horizontale. Dans ces rainures viennent s'introduire des fers T 30/35
qui font l'office de barres à queues et empêchent la marche de voiler tout
en permettant au bois de se gonfler ou de se retirer librement, suivant
les variations atmosphériques (fig. 249).

C'est surtout dans les cages d'escaliers chauffées que ce système peut être utilement employé.

La partie antérieure du fer T est garnie d'un crampon à fourchette,

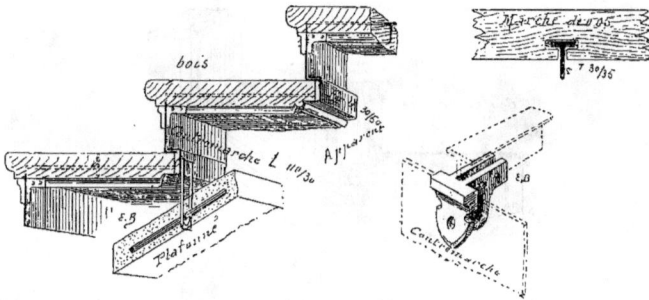

FIG. 248, 249 et 250.

rivé sur ledit fer, qui vient se fixer sur la contremarche, comme l'indique la figure 250, et l'autre extrémité repose dans le fer U.

Pour démonter la marche, il suffit de sortir les vis qui fixent les crampons ou modillons et soulever la marche en tirant à soi.

MARCHES SUR CRÉMAILLÈRE EN FER PLAT

La crémaillère est composée de fers plats coudés et fixés sur le limon au moyen de vis; on peut décorer les jours par un rinceau en fer, comme on le voit figure 251.

La contremarche fixée aux extrémités, à plat sur la crémaillère, est

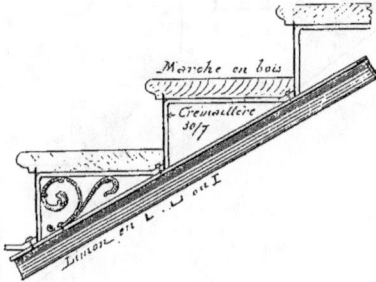

FIG. 251.

armée en haut d'une cornière et descend jusqu'au-dessous de la marche à laquelle elle est fixée par des vis.

Cet escalier est apparent en dessous.

La tôle striée ne s'emploie guère que pour les escaliers d'usines et quelquefois pour de petits escaliers extérieurs (fig. 252).

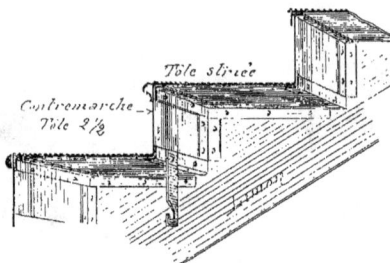

Fig. 252.

La contremarche en tôle porte deux cornières haut et bas sur lesquelles vient se fixer la marche au moyen de vis.

Ces escaliers peuvent être apparents ou plafonnés.

LIMONS

LIMONS A CRÉMAILLÈRE (DÉCOUPÉS)

Les limons les plus employés dans la construction des escaliers en fer sont ceux découpés ou à crémaillère.

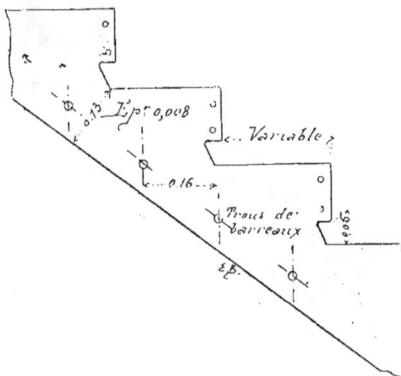

Fig. 253.

Suivant l'épure, on peut prendre le limon en grande longueur s'il est droit, dans un large plat de 0^m,300 sur 0^m,007 à 0^m,009 d'épaisseur ; la

section maxima d'un limon donne d'ordinaire 0ᵐ,300 de hauteur, et il
convient, pour avoir une sécurité suffisante, de laisser un minimum,
découpage fait, de 0ᵐ,13 à 0ᵐ,15 ; cette section de la plus faible partie
du limon sera variable suivant l'épaisseur qu'on donnera à ce dernier,
mais en tablant sur 0ᵐ,008 à 0ᵐ,009 d'épaisseur, on peut en toute sécurité prendre comme section réduite 0ᵐ,14 à 0ᵐ,15 pour les escaliers à
marches en pierre.

Dans les escaliers balancés, qui donnent des formes très irrégulières,
on découpe les limons dans des feuilles de tôle de grandes dimensions
pour éviter de faire des joints fréquents (fig. 253).

Le joint se fait dans la plus faible section du limon, comme l'indique

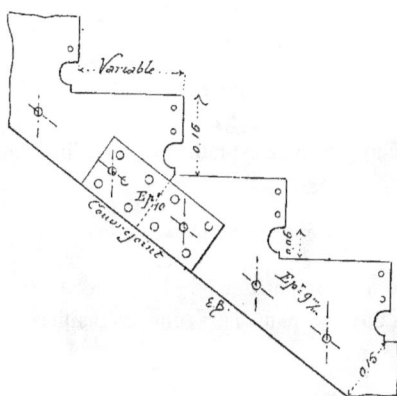

Fig. 254.

la figure 254 ; l'assemblage est fait d'un couvre-joint en tôle de même
épaisseur, soit 0ᵐ,008 à 0ᵐ,009 fixé sur chaque partie du limon à assembler, au moyen de cinq rivets fraisés d'un côté et cinq boulons également
ment fraisés sur l'autre partie du limon pour le montage à la pose.

LIMONS A CRÉMAILLÈRE, COMPOSÉS

Les chutes provenant d'autres travaux peuvent être employées pour
construire de faux-limons, ou limons d'applique, contre les cloisons trop minces, pour permettre des scellements ; on réunit les
divers éléments qui doivent composer la crémaillère par pièces d'une
marche au moins, découpées dans les chutes, par un fer plat dont la
force varie avec la portée ou le nombre de scellements qu'on peut
faire.

Comme le montre la figure 255, un limon fait de cette manière peut

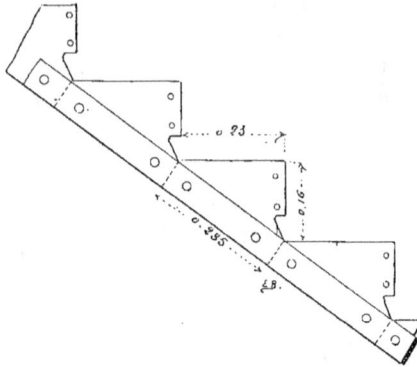

Fɪɢ. 255.

aussi être employé apparent, c'est-à-dire comme limon principal.

LIMONS A CRÉMAILLÈRE EN FER PLAT

Comme variante de composition de la crémaillère en fer plat déjà représentée figure 251, on peut faire une crémaillère composée d'élé-

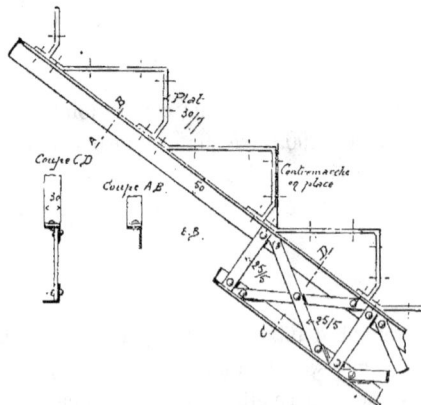

Fɪɢ. 256, 257 et 258.

ments séparés à quatre coudes, montés sur une cornière, un fer U, un fer T ou une poutrelle à croisillons (fig. 256, 257, 258).

Cette combinaison a l'avantage d'utiliser les chutes de fer plat.

CRÉMAILLÈRE CONTRE MUR, A SCELLEMENTS

Cette crémaillère est composée d'équerres coudées et contrecoudées

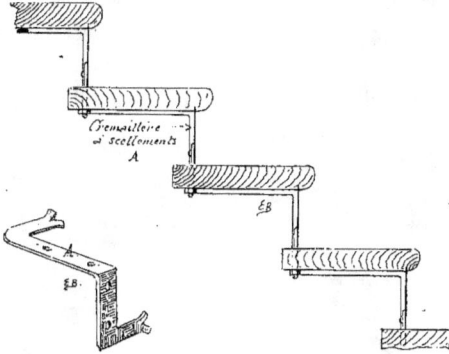

Fig. 259.   Fig. 259 bis.

en fer de 40/7, scellées à chaque marche (fig. 259, 259 bis).

Comme dans les autres crémaillères en fer plat, la contremarche vient se visser à plat sur chaque degré.

CRÉMAILLÈRE PAR PIÈCES, A TROIS COUDES

Comme les deux précédentes, cette combinaison permet l'emploi des

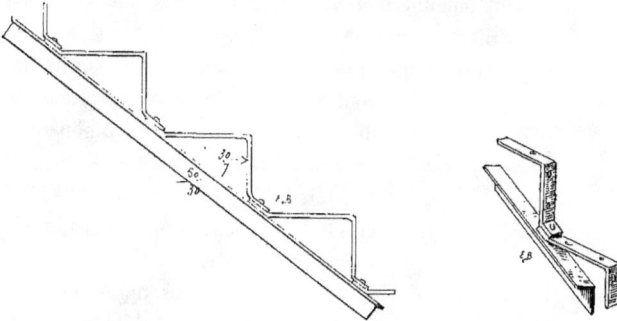

Fig. 260.   Fig. 261.

chutes de fer plat (fig. 260, 261); les degrés sont fixés deux à la fois ; c'est cette crémaillère qu'on prend pour faire les gradins de serres.

LIMONS DROITS, DITS A LA FRANÇAISE

Comme nous l'avons dit plus haut, c'est surtout le limon à crémaillère qui est employé dans la construction des escaliers en fer ; le limon plein est en effet d'une décoration difficile ; de plus, il est un inconvénient pour la démontabilité des marches ; il ne peut, pour en permettre la sortie, avoir aucune saillie intérieure, et les abouts des marches demandent avec ce limon une coupe parfaite ; on peut cependant remédier aux

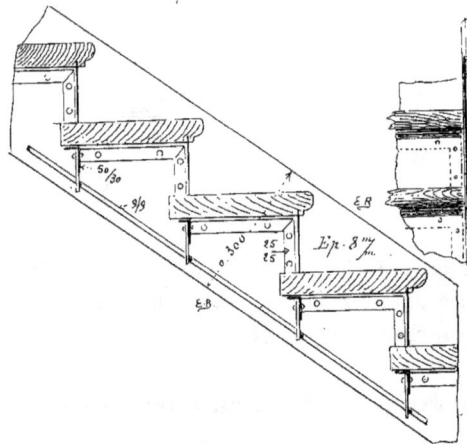

Fig. 262 et 263.

défauts d'ajustement par une baguette quart de rond, adoucie à l'astragale et qui fait le calfeutrement de la marche.

Les cornières portant les marches et celles recevant les contremarches

 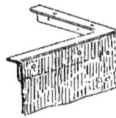

sont rivées sur le limon et jouent le rôle des mortaises dans le limon en bois (fig. 262, 263).

Nous indiquons figures 264, 265 les crochets de suspension et cornières d'extrémités.

Fig. 264.   Fig. 265.

On peut cependant décorer les limons de diverses manières ; dans un escalier droit, par exemple, on peut y appliquer des tables en fonte profilées, avec intervalles garnis de rosaces.

Si au contraire on a affaire à un escalier tournant, on pourra se servir de la rampe comme parti de décoration, en recevant chaque barreau sur une consolette ou cul-de-lampe en fonte, et en garnissant les intervalles de petites tables ou de rosaces.

DIFFÉRENTES SECTIONS DE LIMONS A LA FRANÇAISE

Le limon peut se faire d'une tôle absolument nue, armée seulement des cornières indispensables pour recevoir les marches et contremarches

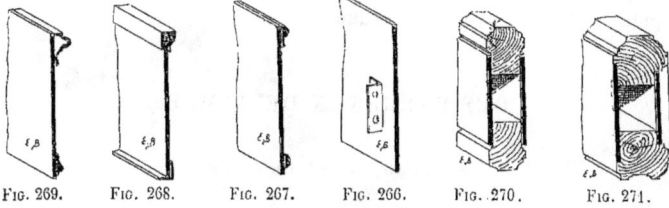

FIG. 269. FIG. 268. FIG. 267. FIG. 266. FIG. 270. FIG. 271.

(fig. 266), ou ornée d'une moulure en haut et d'un demi-rond en bas (fig. 267).

Les figures 268, 269 indiquent le même limon avec emploi de moulures et profils plus saillants.

On fait aussi des limons mixtes en fer et en bois (fig. 270, 271), où l'on retrouve tous les avantages de rigidité du fer joints à l'ampleur des formes de menuiserie que donne le bois ; ces limons se font de toutes épaisseurs et permettent l'emploi des balustres en bois, ronds ou carrés, pour escaliers de style ; ils permettent d'atteindre, avec la solidité du fer, toutes les ressources décoratives du bois.

Disons aussi, pourtant, que ce genre de limon ne convient, vu son prix élevé, qu'à des travaux de premier ordre, où la question d'économie peut être négligée.

Le limon en stuc imite la pierre ; à effet égal, son prix est moindre ; le fer n'est employé là que comme ossature rigide et les contremarches en fer, si elles ne sont pas plaquées en pierre ou en marbre, sont enduites en stuc ou peintes dans le ton général.

Le limon peut être composé d'une façon quelconque, caché ; on n'a à tenir compte que de sa solidité ; le moyen le plus simple est de le construire comme les limons pleins ordinaires, plus épais, mais d'une moins grande hauteur, pour réserver à l'enduit de stuc une épaisseur suffisante (fig. 272).

Pour assurer l'adhérence de l'enduit, on perce de trous le limon et les cornières, tous les dix centimètres environ et on forme une carcasse métallique à l'aide de bouts de fentons en forme de crochets, qui se serrent en coinçant dans les trous.

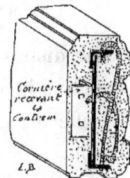

FIG. 272.

Dans la confection d'un limon destiné à être habillé de stuc, le constructeur doit prévoir la position des montants de rampe et préparer leurs
emplacements par des douilles fixées sur le limon et destinées à les
recevoir.

Ou bien les montants eux-mêmes sont fixés et parfaitement arrêtés en
leur place définitive avant le stucage.

DES BARREAUX DE RAMPE

BARREAUX A COL DE CYGNE

Ces barreaux, ordinairement en fer rond, sont courbés sur un rayon
de 0^m,06 environ, épaulés à 0^m,012 ou 0^m,014 de diamètre, suivant la
grosseur du fer, taraudés
et boulonnés à l'intérieur
du limon (fig. 273).

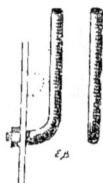

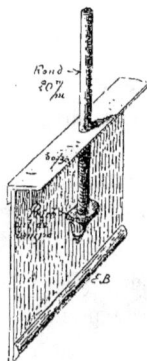

Les figures 274, 275
montrent la même disposi-
tion, mais avec rosace en
fonte.

Les barreaux ronds em-
ployés dans les rampes
varient de 0^m,016 à 0^m,020
de diamètre et leur écarte-
ment d'axe en axe est d'environ 0^m,16.

Fig. 273.

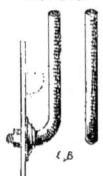

Fig. 274.   Fig. 275.   Fig. 276.

Nous rappellerons ici que la hauteur de rampe prise, soit du dessus
du palier, soit du dessus du nez de marche jusqu'au-dessus de la main-
courante doit avoir 1 mètre, mesurée verticalement.

BARREAUX TRAVERSANT ET A CUL-DE-LAMPE

Cette disposition (fig. 276) offre toute garantie de solidité, le barreau
passe dans la cornière qui borde le limon, par un trou oblique préparé
à cet effet et vient reposer dans un petit cul-de-lampe en fonte fixé sur
le limon.

BARREAUX MONTÉS OU RAMPE A PITON

Le piton ordinaire du commerce est en fonte, il porte un goujon
prisonnier taraudé sur lequel on vient visser le barreau (fig. 277). Ces

rampes sont peu solides et on est obligé de les consolider par des colliers enfilés sur les barreaux et fixés sur les marches par des pattes entaillées ; on en met ordinairement cinq dans un étage de 3ᵐ,10 de hauteur.

Nous donnons (fig. 278) un piton d'une plus grande solidité, sa forme est seulement indiquée et peut être plus ou moins riche ; le barreau passe dans le piton comme dans une traverse ; il est goupillé ou vissé, et peut être terminé par un pontet.

La figure 279 est un piton du même genre que celui représenté figure 278, mais avec barreau en fer carré.

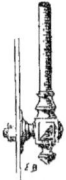 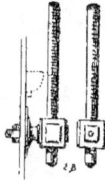  

Fig. 277.   Fig. 278.   Fig. 279.   Fig. 280.

Tous les exemples que nous avons donnés ci-dessus sont boulonnés à l'intérieur du limon, la pose ne s'en fait qu'après le hourdi de l'escalier, et, pour ce travail fait après coup, on crève le plafond de l'escalier, ce qui nécessite des réparations.

Si, au lieu de prendre des pitons du commerce, on fait un modèle de piton spécial, on le fait venir de fonte avec un plateau d'assemblage comprenant trois ou quatre oreilles (fig. 280), et on le fixe à vis de l'extérieur ; la rampe est alors complètement démontable, et les réparations d'autant plus faciles.

BARREAUX MONTÉS A CRAMPONS

Le barreau est coudé, aminci et terminé par une patte élargie (fig. 281-282), et percée d'un trou de passage ; au-dessous du coude on vient fixer le barreau sur le limon au moyen d'un crampon ou demi-collier, fixé au limon par deux fortes vis n° 26, taraudées dans le limon ; la patte inférieure est fixée également à vis.

On peut employer ce moyen pour la rampe à panneaux, fixer de distance en distance des barreaux ou montants méplats, 18/25 par exemple, les réunir par des traverses, et faire un barreaudage léger, ou un remplissage en fer forgé.

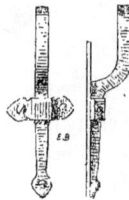 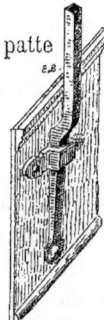

Fig. 281.   Fig. 282.

Les barreaux carrés présentent plus de consistance que les barreaux ronds ; on leur donne cependant d'habitude les mêmes dimensions, de 0^m,016 à 0^m,020 de côté.

Quand il s'agit de montants devant recevoir des traverses, on les fait en fer méplat présenté sur champ, et on leur donne 16/25 ou 18/30 environ.

DES PALIERS

PALIER DROIT

Le palier droit (fig. 283-284) se compose d'un simple filet fait de deux

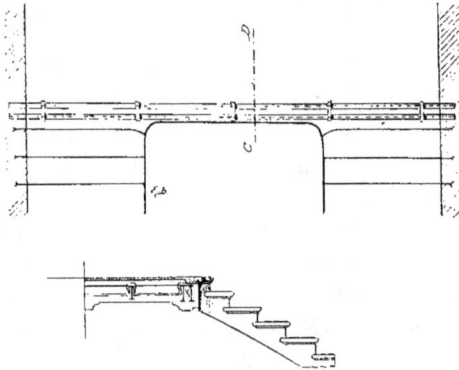

Fig. 283 et 284.

fers à double T, assemblés au moyen de brides et de croisillons, ou bien avec entretoises et boulons ; le reste du palier est fait comme un plancher ordinaire.

PALIER DE REPOS

C'est le cas qui se présente dans les escaliers dits rompus en paliers, on emploie pour ce palier la disposition en bascule (fig. 285-286), qui consiste en un petit filet placé diagonalement au palier, scellé aux deux extrémités et qui porte un autre filet perpendiculaire dont un seul bout va en scellement, et dont l'autre vient s'assembler sur le limon qu'il supporte.

On peut construire les bascules d'escaliers de service de 0^m,75 à 0^m.80

d'emmarchement avec un seul fer T de 80 millimètres et même, si l'on

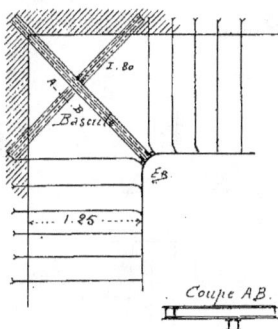

Fig. 285 et 286.

est gêné pour la hauteur, par de simples fers carrés 40/40.

PALIER BIAIS

Combinaison des deux précédents, le palier biais se compose d'un

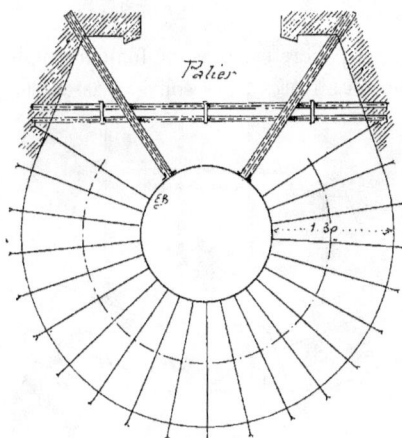

Fig. 287.

filet construit comme celui du palier droit, et qui porte deux bascules
scellées d'un bout et assemblées de l'autre sur le limon au moyen de
fortes équerres (fig. 287).

PALIER SUR MONTANTS VERTICAUX

Quoique rarement employé, l'escalier sur montants verticaux se fait,
d'autres fois encore et comme nous l'avons vu précédemment, le jour

d'escalier est occupé par un ascenseur dont les guides peuvent être utilisés pour supporter le limon.

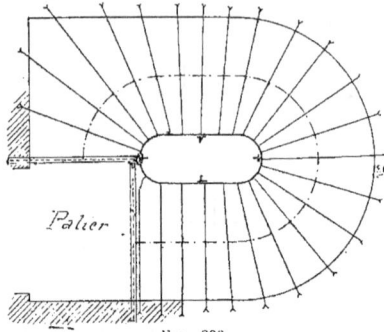

Fig. 288.

Dans ces deux cas, le palier trouve un point d'appui excellent par un assemblage direct sur le montant (fig. 288).

PALIER SUR SOLIVES D'ENCORBELLEMENT

Cette construction de paliers est presque toujours applicable, soit qu'à l'étude des planchers on ait prévu des solives passantes, soit, si le sens

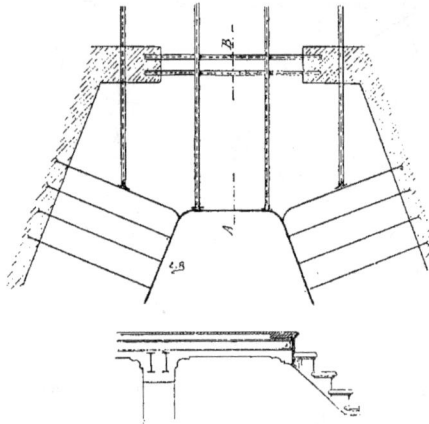

Fig. 289 et 290.

des solives ne le permet pas, en assemblant les pièces d'encorbellement sur un chevêtre assez éloigné pour assurer l'équilibre (fig. 289-290).

Ces solives reposent sur le linteau de la baie de palier, et peuvent être rendues solidaires par une portion de ceinture en fer U ou T scellée aux extrémités.

ASSEMBLAGES DE LIMONS SUR PALIERS

Si l'assemblage est fait à angle vif, comme les figures 291-292 en

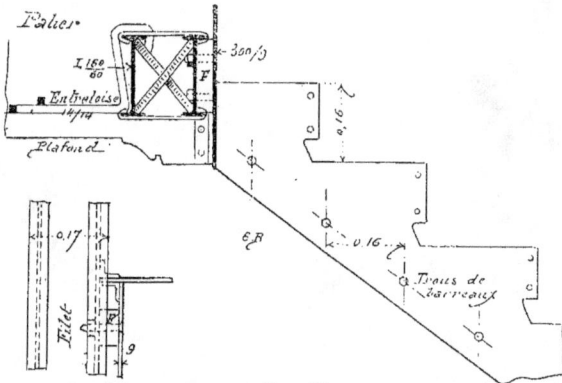

FIG. 292.   FIG. 291.

donnent un exemple, le limon vient s'asseoir sur le filet et est réuni à ce dernier et au limon horizontal par de fortes équerres.

Si, au contraire, il s'agit d'un angle arrondi, le limon continue, et c'est

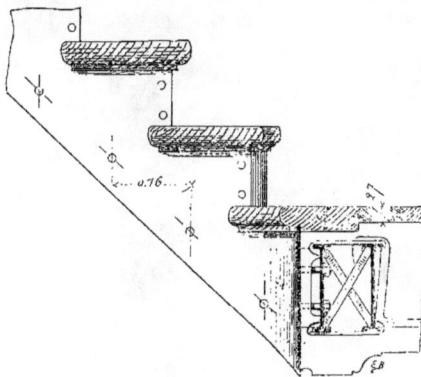

FIG. 293.

le limon horizontal qui est assemblé directement sur le filet, au moyen de boulons ; des fourrures en fonte occupent l'espace libre entre le filet et le limon au droit des assemblages (fig. 293).

Nous pensons qu'on peut augmenter la solidité du limon en plaçant à l'intérieur une pièce en tôle de même force rivée sur le limon, le continuant droit et venant reposer et s'assembler d'équerre sur le filet comme si l'angle arrondi n'existait pas.

CHAPITRE VII

CHASSIS DE COUCHE, BACHES, SERRES, JARDINS D'HIVER, CHAUFFAGE, VITRERIE

SERRURERIE HORTICOLE

La serrurerie horticole comprend une grande variété de constructions, en fer et en verre, qui varient suivant les plantes et les cultures qu'elles nécessitent ainsi que par l'importance des exploitations ou les destinations nouvelles que leur donnent les propriétaires.

Ce sont des asiles où les végétaux originaires d'autres contrées trouvent la température qui leur convient, où les semis et les boutures de plantes délicates sont placés dans des conditions favorables et où la *culture forcée* avance les époques de floraison et de fructification pour obtenir les primeurs.

Nous les classerons, par ordre d'importance, en trois grandes catégories :

1° Les bâches de couche et autres ;

2° Les serres et orangeries ;

3° Les jardins d'hiver.

Et nous traiterons chacune d'elles séparément en les subdivisant par espèces.

CHASSIS DE COUCHE

Le châssis de couche est construit en fer T inégal de $\frac{29 \times 18}{4}$ pour trois côtés du cadre et porte une traverse en cornière qui fait le quatrième mais placée en dessous, les chevrons en fer T 20×25 ou 25×30 (suivant les dimensions des châssis) s'appuient dans le fer T inégal en haut, et en bas sur la cornière.

Jusqu'à 1 mètre de largeur, ce châssis se fait avec deux chevrons, soit trois verres; à $1^m,30$ on met trois chevrons et quatre verres.

Le châssis le plus simple porte une poignée fixée à la cornière et terminée par un fer plat percé de trous; ces trous, en s'engageant sur un arrêt, règlent l'ouverture qu'on veut donner au châssis.

Les châssis se font des dimensions suivantes : 1 mètre $\times 1^m,20$, 1 mètre $\times 1^m,25$, 1 mètre $\times 1^m,30$, $1^m,33 \times 1^m,35$, etc.

On fait aussi les châssis de couche avec deux poignées ordinaires.

COFFRE DE COUCHE

Le coffre de couche est un cadre, en bois ou en tôle, destiné à maintenir la terre élevée au-dessus du sol (fig. 294, 295, 296).

Les deux faces latérales d'un coffre sont inclinées en trapèze, c'est-à-

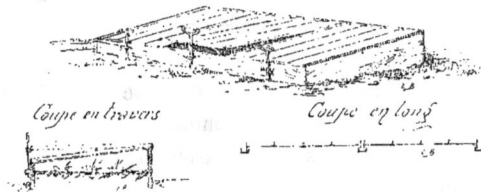

Coupe en travers   Coupe en long

Fig. 294, 295 et 296.

dire que ces parois sont coupées en biais suivant une pente de $0^m,10$ à $0^m,12$ pour un mètre; les autres côtés sont donc de hauteurs différentes.

Le châssis placé sur le coffre se trouve ainsi incliné pour l'écoulement de l'eau.

La réunion des deux s'appelle bâche de couche.

BACHES

BACHES DE COUCHE

Nous donnons de préférence cette dénomination aux coffres plus larges, à deux versants couverts par deux rangées de châssis vitrés.

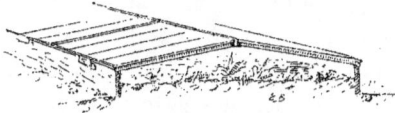

FIG. 297.

Le coffre, construit en fer ou en bois, comme le précédent, a ses deux longs pans de même hauteur ; les côtés en bout sont en forme de pignon à double pente (fig. 297).

Le coffre porte un faîtage en fer U, porté en dessous par les divisions du coffre ou par de petits pieds-droits ; de ce fer en partent d'autres qui, assemblés avec lui, viennent reposer sur les longs pans et sont placés à une distance égale à la largeur des châssis, plus le jeu nécessaire.

Ces fers U forment les gouttières indispensables pour l'écoulement des eaux pluviales, et le sommet est, de plus, recouvert d'une bande de tôle ou de zinc isolée de 0^m,10, posant dans le faîtage par de petites pattes en fer plat et évitant au fer U de faîtage d'être trop facilement rempli avant que l'écoulement puisse se faire par les canaux inclinés.

Les châssis couvrant la bâche de couche sont semblables à ceux représentés figure 294 et déjà décrits.

BACHE HOLLANDAISE

On entend par bâche hollandaise une espèce de serre creusée

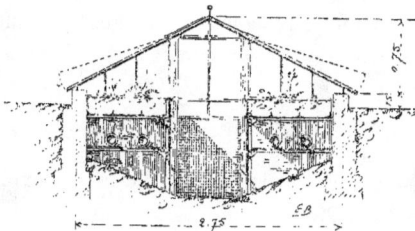

FIG. 298.

dans le sol et couverte en fer et verre, sans pieds-droits (fig. 298).

Dans la coupe de cette bâche, nous avons indiqué le terrassement, fait en pente de chaque côté du chemin, sous les bâches en tôle, ce qui a l'avantage de diminuer la hauteur de la maçonnerie à exécuter pour soutenir les terres et porter la partie métallique.

Les murets émergent du sol de $0^m,15$ à $0^m,20$ environ.

On donne à ces bâches, spécialement affectées à la culture, juste la hauteur nécessaire pour se tenir debout entre les deux bâches, c'est-à-dire dans le chemin.

(Disons, pour éviter toute confusion, qu'on appelle aussi *bâche* le coffre en tôle et tuile placé à l'intérieur des serres et destiné à contenir la terre nécessaire pour recevoir les plantes; les tuyaux de chauffage passent sous ces bâches, comme nous le verrons plus loin.)

Pour entrer dans ces serres, on est obligé de descendre quelques marches creusées à l'extérieur.

La construction se compose d'un faîtage en fer T, d'une sablière en cornière et de chevrons en fers T 25×30; au-dessus du faîtage est fixée une tringle en fer rond destinée à attacher les paillassons.

Les pignons sont également faits en fer T 20×25 pour les petits bois verticaux et le cadre en cornière.

Les montants dormants de la porte sont en fer plat 36×16, la porte en fer plat 36×14 habillé en cornière 35×18, panneau tôle 2 mètres 1/2 avec cadre en fer méplat 25×7.

Ces bâches, suivant leur destination, sont munies de châssis ouvrants de distance en distance ou bien entièrement composées de châssis mobiles; dans ce cas, sa construction, sauf les pignons, devient celle de la bâche de couche avec une inclinaison plus grande.

L'aménagement de la bâche dont nous nous occupons est composé d'un cours de bâche à terre en tôle de chaque côté du chemin et en retour au fond.

Sous cette bâche est disposé le chauffage, composé d'une chaudière thermosiphon et d'un ou deux cours de tuyaux, suivant la culture à laquelle on destine la bâche.

BACHE HOLLANDAISE AVEC PIEDS-DROITS

Les pieds-droits augmentent la hauteur de la bâche et permettent la prise d'air verticale (fig. 299).

Pour tout le détail de construction, elle est absolument la même que celle que nous venons d'examiner, sauf pour la partie verticale, qui n'existait pas dans la précédente.

Cette bâche nécessite des fermettes, sans cela elle pousserait en dehors les pieds-droits ; il faut donc avoir la précaution de rendre indé-

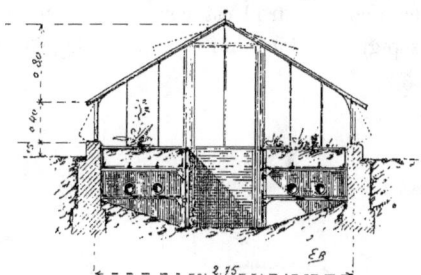

Fig. 299.

formables les angles, au sommet et à la sablière ; nous en examinerons les moyens en nous occupant de la construction des serres.

SERRES

FORMES DES SERRES

Les formes des serres n'ont que peu de rapport avec la culture ; une serre de forme quelconque peut aussi servir à une culture quelconque et de la même serre on peut faire une serre froide pour plante à feuillage persistant ou une serre chaude destinée à abriter des plantes de la zone torride.

Les principales formes des serres sont :

1° La serre à vigne, adossée sans pied-droit ;
2°   —   adossée avec pied-droit ;
3°   —   —   avec pied-droit et comble cintré ;
4°   —   —   parabolique ;
5°   —   hollandaise avec pied-droit et comble droit ;
6°   —   —   —   — cintré ;
7°   —   —   parabolique ;
8° L'orangerie.

SERRE A VIGNE

La serre à vigne présente assez l'idée d'un châssis de couche appuyé contre un mur.

Destinée à abriter une vigne grimpante, cette serre a peu de largeur, 1ᵐ,50 environ, et 3 ou 4 mètres de hauteur ; la moitié de la surface de la vitrerie est composée de châssis ouvrants.

SERRE ADOSSÉE A COMBLE DROIT

La serre adossée à comble droit est composée d'un pied-droit, d'un comble et de deux pignons, dont l'un avec porte (fig. 300).

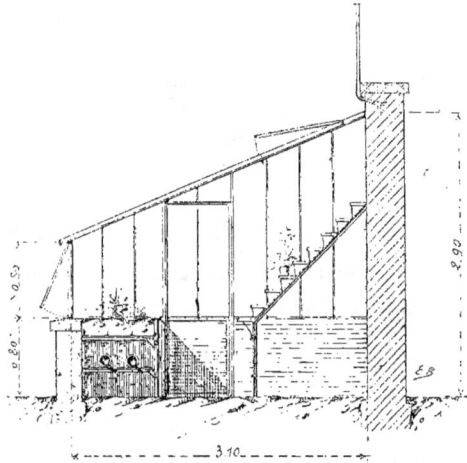

Fig. 300.

Des châssis ouvrants sont disposés dans le pied-droit et près du comble.

SERRE ADOSSÉE A COMBLE CINTRÉ

Nous la représentons en perspective figure 301 ; ses dispositions sont

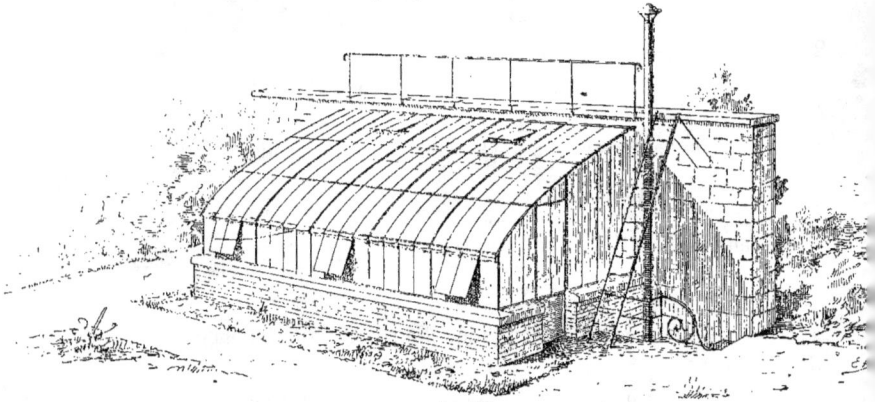

Fig. 301.

les mêmes que la précédente, la forme seule du comble est différente.

Avec cette forme, la serre n'a pas de pied-droit (fig. 302) ; nous indiquons en ponctué un comble légèrement cintré pour se rendre compte

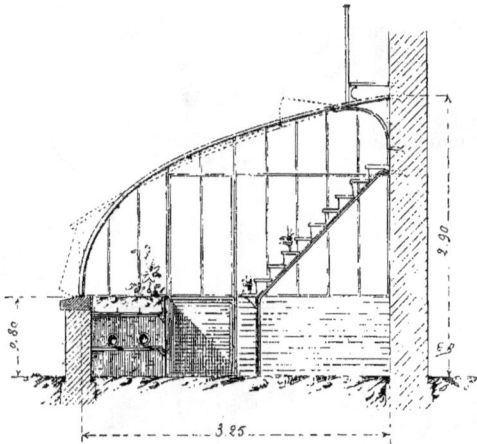

Fig. 302.

de la différence des formes, on verra quand nous parlerons de la construction des serres en général, la difficulté qu'offre la pose du châssis dans ce genre de serre.

SERRE HOLLANDAISE DROITE

La serre dite hollandaise est une serre à deux versants, en réalité deux serres adossées réunies.

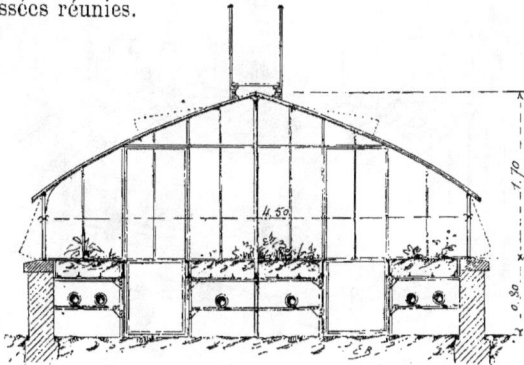

Fig. 303.

Ces serres se font toujours en assez grande largeur, et le milieu occupé par une bâche ; on peut donc faire comme nous l'indiquons figure 303, c'est-à-dire mettre des colonnes au milieu, qui remplacent le mur d'adossement.

SERRE HOLLANDAISE CINTRÉE

Sauf une légère courbe du comble, mêmes dispositions que ci-dessus.

SERRE HOLLANDAISE PARABOLIQUE

Nous ferons pour elle la même observation, que c'est, en somme,

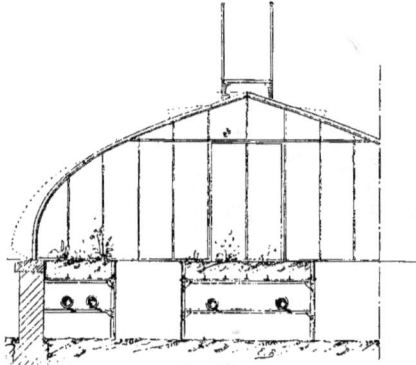

Fig. 304.

deux serres adossées, accouplées ; la figure 304 en montre la coupe.

La forme de cette serre est plus élégante que les autres, ainsi qu'on

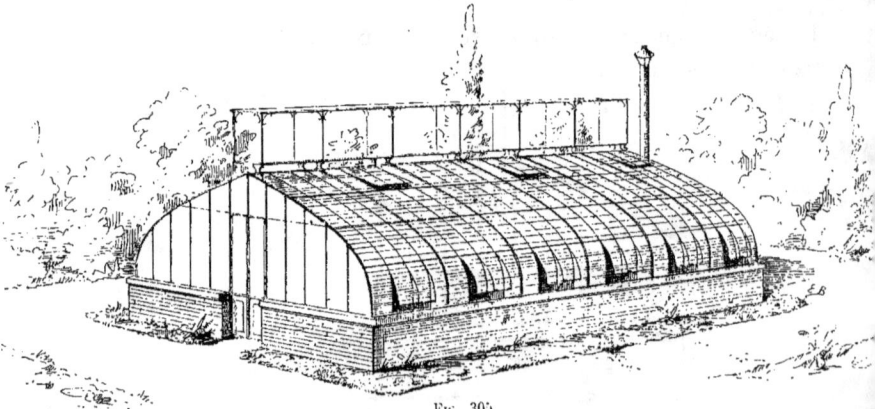

Fig. 305.

peut s'en rendre compte figure 305, qui donne cette serre en perspective.

Considérée au point de vue de la serrurerie, l'orangerie ne comprend
que la façade vitrée, quelquefois même de simples fenêtres cintrées.

L'orangerie est un bâtiment composé d'un rez-de-chaussée plafonné
en terrasse et portant sur des murs et des pilastres ; c'est entre ces
pilastres qu'on applique les parties fer et verre. L'orangerie est toujours
exposée au midi.

PLANS DE SERRES, DISPOSITIONS ET AMÉNAGEMENTS

On distingue les serres entre elles par les différences de températures
bien plus que par les formes et on les classe en :

1° Serre froide ;

2°   — tempérée ;

3°   — chaude ;

4°   —   — humide ;

5°   —   — à forcer.

On entend par serre froide celle où la température peut descendre
à 0°, mais ne pas dépasser cette limite.

Tout local couvert ayant une façade vitrée exposée au midi est une
serre froide ; on y met les plantes d'ornement que la gelée ferait périr,
notamment les orangers, les myrtes, les grenadiers et d'autres arbres
ou arbustes à feuillage persistant.

La serre tempérée reçoit les plantes qui, pendant l'hiver, souffriraient

FIG. 306.

d'une température inférieure à 10°, soit parce qu'elles poussent et fleu-
rissent même dans cette saison, soit parce qu'elles sont d'une structure
délicate et sujettes à *fondre*.

La figure 306 nous montre la disposition en plan d'une serre tempérée
contenant une bâche à terre et un gradin pour les pots.

Elle se fait adossée ou à deux versants ; la température convenable est
de 15° à 18°.

La serre chaude est destinée à des familles telles que les *palmiers*, les *cycadées*, les *broméliacées*, etc. La température nécessaire est de 25° à 30°;

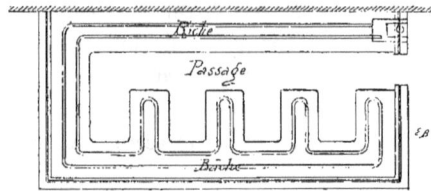

Fig. 307.

si elle est adossée, on doit l'exposer au midi ; la figure 307 donne une disposition en plan dans laquelle la largeur de la serre ne permettant pas une bâche centrale, on a utilisé la place par des parties de bâches avançant vers le milieu.

La figure 308, serre mixte, est une solution souvent employée dans

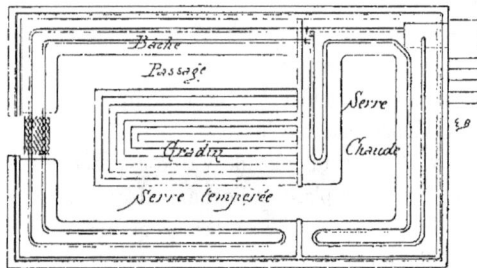

Fig. 308.

les propriétés particulières où l'importance des jardins ne comporte pas deux serres ; on se contente alors de scinder en deux parties celle qu'on

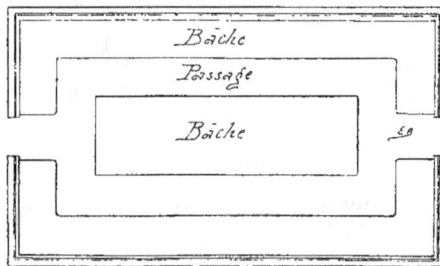

Fig. 309.

a, soit en deux portions égales, soit suivant l'importance qu'on veut donner à l'une ou à l'autre des cultures.

La serre chaude humide est destinée aux orchidées ; dans certaines serres de ce genre on dispose une circulation d'eau à air libre qui se vaporise et donne à l'air l'humidité nécessaire à ces plantes (fig. 309).

La serre à forcer est une serre chaude à air sec qui sert à produire les fleurs et les fruits en dehors de leurs époques de floraison et de fructification à l'air libre.

AMÉNAGEMENTS DES SERRES

Laissant de côté le chauffage, que nous traiterons spécialement plus loin, examinons l'aménagement de serre qui se compose de bâches et de gradins.

La section des bâches est indiquée sur chacune de nos coupes de serres (fig. 298 à 304).

Une bâche comprend : un pied en fer T 35 × 40 relié au muret par deux traverses en même fer et à scellement d'un bout ; l'autre extrémité est assemblée au pied par des goussets en tôle de 0^m,002 1/2 ; la traverse inférieure porte les tuyaux de chauffage et celle supérieure la bâche proprement dite, qui est composée de deux bandeaux en feuillard de 140 × 3 armés de cornières et bordés d'un demi-rond ; ces bandeaux sont assemblés sur les pieds de bâches, et le fond de celles-ci est fait de fers T au nombre de deux ou trois, posés sur les traverses supérieures des pieds, librement dans le sens longitudinal ; ces fers servent de feuillures à des tuiles plates qui forment le fond de bâches pour porter la terre.

Les gradins sont destinés à porter les petits pots contenant les boutures ; ils sont de 0^m,15 de hauteur et 0^m,15 de largeur, en nombre variable, suivant l'importance de la serre.

Les pieds de gradins, ordinairement construits d'une cornière 70 × 40 coudée à hauteur de la bâche et scellée dans le sol en bas et dans le mur en haut.

Cette cornière porte une crémaillère en fer plat 25 × 6, de 0,15 × 0,15 et semblable à celle que nous avons décrite au chapitre *Escaliers* (fig. 260).

Les tablettes sont : ou de simples planches qu'on visse par en dessous

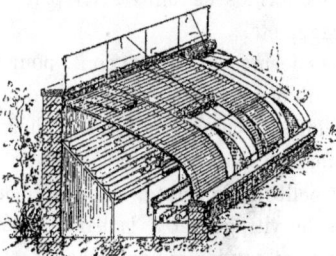

Fig. 310.

sur les degrés de la crémaillère ; ou métalliques et composées d'une cornière de rive et de trois fers T placés le patin en haut ; on fait quelquefois la rive, d'un fer ⊢ placé, le patin vertical et la crête hori-

zontale ; les fers T formant tablettes sont encochés au droit des crémaillères et fixés à vis. On place aussi au-dessus des bâches, de petites
tablettes suspendues, que nous indiquons en S (fig. 310).

CONSTRUCTIONS DES SERRES

Autrefois les serres étaient faites en bois, composées de chevrons
rabotés dans lesquels on avait pratiqué des feuillures à verre.

Le bois était plus propre à la conservation de la chaleur, mais exposé
à l'extérieur et à l'intérieur à des différences de température considérables variant de — 15° à + 25° et 30°; il se contrariait d'une manière
très irrégulière, qui occasionnait les bris de verre, et de plus se détério-
rait promptement.

Ces considérations ont amené les constructeurs à appliquer le fer à
ces légères constructions.

Au commencement de cette application, les échantillons de fers
employés ne permettaient pas d'atteindre la légèreté de nos serres
actuelles, et les sections n'étaient guère propices à son emploi; les forges
ne fournissaient pas encore ces petits fers T si nerveux et si commodes
au vitrage, et on était obligé de composer les formes nécessaires par
plusieurs fers assemblés.

Les progrès constants nous ont amenés aux combinaisons de construction que nous allons décrire.

FERMES

Les fermes se font en fer plat, en fer T, en fer en croix, en fer à
vitrage, etc.

Les fermes en fer plat sont, pour former feuillure, habillées de chaque
côté d'un petit fer carré, ce qui donne une section en forme de T, et fait
feuillure à verre ; au droit des châssis on les habille de petites cornières
renforcées d'un côté, rivées et posées suivant une inclinaison moindre
que celle de la ferme, de manière à se trouver, à la partie supérieure,
sous le vitrage, et à la partie inférieure par-dessus. Au pied-droit la
ferme est coudée et renforcée.

On fait aussi cette ferme à ressaut au droit de chaque panne, qui est
alors en fer cornière si elle reçoit les chevrons ou en fer plat et fer U si
elle reçoit le châssis.

Cette disposition est la plus coûteuse, mais c'est aussi celle qui donne les meilleurs résultats.

Les fermes en T et + sont plus économiques, mais rendent difficile l'établissement des châssis, au droit desquels on est obligé d'établir de petites costières ou de mettre des pannes supplémentaires, ce dont nous disons ci-après l'inconvénient.

PANNES

Les pannes sont la pierre d'achoppement dans les serres ; en effet, placées horizontalement sous les fermes et les chevrons, elles sont un obstacle à l'écoulement des eaux de condensation que la buée forme sur les verres, et qui, amassée, tombe en gouttes froides sur les plantes et les tue ; aussi pouvons-nous dire que la meilleure serre serait celle qui n'aurait pas de pannes, et serait entièrement composée de chevrons.

Les constructeurs l'ont compris et ont cherché, non la suppression complète, qui nécessiterait des chevrons très forts, mais à rejeter les pannes en fer T, L, ou autres, à l'extérieur, ce qui à notre avis constitue un grand progrès.

Les pannes extérieures, quelle que soit leur section, sont assemblées sur les fermes, et portent suspendus tous les chevrons de la travée.

CHASSIS

Dans les serres faites avec des fermes en fer plat habillé, T, etc., les châssis sont construits comme les châssis de couche, déjà décrits. Ils se posent dans le fer U que porte la panne et dans la cornière d'habillage de la ferme, qui servent en même temps à l'écoulement de l'eau ; les chevrons du dessus empêchent le châssis de sortir de sa place, ou bien les châssis viennent se placer sur les fermes ou sur les chevrons ; dans ce cas, pour assurer l'écoulement de l'eau par-dessus le châssis, on est obligé de relever les chevrons et de mettre une panne de plus dans la travée contenant le châssis.

Les châssis de pieds-droits sont ferrés à charnières et viennent battre en feuillure ; on fait quelquefois les rives en fer Z pour faire recouvrement à la feuillure.

En parlant de la serre parabolique, nous avons dit que le châssis du bas présentait certaines difficultés ; en effet, dans la construction de cette serre les fermes sont en fer à croix, les travées sont divisées en quatre parties par trois chevrons, et ce sont les deux divisions médianes qui reçoivent le châssis.

On est donc obligé de faire à la partie supérieure un recouvrement pour l'écoulement des eaux par-dessus le châssis ; on l'obtient par une panne en fer Z ; les chevrons supérieurs viennent aboutir sur l'aile inférieure et celle supérieure recouvre le haut du châssis. Cette disposition demande un fort contremasticage, sinon l'eau reste arrêtée par le fer Z.

CHEMINS

Les chemins sur les serres sont destinés au service des claies, paillassons, bâches ou autres moyens employés pour couvrir.

Le cas le plus simple est celui de la serre adossée, quand le mur d'adossement appartient au propriétaire de la serre (fig. 300) ; on se contente de sceller des montants couronnés par une main-courante.

Pour les autres cas, serres adossées ou hollandaises, les montants sont fixés sur les fermes (fig. 302-303) et portent le chemin proprement dit qui est composé de deux cornières sur lesquelles sont fixées en travers des bouts de fer T espacés de $0^m,04$ d'axe en axe posés le patin en l'air, de manière à présenter au pied une surface unie.

ÉCHELLES, CLAIES

Pour parer aux inconvénients du soleil, nuisible à certaines cultures, on emploie les paillassons, claies, etc. C'est donc pour leur service que le chemin est installé (fig. 311). On accède au chemin au moyen d'échelles légères, construites en fer U pour les montants et les barreaux en fer ronds.

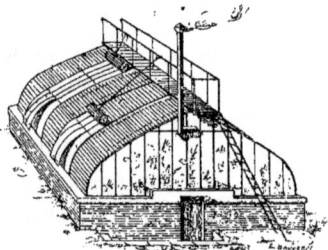

Ces échelles sont quelquefois sous-bandées, et peuvent par ce moyen être construites encore plus légèrement.

Fig. 311.

VITRERIE

La vitrerie a une grande importance dans la construction des serres ; elle en constitue les véritables parois et le fer ne sert qu'à la porter, fonction bien utile, mais qui ne serait rien sans l'adjonction de cet élément translucide.

Nous n'avons rien à dire ici sur le verre proprement dit, que nous reverrons en parlant du chauffage, mais seulement sur sa mise en œuvre.

Dans les serres courbes, et elles le sont presque toutes, on a de nombreux joints de verres qui font recouvrement les uns sur les autres et sont maintenus en place par des agrafes en plomb, et le joint est fait par une bande en mastic.

Dans la vitrerie employée comme toiture, le joint ainsi fait offrait beaucoup d'inconvénients. On a recherché les perfectionnements à y apporter, beaucoup de systèmes ont vu le jour, plus ou moins parfaits, remplissant plus ou moins bien les conditions.

Notre cadre ne nous permet pas de les décrire tous, nous n'en retiendrons qu'un, que nous croyons le meilleur, ce qui paraît démontré par les précédentes applications, et par celle qu'on en fait actuellement à l'exposition de 1889.

Ce système, qui est la propriété de M. Murat, consiste en une tringle formée d'une bandelette en zinc, cintrée, s'adaptant à la jonction horizontale de chaque verre; estampée en forme de crochet, elle reçoit

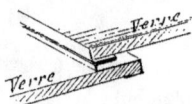
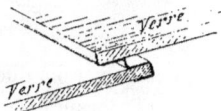

FIG. 312.   FIG. 313.

l'extrémité de la vitre supérieure et s'emboîte sur le commencement de la vitre inférieure; nous en donnons deux sections différentes: la tringle Bigeard (fig. 312), et celle Sartore (fig. 313).

Ces tringles placées, un léger masticage suffit, et les eaux de condensation suivant la surface intérieure du verre viennent se déverser dans l'épaisseur de la tringle, formant réservoir, et s'échappent au dehors par une petite ouverture pratiquée au milieu de la tringle.

Ce système rend superflu l'emploi des agrafes, et est étanche même avec une inclinaison de 0ᵐ,08 par mètre; le montage solide, la pose peut être faite par tous les ouvriers vitriers; nous pensons cependant qu'il est préférable, quelle que soit la simplicité du système, de faire exécuter ce travail par le spécialiste.

JARDINS D'HIVER

Le jardin d'hiver est, ou une annexe à une habitation, ou une construction isolée; c'est dans les deux cas une serre de luxe, plus ou moins ornée, et de dimensions plus vastes, qui ne sert pas à la culture, mais seulement à abriter des plantes rares et d'agrément et à faire un véritable salon vitré.

En disant que le jardin d'hiver est une serre, nous n'entendons lui

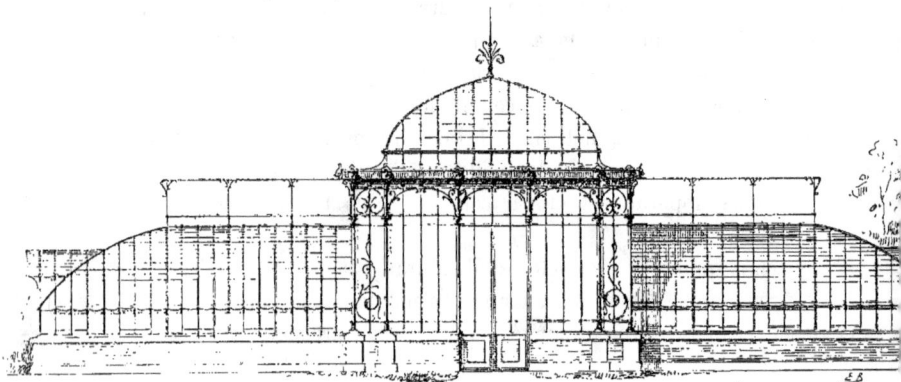

FIG. 314.

appliquer cette dénomination que comme local destiné à recevoir des végétaux, car pour la forme il en diffère absolument; la figure 314, qui

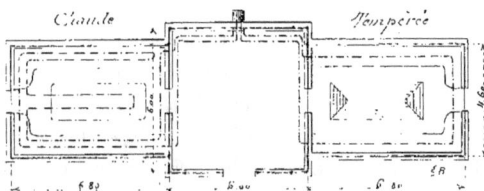

FIG. 315.

représente un jardin d'hiver flanqué de deux serres, montre bien la différence.

En plan (fig. 315) on voit que l'aménagement est nul dans le jardin d'hiver, si on y met parfois des fleurs ou des plantes dans des bâches, celles-ci sont toutes spéciales, décorées et souvent construites en marbre, ou en fer, et revêtues de faïence, parfois très profondes pour permettre aux racines de se développer.

Le chauffage dans les jardins d'hiver est presque toujours établi en caniveaux recouverts en métal découpé, rarement en fonte, comme cela se fait dans les serres, au droit des passages.

La construction des jardins d'hiver ressort de l'art architectural; c'est l'ouvrage le plus important de la serrurerie artistique.

Les formes et le mode de construction varient à l'infini ; nous avons choisi deux types distincts que nous donnons dans cet ouvrage.

Le premier (fig. 314) est un jardin sur colonnes, et couvert partielle-

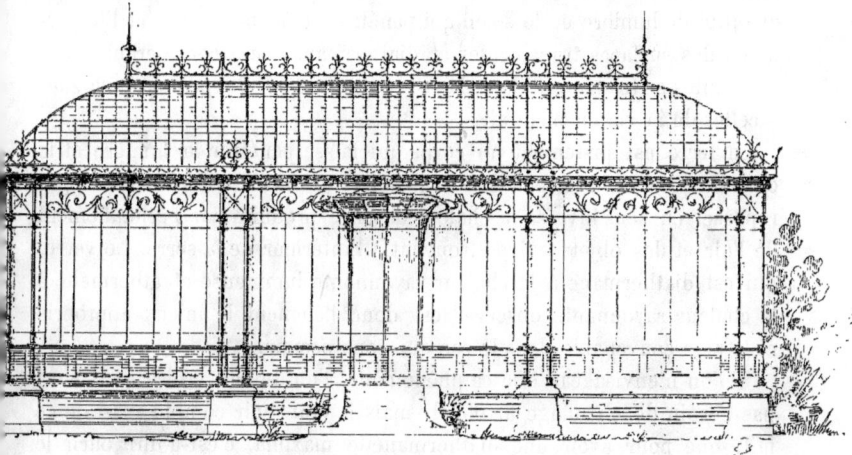

Fig. 316.

ment ; la partie comprise entre les colonnes d'angles est en terrasse ; cela permet de donner plus de caractère à la décoration intérieure.

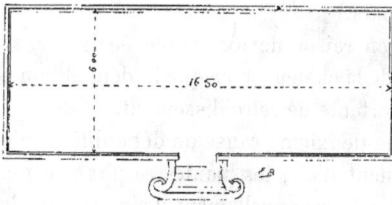

Fig. 317.

Le deuxième type (fig. 316-317) peut être isolé ou en annexe ; il est entièrement vitré.

CHAUFFAGE DES SERRES

JARDINS D'HIVER, ETC.

Toute serre est un espace fermé soumis au refroidissement extérieur, et à l'intérieur duquel se trouvent des plantes généralement sensibles à l'action du froid. Le développement de ces plantes étant fonction de la quantité de lumière et de soleil qui pénétrera dans la serre, plus l'importance des surfaces translucides et diathermanes sera considérable, plus les plantes se trouveront dans des conditions de développement analogues à celles de la vie en plein air.

La terre est justement un corps qui laisse pénétrer la lumière et la chaleur qui en est la conséquence, mais qui, par contre, ne laisse pas repasser en sens inverse la chaleur obscure produite par l'échauffement de l'air et des objets qui se trouvent à l'intérieur de la serre. Le verre, qui est diathermane à la chaleur rayonnante lumineuse et athermane à la chaleur rayonnante obscure, est donc l'élément le mieux approprié et le plus convenable dans le cas qui nous occupe.

Si l'on n'envisageait que ce phénomène, l'on devrait croire qu'il n'est pas besoin de chauffage artificiel, mais il faut tenir compte aussi de ce fait, que pour avoir une diathermancité maxima, c'est-à-dire offrir le moins d'obstacles possible à la pénétration de la chaleur lumineuse, il faut employer des verres d'épaisseur très faible, soit de 3 à 4 millimètres. (On emploie généralement le verre dit demi-double qui sous l'épaisseur de 3 à 4 millimètres résiste suffisamment à la neige et à la grêle dans nos climats.)

Or, ces verres, en raison de leur faible épaisseur, sont suffisamment bons conducteurs de la chaleur pour que la déperdition par conductibilité soit une cause importante de refroidissement.

Il y a de plus une deuxième cause de déperdition, c'est celle produite par le renouvellement d'air, les plantes respirant comme tous les êtres animés ; donc s'il y a renouvellement d'air, cet air doit être amené à une température suffisamment douce, pour que, au contact des plantes, il ne produise aucun refroidissement brusque des tissus cellulaires.

Il y a enfin la déperdition par la conductibilité des parois en maçonnerie.

Nous allons examiner chacune de ces causes de déperdition, voir leur

importance relative, et finalement arriver à déterminer la quantité de
calories que l'on devra produire dans une heure à l'aide des appareils
dits : chauffages de serre.

L'examen de ces différents points nous amènera en même temps à
conclure aux conditions principales que devra remplir un chauffage de
serre judicieusement construit.

DÉPERDITION PAR LES SERRES VITRÉES

Péclet a démontré l'exactitude de la formule suivante, relative au
refroidissement par conductibilité

$$M = \frac{Q(t - t')}{e}$$

Q étant un coefficient de conductibilité variable à chaque matière.

La quantité $\frac{Q}{e}$ de 2,5 pour le verre et 1 pour un mur en briques
de $0^m,22$ d'épaisseur.

M est proportionnel à la différence de température des milieux intérieur et extérieur, et inversement proportionnel à l'épaisseur de la
matière.

Nous allons être amenés à conclure, par l'examen de cette formule,
que :

1° Dans une serre, la déperdition par les surfaces vitrées est très
grande et que nous pourrons, à très peu de chose près, négliger les
déperditions par les maçonneries dont l'épaisseur n'est jamais moindre
de $0^m,22$.

2° Que le chauffage devra être calculé spécialement suivant le climat
de la région, t', température minima de la nuit, étant une donnée des
plus variables.

3° Que le chauffage devra être également calculé suivant la nature
des plantes élevées dans la serre, ou suivant que celle-ci est tempérée
ou chaude, c'est-à-dire destinée à la conservation ou à la reproduction
des plantes.

Pour les vitres d'épaisseur ordinaire, le coefficient $\frac{Q}{e}$ a été trouvé
égal à 2,5 calories, c'est-à-dire que par mètre carré de surface vitrée,
et par différence de température de 1°, il passe 2,5 calories par heure.

Connaissant donc $\frac{Q}{e} = 2,5$, t, température intérieure de la serre et
dépendante de l'usage qu'on en fait, t', température extérieure dépendant du climat, on peut déterminer M, nombre de calories à fournir par

mètre carré de surface vitrée. Multipliant ce nombre par S, surface totale vitrée on en déduit la quantité totale de calories à fournir par heure.

DÉPERDITION PAR RENOUVELLEMENT D'AIR

Dans la saison d'hiver, c'est-à-dire pendant la période de chauffage, le renouvellement d'air est très faible ; on n'ouvre pas les châssis d'aération, et on trouve suffisant le renouvellement qui se fait par les jointures des vitres les unes sur les autres, et les joints des différentes armatures en fer. Si on estime que l'air se renouvelle deux fois par vingt-quatre heures, il sera facile, étant donnée la chaleur spécifique de 1 mètre cube d'air qui est de $0^{cal.},300$, de conclure que cette quantité de chaleur est très petite par rapport à celle perdue par les vitres.

Il résulte de ces observations, que si nous considérons une serre d'une surface vitrée de 100^{m2}, d'un volume de 60 mètres cubes et d'une surface de maçonnerie de 20^{m2}, la déperdition pour toutes ces causes sera de :

$$
\begin{array}{lll}
\text{Déperdition par les vitres :} & 100 \times 2,5 \times (t - t') = & 250 \quad (t - t') \\
\text{Déperdition par l'air renouvelé :} & \dfrac{60}{12} \times 0,3 \ (t - t') = & 1,5 \ (t - t') \\
\text{Déperdition par la maçonnerie :} & 20 \times 1 \ (t - t') = & 20 \quad (t - t') \\
& \text{Total} & 271,5 \ (t - t')
\end{array}
$$

On pourra donc dans la pratique négliger largement les deux dernières causes en prenant pour la vitre un coefficient égal à 3, et on aura, pour la serre citée plus haut, à fournir :

$$300 \ (t - t') \text{ calories.}$$

EXAMEN DES QUANTITÉS t ET t'

La température t dépend uniquement du climat de la région. Il suffira de consulter la moyenne des températures minima de la nuit constatée dans une période de dix ans, et on basera les calculs sur cette donnée. A Paris cette température minima est de $-15°$.

Quant à la température t', elle dépend de l'usage de la serre et de la nature des plantes qu'on y renferme.

Comme nous l'avons dit, les serres se divisent en serres *tempérées* et *chaudes,* chacune de ces dénominations renfermant elle-même plusieurs subdivisions.

Nous allons examiner les principales.

Considérant toujours la façon dont nous avons évalué t', température extérieure, la serre tempérée proprement dite doit par les temps les plus froids pouvoir donner une température minima de + 10°, la serre chaude + 18°, la serre à orchidées et à ananas + 20°, et enfin la serre à multiplication + 25°.

Dans cette dernière les surfaces de chauffe devront être disposées de telle sorte, que la chaleur soit concentrée uniquement sous les bâches de multiplication et que le calorique rayonne le plus possible vers le dessous de la bâche; on devra même, pour obtenir un meilleur résultat, fermer complètement le dessous de la bâche dans les endroits où la multiplication demandera le plus de calorique.

Ces différents points étant admis et connaissant la quantité de calories à produire dans l'unité de temps, c'est-à-dire dans une heure, nous allons examiner les conditions que doit remplir l'appareil dit *chauffage de serre*.

Nous considérerons d'abord la façon d'amener la chaleur dans la serre et ensuite le générateur ou producteur de chaleur.

Avant toute énumération d'appareils, nous allons examiner la valeur de certains modes de chauffage qu'il y a lieu de proscrire d'une façon absolue.

C'est le cas du chauffage à air par calorifère. En effet les bouches de chaleur étant forcément localisées, l'air chaud arrive en ces mêmes points; on obtiendra donc déjà difficilement l'homogénéité des températures; on sait en outre que l'air, pour circuler dans les conduits, doit être à une température d'au moins 60 à 70°. A cette température il devient sec et a une action irritante sur les plantes, qu'il dessèche comme il dessécherait les poumons de l'homme.

Certains constructeurs, par raison d'économie, préconisent des appareils composés simplement d'une cloche en fonte où brûle le combustible et d'une série de tuyaux en tôle où circulent les produits de la combustion.

Ce mode de chauffage, moins mauvais que le précédent, est cependant défectueux par son instabilité. Sa puissance est proportionnelle à la quantité de gaz circulant dans les tuyaux, laquelle dépend elle-même de la quantité de charbon en ignition sur la grille, et on sait que rien n'est plus variable.

Par l'examen et l'élimination de ces deux modes de chauffage, nous avons établi indirectement les qualités d'un chauffage de serre rationnellement construit.

1° La surface de chauffe devra être disséminée le plus possible dans la serre pour donner en tous points une grande égalité de température.

Elle sera placée toujours sous les plantes ou sous les bâches, l'air échauffé ayant tendance à monter.

2° La température des surfaces de chauffe ne devra pas être trop grande, pour que l'air qui vient à leur contact ne soit pas surchauffé et ne puisse nuire ensuite aux plantes.

3° Le chauffage devra être combiné de telle façon que dans le cas d'une extinction du foyer pendant la nuit, la chaleur ne vienne pas à disparaître avec la même rapidité qu'elle aura été acquise.

La condition n° 1 fera employer des tuyaux d'assez petit diamètre, environ 0^m,10, de façon que la surface de chauffe totale soit répartie sur la plus grande longueur possible.

La condition n° 2 fera circuler dans les tuyaux de l'eau chaude à la pression atmosphérique ou de la vapeur à basse pression.

Ces deux fluides donnent l'un et l'autre des températures voisines de 100°, l'eau un peu moins, la vapeur un peu plus. L'eau et la vapeur ne devront cependant pas être employées indifféremment. La vapeur conviendra aux grandes installations, elle est d'un emploi économique, mais nécessite l'adjonction d'appareils accessoires tels que purgeur, détendeur de pression, robinets d'arrêt, et en un mot d'appareils d'un fonctionnement et d'un entretien délicats.

Un homme compétent, un mécanicien, est donc nécessaire dans une semblable installation.

Si, au contraire, le chauffage est à eau chaude, la tuyauterie est des plus simples, un circuit sans fin, allant de la chaudière à un vase ou récipient d'expansion, et réciproquement.

Les deux systèmes, vapeur et eau, satisfont à la condition n° 3, qui est l'emmagasinement d'une certaine quantité de chaleur, restituable après extinction du foyer.

Dans les deux cas, c'est l'eau chaude qui est, comme on le sait, le corps de plus grande capacité calorifique ; dans le cas de chauffage à vapeur, cette eau est contenue dans la chaudière qui, même après extinction du foyer, peut fournir une assez grande quantité de vapeur, surtout si la chaudière fonctionne à une moyenne pression.

Dans le cas de chauffage à eau, c'est l'eau contenue dans la chaudière, les tuyaux et enfin dans le récipient d'expansion qui, tout en se refroidissant, continue son mouvement de circulation.

Le cas de chauffage à vapeur étant des moins employés malgré ses avantages, nous allons déterminer la surface de chauffe d'un chauffage à eau à basse pression.

Considérons l'appareil en fonctionnement :

Le chauffage à eau chaude est dit à basse pression, parce que s'il se produit de la vapeur par un excès de puissance du foyer, cette vapeur peut immédiatement s'échapper, soit par le vase d'expansion, soit par les orifices, dits tubes d'air, ménagés à cet effet.

La température au départ ne pourra donc dépasser 100° ; l'eau circulant dans les tuyaux se refroidit graduellement, et après un circuit plus ou moins long rentre à la chaudière à la température de 40 à 50°.

C'est cette différence de température du départ à l'arrivée qui a comme conséquence une différence de poids entre la colonne montante et la colonne descendante et qui détermine le mouvement continu de l'eau dans les tuyaux.

La quantité de chaleur transmise par ces tuyaux est évidemment proportionnelle à la température de l'eau qui y est contenue ; or cette température, nous venons de la voir varier de 40 à 100°. Si la circulation était très longue, sans revenir sur elle-même, cette variation de température aurait une grande influence, car il est évident que les dix premiers mètres donneront une bien plus grande quantité de calories que les dix derniers, mais par la disposition habituelle des serres, le tuyau d'aller et le tuyau de retour cheminent l'un à côté de l'autre ; il se fait une sorte de compensation et nous pourrons donc admettre que la température moyenne est de $\frac{100 + 40}{2}$, soit 70°.

On prend d'habitude 60°, et à cette température 1^{m2} de tuyaux en fonte ou en cuivre donne 400 calories par mètre carré et par heure.

Connaissant M, nombre de calories que nous avons calculé plus haut, le diamètre extérieur des tuyaux qui est de $0^m,10$ on en déduira facilement la longueur totale de la conduite.

Nous avons parlé tout à l'heure du vase d'expansion ; on lui donne généralement trop peu d'importance ; il a en effet un double but :

1° De donner à l'eau chaude, un espace pour se dilater librement ;

2° De fournir à l'ensemble du chauffage un supplément d'eau chaude, qui, à un moment donné, empêchera le refroidissement ; il jouera donc le rôle de volant dans l'accumulation du calorique, comme le volant circulant dans l'accumulation de la force mécanique.

DES GÉNÉRATEURS OU CHAUDIÈRES

DIMENSIONS DE LA CHAUDIÈRE

Nous avons deux éléments à déterminer : la surface de la grille et la surface de chauffe.

Il faut admettre que 1 kilogr. de houille dont la puissance calorifique théorique est de 8 000 calories n'en donne efficacement que 3 000 ; le rendement est donc de 40 p. 100 seulement.

Un mètre carré de surface de grille pouvant brûler 50 kilogr. par heure, on en déduira la surface totale de la grille et aussi la consommation moyenne de charbon par année en admettant 150 à 180 jours de chauffage suivant les serres et les climats.

Pour déterminer la surface de chauffe on se basera sur ce fait que 1 mètre de surface laisse passer 7 000 calories par heure.

DU MÉTAL A EMPLOYER DANS LA CONSTRUCTION DES CHAUFFAGES DE SERRES

1° Tuyaux.

Faut-il employer des tuyaux en fonte ou en cuivre ?

La fonte employée a généralement 6 à 7 millimètres d'épaisseur, elle est de couleur noire ou tout au moins grisâtre.

Le cuivre a $0^m,001$ à $0^m,001$ et demi d'épaisseur et est brillant.

On sait que la couleur a une influence dans le rayonnement de la chaleur ; un métal poli rayonne mieux qu'un métal terne ; d'autre part l'air circulant autour d'un corps chaud glissera davantage si ce corps est poli, tandis que s'il est rugueux, il y adhérera davantage et lui prendra plus de chaleur dans le même temps si le contact est plus intime.

Mais la somme de chaleur transmise par rayonnement et par contact est sensiblement la même dans les deux cas. Considérons une serre tempérée, destinée à l'emmagasinement des plantes en hiver. Ce que nous devons y chercher avant tout, c'est une égalité de température en tous les points de la serre ; cette égalité ne sera obtenue que si la plus grande quantité d'air possible vient s'échauffer au contact des tuyaux, et va ensuite répandre son calorique en se mélangeant dans les parties les plus froides.

La fonte a donc son emploi, et comme elle présente une sérieuse économie sur les tuyaux en cuivre, elle est dans ce cas préférable à tous les points de vue.

Considérons au contraire une serre chaude.

Nous avons vu que pour multiplier, il faut envoyer sous la bâche le plus de chaleur possible pour que la racine des plantes soit à une température suffisante, il faut que le tuyau rayonne.

Le cuivre poli est indiqué là de préférence à la fonte.

Le coefficient de conductibilité est sensiblement le même pour la fonte et le cuivre et plutôt à l'avantage de ce dernier ; les différences de chaleur transmise ne sont dues qu'aux modes de transmission différents : par rayonnement ou par convection.

2° Chaudières.

Les chaudières se font en cuivre, en tôle ou en fonte.

On a étudié d'une manière approfondie la façon dont une chaudière peut s'user.

C'est premièrement par un coup de feu, c'est-à-dire quand l'eau de la chaudière vient à manquer, ou que par un cantonnement de vapeur sur une paroi exposée au feu, la matière vient à se gondoler, à se ronger et enfin à brûler.

Deuxièmement, par l'accumulation du tartre à l'intérieur de la chaudière, la paroi métallique n'étant plus refroidie subit le même phénomème que dans le premier cas.

Ces deux conditions ne se produisent que dans les chaudières à vapeur et non dans les chaudières à eau, où il se produit peu de vapeur, à moins d'un excès de puissance du foyer (et alors la chaudière a été mal calculée), et où le tartre ne peut se produire, puisque c'est toujours la même eau qui est dans le circuit.

Pourtant les chaudières à eau s'usent très rapidement ; ce fait est attribuable uniquement à la mauvaise qualité des charbons employés qui contiennent du soufre, lequel ronge la paroi de la chaudière.

Nous devons donc chercher dans la construction de la chaudière, le métal le moins attaquable par l'acide sulfureux, et c'est le cuivre.

La tôle et la fonte sont à peu près dans les mêmes conditions de résistance vis-à-vis cet agent de détérioration.

On doit dans tous les cas éviter la tôle galvanisée, qui résiste tant que le zinc n'a pas été attaqué ; mais une fois celui-ci disparu, la détérioration s'accentue d'autant plus qu'il se forme entre les deux métaux un élément électrique.

3° Formes de chaudières.

Elles se divisent en deux classes : les chaudières horizontales et les chaudières verticales.

Nous avons omis de parler des tuyaux à petit diamètre; nous réparons cet oubli.

Les tuyaux sont en fer, étirés et soudés à chaud; d'un diamètre extérieur de 0^m,027 et de 0^m,015 intérieur.

Dans ce système (Gandillot) la chaudière n'existe pas, c'est un serpentin générateur contenu dans un fourneau en brique ou en fer.

Les chaudières horizontales sont à retour de flamme, ont souvent en coupe transversale la forme d'un fer à cheval; elles sont tubulaires pour augmenter la surface de chauffe; les tubes sont placés dans le sens longitudinal et dans le sens transversal suivant les systèmes; la flamme après avoir léché les parois du foyer retourne sur elle-même en passant par les tubes avant de revenir au tuyau de fumée.

Les chaudières à chargement continu, donne ce qu'on appelle la combustion à feu lent, qui est loin d'être économique.

La combustion en effet au lieu d'être complète, et au lieu de transformer le charbon en acide carbonique ne produit que de l'oxyde de carbone.

Le seul avantage de ces chaudières est de donner un chauffage non interrompu.

On fait encore de nombreux systèmes de chaudières verticales, dont beaucoup affectent la forme du poêle Choubersky, d'autres sont tubulaires (système Lebœuf).

Enfin on emploie aussi le thermo-siphon, chauffé au gaz (système Leclerq, Bailly, Fonteneau et Cie).

Nous ne voulons pas terminer, sans parler d'un appareil qui est le complément presque indispensable d'un chauffage bien compris.

Quel que soit le système de chaudière employé on doit compter avec l'extinction et les coups de feu possibles. Nous en avons vu précédemment les inconvénients soit au point de vue des plantes pour lesquelles l'extinction du foyer peut produire un refroidissement funeste, soit à celui des chaudières qui peuvent être mises hors d'état de service par un coup de feu.

RÉGULATEUR

Cet appareil (système O. André) est basé sur la dilatation du métal, son allongement ou sa contraction suivant les variations de température.

Il a pour objet de ralentir ou d'accélérer la combustion dans les foyers des chaudières de façon à la régulariser et permettre d'obtenir et de conserver une température déterminée et constante, sans être astreint à une surveillance continuelle du feu.

Dans un appareil de chauffage, la température des produits de la combustion passant par la cheminée est à peu près constante si le feu est lui-même constant; elle varie instantanément si l'intensité du foyer augmente ou diminue, et cela avant que cette variation se soit fait sentir dans les locaux à chauffer.

Une tringle métallique placée dans le trajet de ces gaz, garde sensi-

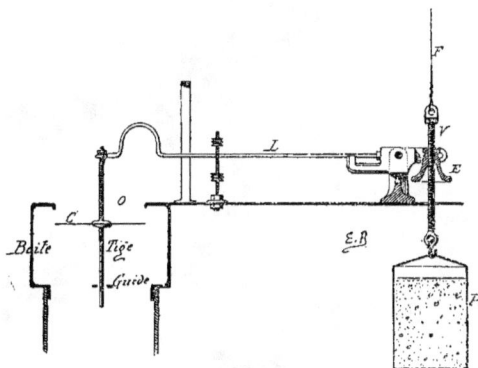

FIG. 317 *bis*.

blement sa longueur tant que la marche du chauffage reste normale; elle s'allonge quand la combustion est exagérée, ou se raccourcit quand celle-ci se ralentit.

Fig. 317 *bis*. La tringle F attachée à un point fixe traverse la cheminée dans le sens de sa longueur, et vient s'attacher en haut de la vis V; le crochet inférieur de la vis V reçoit un poids P, qui tend fortement la tringle. La vis V est articulée sur le levier L dont l'extrémité porte le clapet C.

L'arrivée d'air étant en O, ouverture d'admission, supposons que le feu se ralentit.

Il se produira immédiatement dans la cheminée un refroidissement, la tringle F se contractera, et tendra à relever le petit bras de levier L, le grand bras s'abaissera, le clapet C descendra, l'ouverture d'admission sera augmentée, et la combustion se trouvera activée.

Supposons maintenant au contraire que le feu est excessif.

L'échauffement qui se produira dans la cheminée fera dilater la tige F, elle s'allongera et le poids P fera descendre le petit bras du levier; le grand bras sera relevé et le clapet C viendra fermer l'ouverture O.

Mais en fonctionnant ainsi on n'obtiendrait que des variations de température qui seraient nuisibles et l'appareil serait au moins inutile.

Il faut donc le régler.

L'admission d'air dépendra de la température extérieure et du degré thermométrique qu'on veut obtenir dans la serre; on n'aura donc, se basant sur ces données, qu'à régler l'orifice d'admission, ce qu'on obtiendra à la main en se servant de l'écrou E.

CHAPITRE VIII

VOLIÈRES, TONNELLES, KIOSQUES

VOLIÈRES

Les volières font partie de la décoration des parcs et jardins, et sont d'une très grande ressource décorative si leur emplacement est bien choisi.

Elles se font de dimensions très variables suivant la quantité et la taille des oiseaux qui doivent les occuper, leurs formes varient aussi, les plus favorables sont les polygones, la forme ronde est difficile à grillager, on ne peut tendre le grillage que dans un sens.

Le premier exemple que nous donnons (fig. 318), est carré en plan de 1ᵐ,50, côté (fig. 319), construit en fer rond de 0ᵐ,010 et grillage, toute l'ornementation est en fer carré de 0ᵐ,014 pour les consoles et 0ᵐ,011 pour les remplissages, les tire-bouchons sont en fer rond de 0ᵐ,09.

Fig. 319.

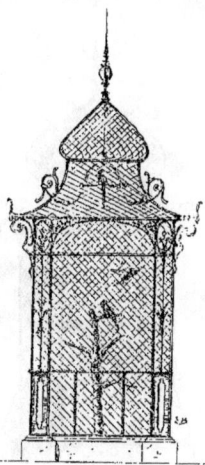

Fig. 318.

Plus importantes, on peut construire les volières en fer creux (fig. 320, 321). Ce modèle a 2 mètres de diamètre, est orné de consoles renversées au pied, en fer plat de 25 × 9, remplies de rinceaux en fer de 20 × 9 et 20 × 5, colonnettes en fer creux de 0^m,045 de diamètre, les traverses en fer rond creux de 0^m,030 sont assemblées à goujons et goupillées.

Une frise croisillonnée en fer plat de 20 × 5, est portée par une tra-

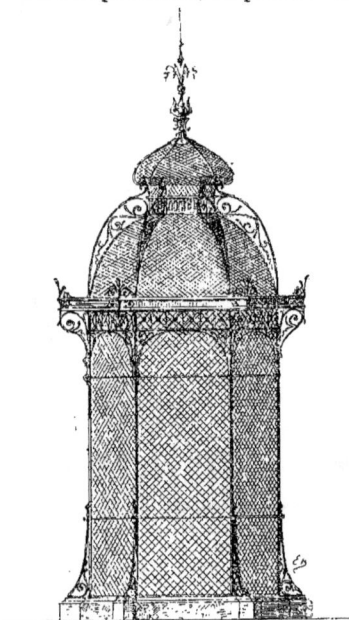

FIG. 320.

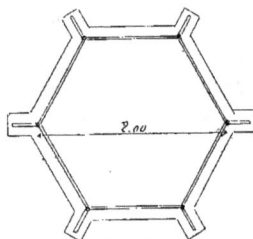

FIG. 321.

verse en fer plat 25 × 14 et soutenue et équerrée par des consoles 25 × 11, avec rinceaux 20 × 7; un faux chéneau sans fond, règne autour, forme corniche et est supporté par des consoles qui reposent sur un petit chapiteau enfilé sur la colonne dont la partie inférieure porte une base également en fonte.

Les arêtiers sont faits en fer plein de 0^m,020, doublés d'un rinceau en fer de 0^m,016, avec remplissage de 0^m,011, tous ces fers ronds, ces arêtiers s'assemblent sur une couronne en

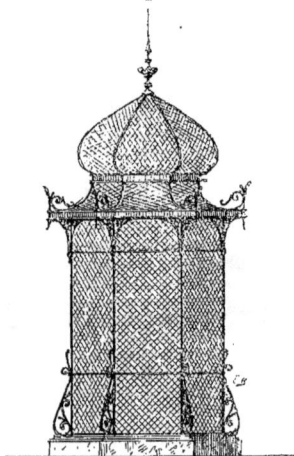

FIG. 322.

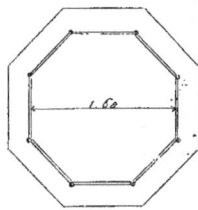

FIG. 323.

tôle perforée, armée de fer demi-rond, et qui supporte le lanterneau fait également en fer rond de 0^m,014.

Le tout est couronné par un petit épi en fer forgé.

Les figures 322, 323 donnent une volière sur plan octogonal de 1^m,60 de diamètre inscrit, et construite comme la précédente.

GRILLAGE

Le grillage employé pour clore les volières, est monté sur cadres en fer rond, qu'on vient fixer en place par des platines en forme de triples crampons, qui serrent en même temps le montant de volière et les deux cadres des panneaux grillagés; les vis ou boulons passent entre le cadre et le montant.

TABLEAU DES FILS

AVEC POIDS, NUMÉROS A LA JAUGE ET DIAMÈTRES

Extrait du *Manuel du serrurier*. (Encyclopédie Roret.)

NUMÉROS des fils	DIAMÈTRES exprimés en millimètres	POIDS de 100 mètres de longueur	LONGUEURS d'un kilogr. pesant	NUMÉROS des fils	DIAMÈTRES exprimés en millimètres	POIDS de 100 mètres de longueur	LONGUEURS d'un kilogr. pesant
		kilogrammes	mètres			kilogrammes	mètres
30	14.00	113.500	0.64	8	1.17	0.819	122
29	12.50	92.072	1.08	7	1.09	0.700	143
28	11.00	71.303	1.4	6	1.02	0.612	163
27	9.65	54.706	1.8	5	0.95	0.533	187
26	8.55	42.763	2.3	4	0.88	0.468	213
25	7.70	34.916	2.8	3	0.81	0.386	259
24	7.00	28.875	3.4	2	0.74	0.332	301
23	6.35	23.838	4.2	1	0.68	0.272	364
22	5.70	19.611	5.1	Passe-perle	0.62	0.226	442
21	5.10	15.321	6.5	0	0.56	0.187	533
20	4.30	11.877	8.4	1	0.51	0.152	658
19	3.90	8.580	11.6	2	0.46	0.128	785
18	3.40	6.429	15.6	3	0.41.5	0.105	952
17	2.90	4.950	20.2	4	0.37	0.086	1162
16	2.50	3.667	27.3	5	0.33	0.068	1470
15	2.20	2.852	35	6	0.29	0.053	1887
14	1.98	2.381	42	7	0.25	0.043	2326
13	1.80	1.905	52.4	8	0.22	0.034	2941
12	1.64	1.596	62.7	9	0.20	0.027	3704
11	1.56	1.324	75.5	10	0.18.5	0.020	5000
10	1.38	1.169	85.5	11	0.17	0.015	6666
9	1.27	0.949	105.4	12	0.16	0.010	10000

TABLEAU DES MAILLES ET FILS EMPLOYÉS POUR DIVERSES CLOTURES

MAILLES en millimètres	NUMÉROS des Fils	DÉSIGNATION DES EMPLOIS
13	1 à 5	Volières, huitrières.
16 19	5 à 8	Volières et faisanderies.
25	6 à 10	Poulaillers, faisanderies, parcs à perdreaux.
31 34 37	6 à 10	Poulaillers, clôtures à lapins et autres.
41	6 à 12	Clôture de chasse, parcs et jardins.
51	6 à 12	Parcs et jardins, usages divers.
57 75 100	8 à 16	Clôtures, entourages divers.

GRILLAGE SANS TORSION, DIT GAYER

On peut aussi employer, comme plus décoratifs, les grillages sans torsion (système Joannès), qui se font en fers ronds ou carrés, et peuvent être employés comme clôture, même en concurrence avec la grillette.

Ce grillage se fait en mailles, de $0^m,01$ jusqu'à $0^m,12$; renvoyé en deux sens il peut former des figures géométriques, des étoiles par exemple, qui sont d'un bon effet.

TONNELLES, GLORIETTES

Les tonnelles sont des berceaux, qu'on établit dans les jardins, et après

Fig. 324.

lesquels on fait monter des plantes grimpantes; on peut les garnir de

grillage à grandes mailles pour permettre au feuillage une plus grande
solidité ; nos figures 324, 325, 326 donnent des exemples de formes

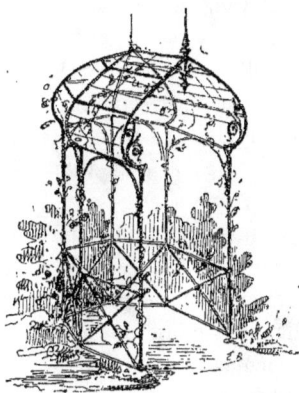

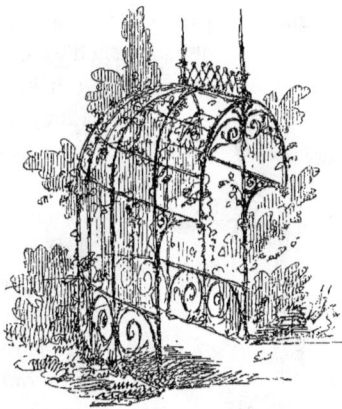

FIG. 325.   FIG. 326.

diverses ; ces modèles peuvent être construits en fer rond, mais nous
recommanderons l'emploi du fer T comme moins lourd et plus rigide ; sa
section a peu d'importance puisque les fers sont destinés à être cachés.

Nous y avons introduit l'élément décoratif dans les parties qui reste-
ront toujours vues, mais on peut faire plus simple, et donner à ces berceaux la rigidité nécessaire en croisillonnant les panneaux avec des fils
de fer.

KIOSQUES

Le mot kiosque est d'origine turque, et signifie sensiblement la même
chose dans cette langue ; il correspond à belvédère.

Les kiosques sont de petites constructions généralement ouvertes, et
composés d'une toiture pyramidale ou conique reposant sur quatre, six,
huit ou douze colonnettes, ou colonnes.

Les kiosques sont aussi quelquefois fermés, soit en bois, en brique, ou
en verre ; leurs destinations sont multiples ; on y vend des journaux, et
on y donne des concerts ; ils servent, comme points de vue, belvédères,
à couvrir des sources, rendez-vous de cavaliers, abris divers, etc., etc.

Nous avons composé nos dessins, pour donner dans les limites de
notre cadre le plus de variété possible, comme types, et des détails de
construction pouvant servir de base à l'étude de tous les kiosques indifféremment.

KIOSQUES-POINTS DE VUE

La figure 327 est un petit kiosque-point de vue, en fer rustique, couvert en chaume, et couronné d'un épi en fer.

Composé de six montants, reliés à hauteur d'appui par une main-courante, et en haut par deux ceintures soulagées par des consoles, l'espace entre les deux couronnes est garni d'un branchage formant rinceau rustique.

De chaque montant part un arêtier soutenu par une console; trois cercles fixées sur les arêtiers portent le chaume attaché par des ligatures en fil de fer; toutes les consoles viennent, par bouquets de trois, s'assembler sur les montants et sont ligaturées en fer demi-rond de 6 à 7 millimètres.

Fig. 327.

Ce kiosque doit être placé sur un rocher dans lequel sont disposés un certain nombre de degrés ou marches bruts pour en faciliter l'accès.

Pour la même destination nous donnons le kiosque-point de vue fermé (fig. 328). Plus soigné, celui-ci est construit de six montants en fonte ou en fer façonnés à l'angle voulu, et habillés de cornières; la partie inférieure est fermée par des panneaux en tôle avec cadres en moulures, ou tables unies en tôle; la frise est décorée de rinceaux en fer forgé.

Les éléments de construction, consoles et arêtiers, sont comme dans le précédent, mais en fers différents; les consoles sont en fer méplat et les arêtiers en fer T.

L'avant-toit, très prononcé pour faire de l'ombre, est couvert en zinc uni, tandis que le comble en forme de dôme est en zinc ou en cuivre écaillé; les petits bois peuvent

Fig. 328.

être en fer T ou en fer à vitrage mouluré.

Ce kiosque est élevé sur un soubassement en maçonnerie et on y accède par un escalier en pierre.

La décoration, outre les rinceaux et consoles, est faite d'un bandeau
motivé aux angles par des cartouches en tôle repoussée.

KIOSQUES A JOURNAUX

Les figures 329, 330 représentent deux kiosques d'importance différente, mais destinés au même usage; la vente des journaux ou autres objets sur la voie publique.

Ces kiosques se font en fer et bois, quelquefois tout en bois; dans nos

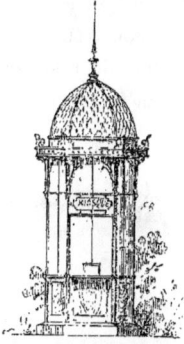

Fig. 329.

Fig. 330.   Fig. 331.

exemples, le bois n'entre dans leur composition que pour le soubassement et le voligeage; tout le reste de la construction est en fer et verre.

KIOSQUES DE PARCS

Dans un parc le kiosque est un point de repère, un lieu de rendez-
vous; il doit être placé de manière à être vu de loin, quel que soit l'endroit
où l'on se trouve; on doit aussi de l'endroit choisi pour le kiosque dé-
couvrir les plus beaux, les plus intéressants points de vue de la contrée;

il sera placé assez élevé, pour permettre une belle végétation environ-
nante, sans cependant gêner la vue. Notre
figure 331 représente un kiosque de parc
hexagonal; il est monté
sur un empierrement à
sec, comme on voit au
plan (fig. 332), dans le-
quel on a réservé un
escalier d'accès; les six
colonnes sont scellées

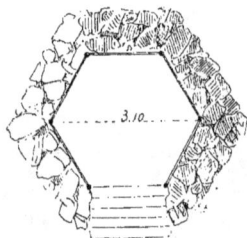

Fig. 332.

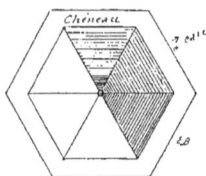

Fig. 333.

dans un massif de maçonnerie, pour permettre à l'ensemble de résister
aux coups de vent. La couverture est en zinc avec chéneau au pourtour
(fig. 333).

DÉTAIL DE LA CONSTRUCTION

Les colonnes sont en fer creux de 0m,07 de diamètre extérieur; elles

Fig. 334.

sont garnies de bases, bagues et chapiteaux en fonte; elles sont réunies
entre elles par deux ceintures en fer feuillard, ou en tôle, de 4 millimètres

d'épaisseur et 0ᵐ,115 de large, ajourées de trous ronds, ou de jours formés de quatre ou six coups de poinçon et moisies de deux fers cornière 20 × 20 (fig. 334).

L'assemblage sur la colonne est fait par deux demi-colliers qui em-

FIG. 334 *bis.*

brassent la ceinture et la colonne, et sont boulonnés ensemble ; au-dessus de la ceinture supérieure vient se placer le chéneau de 0ᵐ,18 de hauteur et 0ᵐ,50 de largeur.

Cette dimension, très excessive eu égard à la quantité d'eau à recevoir, est là pour accentuer le profil du kiosque ; ce chéneau est composé d'un fond en tôle de 3 millimètres et demi et de deux côtés en 3 millimètres armé de cornières 35×35, avec une grande moulure creuse de $0^m,05$ en haut et un fer demi-rond par le bas.

Les arêtiers sont en fer T de 40×45 placés la crête en haut pour faire feuillure au voligeage ; ces arêtiers sont soutenus par des consoles en fer plat 40×16 assemblées sur les colonnes au-dessus des chapiteaux et sous les arêtiers au moyen de vis ; les arêtiers viennent s'assembler au sommet au moyen de gobelets dont nous donnons le détail au chapitre XIII (assemblages).

Partant des chapiteaux et s'assemblant sous la ceinture inférieure sont des consoles en fer 35×14 destinées à rendre le kiosque rigide et à empêcher le roulement et la torsion qui pourraient se produire ; ces consoles sont remplies de légers rinceaux en fer forgé et estampé.

Pour porter le chéneau, d'autres consoles également en fer plat sont montées sur chaque colonne dans le prolongement de l'axe des colonnes extrêmes ; l'espace entre les deux ceintures est rempli par un rinceau en fer plat, composé de fers de divers échantillons.

Le voligeage est apparent, à baguettes et par frises de $0^m,10$; les arêtiers sont percés de trous de passage de vis pour fixer les voliges.

Le garde-corps indiqué dans la figure, représentant l'ensemble du kiosque, peut varier ; on en trouvera des motifs au chapitre XI. La figure 334 *bis* est une variante avec avant-toit.

KIOSQUES A MUSIQUE

De nos jours presque toutes les villes ont leur kiosque à musique ; les nombreuses Sociétés, qui se sont formées depuis une quinzaine d'années, ont puissamment contribué à répandre le goût des concerts. Les Sociétés d'orphéons, de fanfares, etc., qui se fondent chaque jour nécessiteront la construction de kiosques partout où il n'y en a pas encore.

Le kiosque à musique doit être élevé de $1^m,20$ à $1^m,50$ au-dessus du sol suivant la conformation du terrain environnant ; on le fait généralement octogone avec $2^m,90$ à 3 mètres de hauteur sous sablière et plafonné en bois à 1 mètre environ de la ceinture sablière.

Celui que nous représentons (fig. 335, 336) a $4^m,25$ d'apothème, ou $8^m,50$ de diamètre inscrit, ce qui correspond à une surface de 60 mètres carrés, chiffre rond ; nous avons adopté le parti de colonnes couplées comme plus décoratif et donnant plus d'apparence de force aux supports

FIG. 235.

verticaux, ce qui fait défaut dans un grand nombre de kiosques exécutés, où l'énorme masse de toiture est posée sur quelques grêles colonnes qu'on aperçoit à peine.

Aussi conseillons-nous l'emploi des colonnes en fonte, creuses, d'un

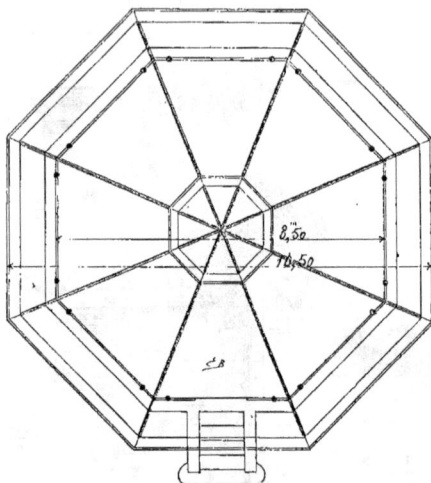

FIG. 336.

diamètre d'aspect solide, sans être lourd, et bien en rapport avec tout le reste de la construction.

Les colonnes sont réunies entre elles par des tôles découpées et poinçonnées formant à la fois poutres et consoles (fig. 337).

Les arêtiers sont comme dans le cas précédent, mais en fers plus forts

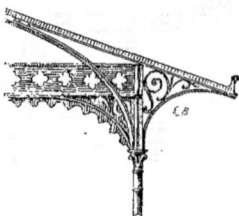

FIG. 337.

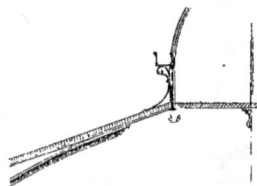

FIG. 338.

suivant l'importance du kiosque et supportés par des consoles, puis viennent buter sur la ceinture du lanterneau (fig. 338).

TABLEAU DES DIAMÈTRES ET SURFACES DES KIOSQUES

SUIVANT LE NOMBRE DE MUSICIENS OU CHORISTES

| DIAMÈTRES | SURFACES | EMPLACEMENTS PAR MUSICIEN OU CHORISTE | | |
		Carré 0,80 de côté ou 0mᵉ,640	Carré 0,75 de côté ou 0mᵉ,526	Carré 0,50 de côté ou 0mᵉ,250
		Nombre de musiciens	Nombre de musiciens	Nombre de choristes
5	19,625	30	35	75
6	28,260	44	50	112
7	38,467	60	68	153
7,50	44,156	68	78	176
8,00	50,240	78	89	200
8,50	56,716	88	100	226
9,00	63,585	99	113	250
9,50	70,846	110	122	280
10,00	78,500	122	140	350

NOTA. — Les surfaces ci-dessus sont calculées sur le cercle inscrit, les angles sont la compensation de la place plus grande exigée pour le chef d'orchestre et les gros instruments.

CHAPITRE IX

AUVENTS, MARQUISES, VÉRANDAHS, BOW-WINDOWS

AUVENTS

Les auvents sont de petites toitures fixes, en saillie sur un corps de bâtiment, pour abriter un perron, une entrée, ou faire un passage couvert, sur une certaine longueur, et réunir deux ouvertures qui ne communiquent pas de l'intérieur.

AUVENT HAUBANÉ SIMPLE

Le plus simple, et aussi le plus économique, comme les figures 339, 340 l'indiquent; il est composé d'une cornière solin, d'une sablière, et de chevrons; le tout est suspendu à un hauban ou tirant rond de 11 millimètres de diamètre et peut être couvert de zinc ou en verre.

AUVENT HAUBANÉ AVEC CHÉNEAU

Le même peut être fait avec chéneau à l'avant, pour recueillir les eaux; dans ce cas on renfoncera d'autant le tirant, que le chéneau sera plus considérable; l'emploi de la gouttière avec crochets décorés dont nous donnons plus loin des exemples, trouverait sa place ici.

AUVENT DROIT OU CINTRÉ SUR CONSOLES, SANS CHÉNEAU

Les figures 341, 342 représentent le cas d'un auvent vitré porté sur consoles ; la cornière solin est scellée, et porte les chevrons qui s'appuient

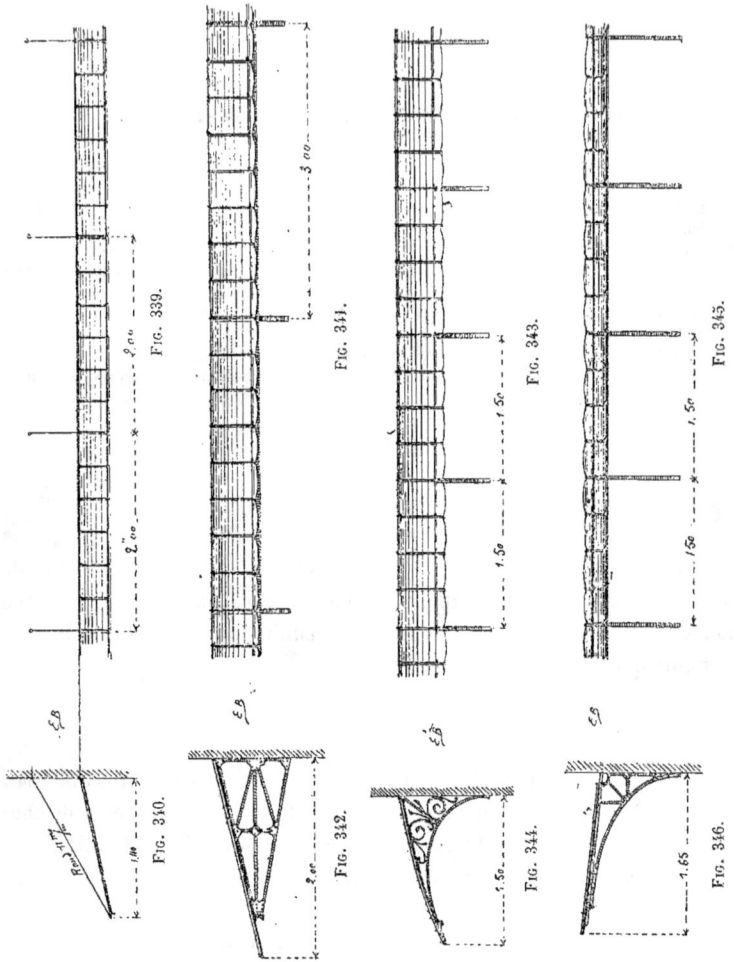

FIG. 339.

FIG. 341.

FIG. 343.

FIG. 345.

FIG. 340.

FIG. 342.

FIG. 344.

FIG. 346.

en bas sur la sablière ; chaque console est une petite fermette et le chevron qui l'accompagne est scellé à 0m,20 de profondeur. Les figures 343, 344 donnent une disposition du même ordre, mais avec consoles ornées et comble courbe.

LE MÊME AVEC CHÉNEAU

L'adjonction du chéneau modifie fort peu la figure 341; il est assemblé avec la fermette formée par le chevron et la console qui se trouvent écartés de la hauteur du chéneau auquel ils sont assemblés par des équerres.

AUVENT RELEVÉ AVEC CHÉNEAU A L'ARRIÈRE

Le chéneau est mieux placé ainsi; il charge moins; la descente des eaux est plus facile; cet auvent peut être fait haubané, ou avec bandeau à l'avant (fig. 345, 346). La console est composée en fers T assemblés à goussets; le chevron au droit de la fermette est assemblé avec elle, passe au-dessus du chevron et va en scellement.

AUVENT SUR COLONNES

Quand la saillie de l'auvent devient considérable, il est préférable d'employer des points d'appui verticaux; on peut alors donner plus d'é-

FIG. 347.

cartement entre colonnes, en prenant une sablière plus forte, un fer à double T par exemple, que l'on peut ajourer au poinçon pour modifier son aspect trop lourd.

L'exemple que nous donnons figure 347 est mixte, c'est-à-dire qu'il présente à la fois le cas sur consoles et celui sur colonnes.

Le détail (fig. 348, 349) donne la console, vue de profil et de face,

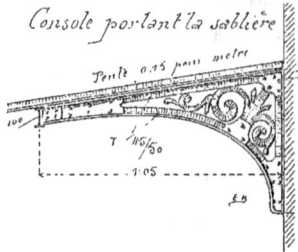

FIG. 348.

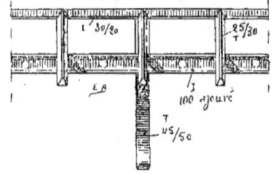

FIG. 349.

avec le mode d'assemblage de la sablière et des chevrons.

L'auvent sur colonne est dans le cas particulier motivé par une avancée

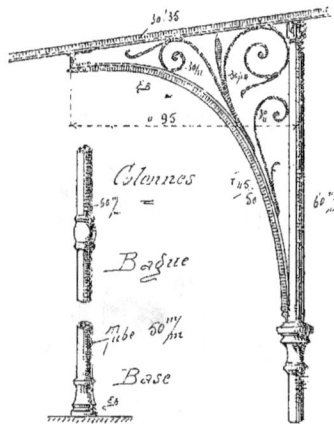

FIG. 350 et 351.

destinée à couvrir un perron. Les consoles, montées sur colonnes, (fig. 350, 351), portent une deuxième sablière qui supporte la saillie des chevrons formant l'avant-corps.

Les chevrons ont une grande saillie, et les verres sont découpés ou arrondis.

MARQUISES

Les marquises ne sont autre chose que des auvents ornés, de formes plus variées; généralement garnies de chéneaux, elles comportent une construction plus artistique; il ne s'agit plus seulement d'abriter; il faut aussi que la marquise entre dans l'ensemble architectural, avec son caractère spécial d'ouvrage métallique, mais s'accordant comme style et degré de richesse avec le bâtiment auquel elle est adjointe.

Nous procéderons dans notre examen en allant du simple au composé, partant de l'auvent marquise pour arriver à la marquise en fer forgé. On trouvera plus loin (chapitre XII) un choix considérable de consoles de toutes constructions, applicables aux marquises.

MARQUISE A UN SEUL ÉGOUT SANS CHÉNEAU

C'est un auvent, sur deux consoles remplies d'un cercle et de rinceaux.

On établit ordinairement les marquises sous le bandeau ou sous une

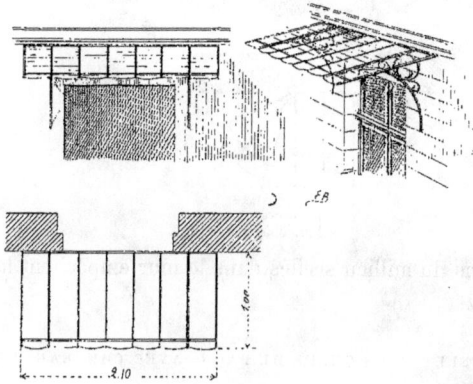

Fig. 352, 353 et 354.

saillie quelconque, ce qui est une garantie de plus contre les infiltrations d'eau.

Notre premier exemple (fig. 352, 353 et 354) est composé de :

Solin, cornière	40 × 20
Panne	30 × 30
Petits bois, fer T	25 × 30
Consoles, fer T	40 × 45
Remplissage, plat	25 × 9
— —	25 × 7

MARQUISE A ANGLES ARRONDIS

Sans chéneau comme la précédente, mais la forme un peu moins primitive, cette marquise est portée par deux consoles courbes. Les figures 355, 356, 357 représentent l'élévation, le plan et la vue de côté ; elle est composée :

Solin, cornière.	40 × 20
Ceinture sablière, cornière.	75 × 35
Petits bois, fer T	20 × 25
Consoles, plat	35 × 20
Remplissage plat	30 × 11
— —	30 × 7

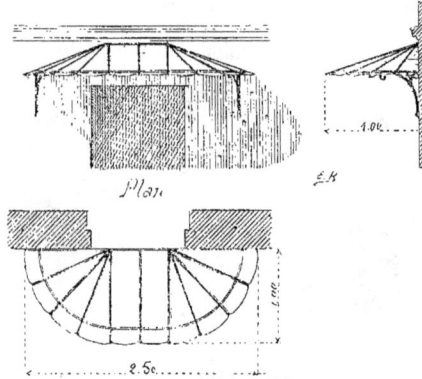

Fig. 355, 356 et 357.

Les chevrons du millieu scellés dans le mur empêchent la sablière de baisser du nez.

MARQUISE RELEVÉE EN QUEUE DE PAON, AVEC CHÉNEAU A L'ARRIÈRE

Dans cette marquise, tous les petits bois sont rayonnants (fig. 358,

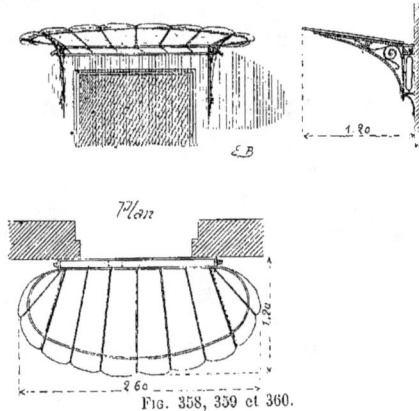

Fig. 358, 359 et 360.

359, 360); les eaux viennent s'écouler dans un chéneau placé à l'arrière comme on le voit au plan et sur la vue de côté ; quand la marquise est très petite, que la quantité d'eau à écouler est presque insignifiante, on peut faire le chéneau avec un fer à jet d'eau, un fer zorès ou tout autre dont la forme se rapproche de celle d'une gouttière.

Comme on le voit (fig. 359) dans le tracé en plan, la marquise est courbe et dépasse le chéneau de chaque côté.

FERS COMPOSANT CETTE MARQUISE :

Petits bois, fer T.	20 × 25
Ceinture, sablière, fer plat	40 × 11
Chéneau, feuillard, fond	120 × 2 ¹/₂
— — côtés	100 × 2 ¹/₂
— habillage. L	25 × 25
— moulure	25 × 9
— 1/2 rond	20 × 11
Consoles, plat	30 × 18
— remplissage plat	25 × 11
— — —	25 × 7
— — —	25 × 9

LA MÊME AVEC BANDEAU A L'AVANT

Cette marquise (fig. 361, 362, 363 est semblable à celle qui précède,

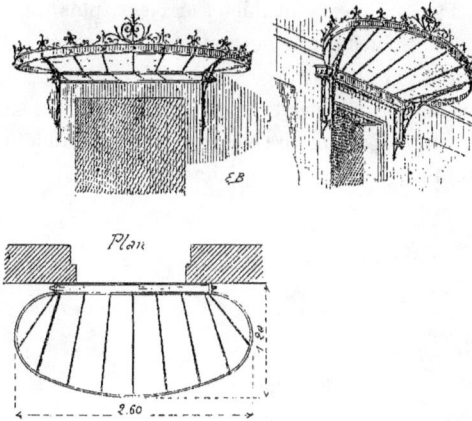

Plan

2.60

FIG. 361, 362 et 363.

mais est ornée d'un bandeau décoré et d'une galerie en fer forgé.

Voici sa composition :

Petits bois, fer T	20 × 25
Bandeau, feuillard	80 × 2 ¹/₂
— habillage L	20 × 20
— 1/2 rond	18 × 9

MARQUISE A DEUX ÉGOUTS SANS CHÉNEAU

Au-dessus d'une porte, la disposition représentée (fig. 364, 365, 366)

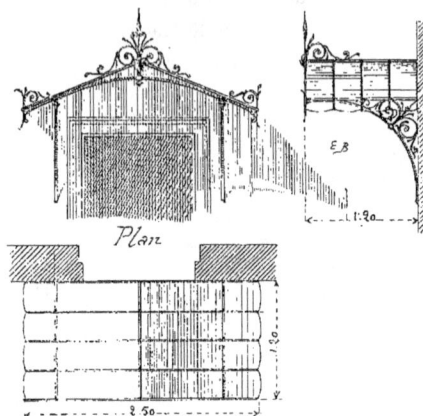

Fig. 364, 365 et 366.

est préférable ; l'eau de pluie est déversée sur les côtés ; elle est aussi plus agréable d'aspect; ses lignes sont mieux arrêtées, plus franches.

Si on la fait avec chéneau, elle nécessite deux descentes d'eau, ce qui est un inconvénient.

Les deux consoles qui la portent sont réunies sur la face par un arc qui forme avec les deux chevrons de rive une petite poutrelle qui empêche les poussées latérales, et supporte le faîtage.

FORCE DES FERS :

Petits bois, fer T . . . . 25 × 30
Faîtage, fer T . . . . 30 × 35
Consoles, plat. . . . . 30 × 16
Arc,　　—　　. . . . . 25 × 14
Ornements —　. . . . . 25 × 9
　　—　　　—　. . . . . 25 × 6
　　—　　　—　. . . . . 16 × 4 1/2

LA MÊME MARQUISE AVEC CHÉNEAU

Nous avons dit que le chéneau était défectueux dans ce genre de marquise, parce qu'il nécessite deux descentes ; si cependant on veut l'employer, on devra mettre sur la face un bandeau qui régnera avec, et sera décoré comme lui de moulure et rosaces.

MARQUISE A TROIS ÉGOUTS SANS CHÉNEAU

Elle est composée de deux consoles portant une sablière, deux arêtiers et des petits bois qui dépassent la sablière de 0m,20 environ.

LA MÊME AVEC CHÉNEAU

Le chéneau porte directement sur les consoles, et reçoit les arêtiers et petits bois (fig. 367, 368, 369).

Solin, cornière	20 × 20
Arêtiers. fers T	30 × 35
Petits bois, fer T	25 × 30
Chéneau, fond	140 × 3
— côtés	120 × 3
Consoles, fer plat.	35 × 20
— remplissage.	30 × 14
— —	30 × 9

Nous rappelons ici que la mesure de verre dite commerciale a pour limite 0m,42 de largeur.

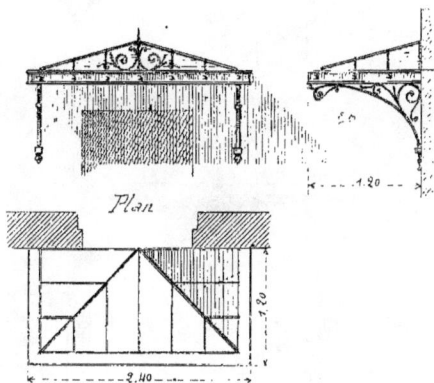

FIG. 367, 368 et 369.

Si le verre strié est employé, il convient d'augmenter en conséquence les forces des fers, et de donner plus d'écartement aux chevrons.

MARQUISE SUR COLONNES

En outre qu'elle est très décorative, la marquise sur colonnes permet de donner une grande avancée, de couvrir entièrement les perrons, et de faire suffisamment de saillie, pour permettre la descente de voiture à couvert.

Dans l'exemple (fig. 370, 371), le chéneau sert de poutrelle; il est

Fig. 370.

scellé dans la façade, repose sur la colonne et porte toute la partie en encorbellement.

Fig. 371.

Les deux colonnettes sont reliées par un arc, les angles remplis par des

rinceaux (fig. 370), qui repose sur les chapiteaux des colonnes à ses
deux retombées; la figure 372 est le plan.

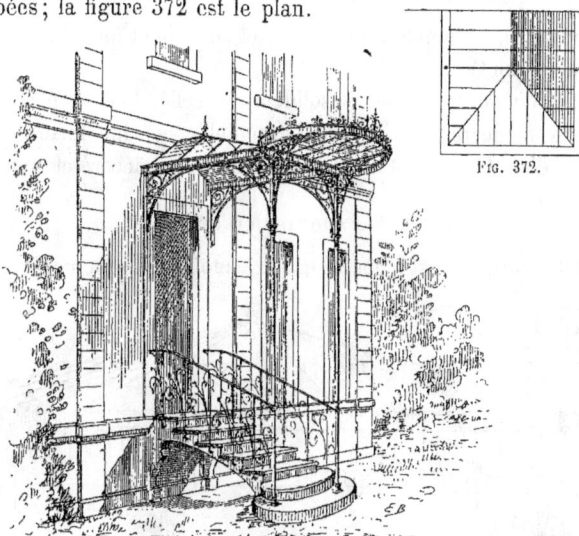

Fig. 372.

Fig. 373.

Ces marquises se font encore de la manière indiquée figure 373 avec
chéneau portant sur les colonnes
et en avancée une marquise semblable à celle décrite déjà et
représentée figure 361.

Les colonnes reçoivent des
arcs d'équerrage dans deux sens
(fig. 374).

Le plan (fig. 375) montre la
disposition du comble.

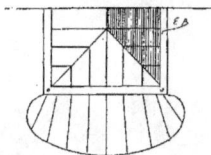

Fig. 374.   Fig. 375.

Ces marquises peuvent être garnies de lambrequins.

MARQUISE EN 1/4 DE SPHÈRE

Cette forme s'emploie rarement, et seulement quand on doit ménager la place à un éclairage important.

Le chéneau est cintré et solidement scellé; tous les petits bois cintrés sur un même rayon viennent s'assembler sur une forte plaque en tôle scellée dans le mur, et sur le chéneau qui est décoré et soutenu par des consoles.

MARQUISE CIRCULAIRE

Cette marquise est placée engagée à moitié dans un hémicycle (fig. 376,

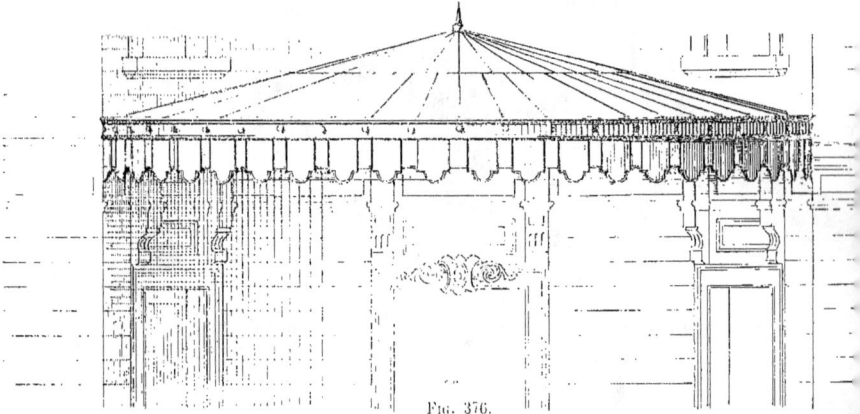

Fig. 376.

377); en A B du plan passe une ferme, que représente la figure 378, coupe AB.

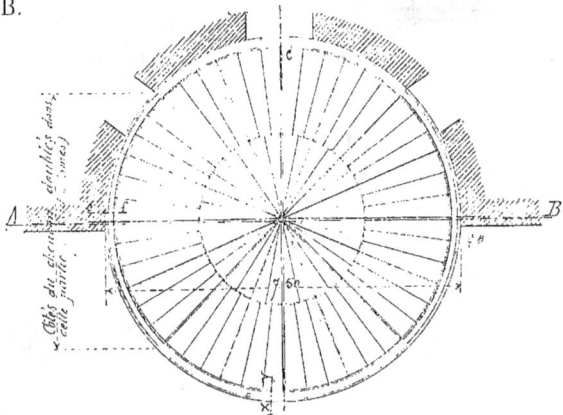

Fig. 377.

Dans toute la demi-circonférence le chéneau est scellé à la maçon-

nerie, et du sommet de la fermette solide on vient s'amarrer en C, et
on continue jusqu'au chéneau extérieur qu'on amarre de même; le ché-

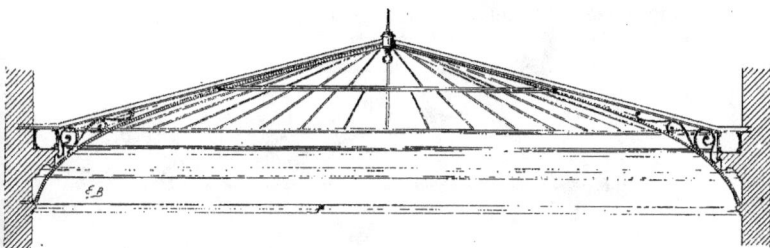

Fig. 378.

neau est alors porté moitié sur le mur et moitié en encorbellement
(fig. 379, coupe CD).

La solidité de l'ensemble est donc faite par la poutrelle qui sert à

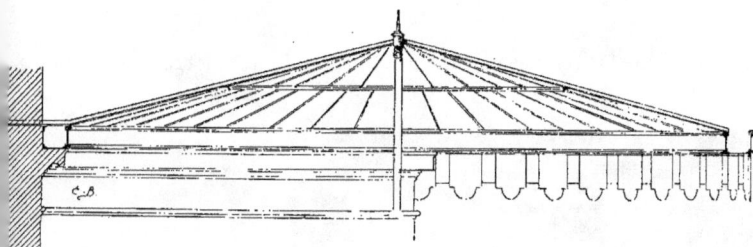

Fig. 379.

équilibrer le chéneau libre par le chéneau scellé, et aussi par le chéneau
lui-même dont la partie au droit de la fermette est renforcée comme
l'indique la coupe *ef* (fig. 380) de
deux épaisseurs de tôle d'acier intimement assemblées avec les côtés de
chéneau, tandis que le reste du chéneau conserve la section *xy* (fig. 381).

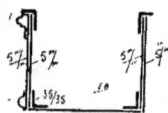

Fig. 380.   Fig. 381.

Il convient, en construisant, de donner une levée considérable au chéneau (de 0^m,05 à 0^m,07); pour le cas que nous représentons, l'ouvrage
en s'affaisant rétablira la ligne horizontale et on ne doit d'ailleurs pas
craindre de donner de la levée, parce que ces formes paraissent toujours
plonger.

Comme le montre l'élévation (fig. 376), le chéneau est garni de lambrequins vitrés.

MARQUISE EN FER FORGÉ

Cette marquise est à deux égouts avec chéneaux (fig. 382, 383, 384).

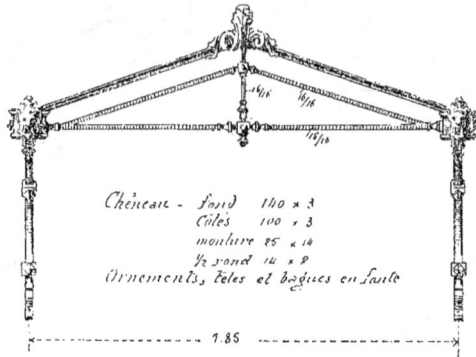

Chéneau - fond 140 × 3
Côtés 100 × 3
moulure 85 × 14
½ rond 14 × 8
Ornements, têtes et bagues en fonte

1.85

Fig. 382.

Les chéneaux sont reliés par un entretoisement en fer forgé avec parties

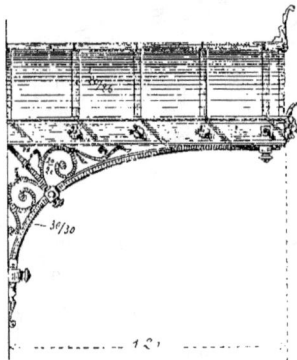

Fig. 383.

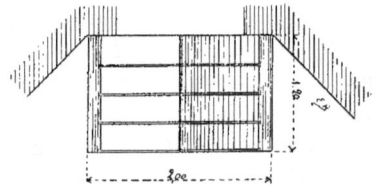

Fig. 384.

profilées; la rive formée d'une cornière est décorée d'un motif en fer repoussé (élévation, fig. 382).

Les consoles sont en fort fer, ornées de remplissages chanfreinés, et fixées au mur par de forts colliers à scellement.

MARQUISE EN FER FORGÉ A TROIS ÉGOUTS AVEC QUEUE DE PAON EN AVANT

Dans cette marquise, le chéneau est complet; il suffit donc d'un seul écoulement d'eau (fig. 385); ce chéneau est porté par deux poutrelles,

à croisillons ornés de rosaces, et sur chaque montant porte une consolette aplatie et découpée (fig. 386, coupe du chéneau).

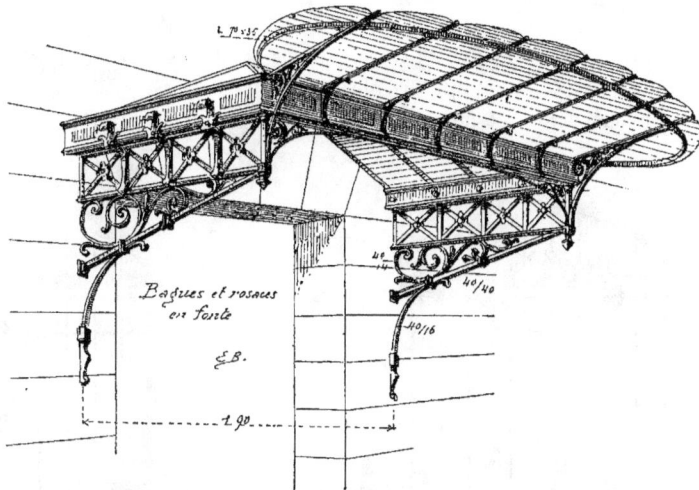

Les consoles en fer carré sont composées d'un élément droit, et ornées
et complétées par des rinceaux.

Le comble est à trois égouts et en avant est disposée une queue de

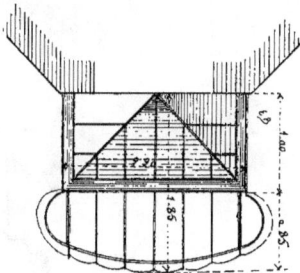

Fig. 387.

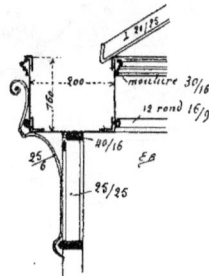

Fig. 386.

paon (fig. 385, 387), qui est supportée par des consoles prenant du
haut du chéneau et retombant au pied de la poutrelle.

VÉRANDAHS

Aux Indes, les vérandahs sont des galeries établies sur la façade des habitations pour communiquer à l'abri du soleil.

Nous avons donné ce nom à de petites annexes en fer et verre, que

Fig. 388 et 389.　　　　　　　　Fig. 390 et 391.

nous plaçons au droit d'un salon ou d'une salle à manger, au rez-de-chaussée.

Elles sont garnies de fleurs, quelquefois chauffées, et servent souvent de premier vestibule ; elles sont couvertes en verre, en zinc et parfois en terrasse couverte en plomb, et servent de balcon.

Les vérandahs se font de toutes les variétés de formes en plan, carrées, rectangulaires, à pans coupés, arrondies, etc. ; mais la forme à angles

d'équerre est la plus économique ; on fait les soubassements en maçon-
nerie, ou en tôle, et de différentes hauteurs, qui varient de 0^m,30 à 0^m,80.
En maçonnerie les bahuts ont ordinairement une brique d'épaisseur, soit
0^m,22, avec socle et tablette en pierre ; quand ils sont en tôle, celle-ci a
0^m,003 environ d'épaisseur, encadrée par une cornière, un fer plat
ou moulure, et décorée par un cadre coupé d'onglet et rivé.

La figure 388 donne l'élévation d'une vérandah, rectangulaire comme
l'indique le plan (fig. 389), et à trois égouts ; elle est formée d'un
chéneau en tôle et cornières qui reçoit la retombée des petits bois
(fig. 390), et de deux colonnes figurées à l'élévation et au plan (fig. 391) ;
ces colonnes sont en fer creux de 0^m,050 habillées de cornières, garnies de bases, bagnes et chapiteaux, et supportent un chéneau, composé
de :

Fond, feuillard	160 × 3
Côtés, —	140 × 3 et 250 × 3
Cornières d'assemblage.	25 × 25
Fer Z sablière	28 × 28
Moulure., ...	30 × 11
Demi-rond	20 × 9

Ce chéneau est soutenu, au droit des colonnes et des montants de

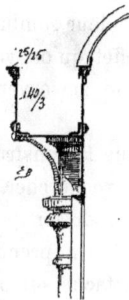

Fig. 392.   Fig. 393.   Fig. 394.

porte, par de petites consoles que les figures 392 et 393 montrent de
profil et de face.

Les colonnes sont réunies avec les montants de porte par des arcs,
ornés d'un léger remplissage.

La décoration du chéneau, en outre des profils, est faite par des rosaces ; les angles sont accentués par un motif forgé et le milieu motivé
par un cartouche d'où émerge un rinceau également en fer forgé (fig. 394).

Nous appelons l'attention sur la coupe du chéneau ; on remarque que la partie interne descend au-dessous du fond, et présente à l'ombre portée une partie pleine. Cette disposition est surtout pratique dans le cas de vérandah à terrasse ; le plancher se place de la hauteur du chéneau et l'excédent de tôle permet l'établissement d'une corniche.

BOW-WINDOWS

Bow-windows, mots anglais, qui se traduisent dans notre langue par : fenêtres en saillie.

Ce sont des balcons vitrés, à ossature métallique, qui peuvent recevoir des vitraux, des faïences, des terres cuites, etc., éléments très décoratifs qui se marient bien avec les membrures en fer.

On a souvent cherché à donner aux bow-windows une apparence de force en rapport avec les façades sur lesquelles on les applique ; on a pour cela employé des éléments lourds, tels que la fonte par exemple, reproduisant les profils de la pierre, régnant avec eux, et rentrant plus intimement dans le parti d'ensemble. Cela a des inconvénients très graves ; on ne peut donner à la fonte l'apparence de pierre que par la peinture, et la rouille, inévitable, l'interdit ; il faut la peindre de couleur sombre ; il serait donc meilleur et plus pratique, étant donné l'effet qu'on veut obtenir dans ce cas, d'exécuter ces profils en pierre, et ne conserver la fonte et le fer que pour les parties verticales.

Mais nous pensons, qu'étant admis l'emploi du fer dans la construction des bow-windows, il vaut mieux affirmer le métal, rechercher la plus grande légèreté, et profiter de la grande résistance du fer pour obtenir une saillie vitrée élégante, très fine, de manière à prendre moins de lumière à l'intérieur, et ne pas faire une lourde tache sur une façade.

Les bow-windows sont de deux sortes : ceux n'embrassant qu'une baie et ceux à étages superposés.

BOW-WINDOWS DE FENÊTRES

Comme pour les autres constructions les formes sont très diverses ; notre premier exemple (fig. 395, 396, 397) affecte la forme rectangulaire.

Il porte sur deux consoles placées sous une ceinture en fer double T assemblée aux angles et scellée à 0^m,25 au moins de profondeur, les angles

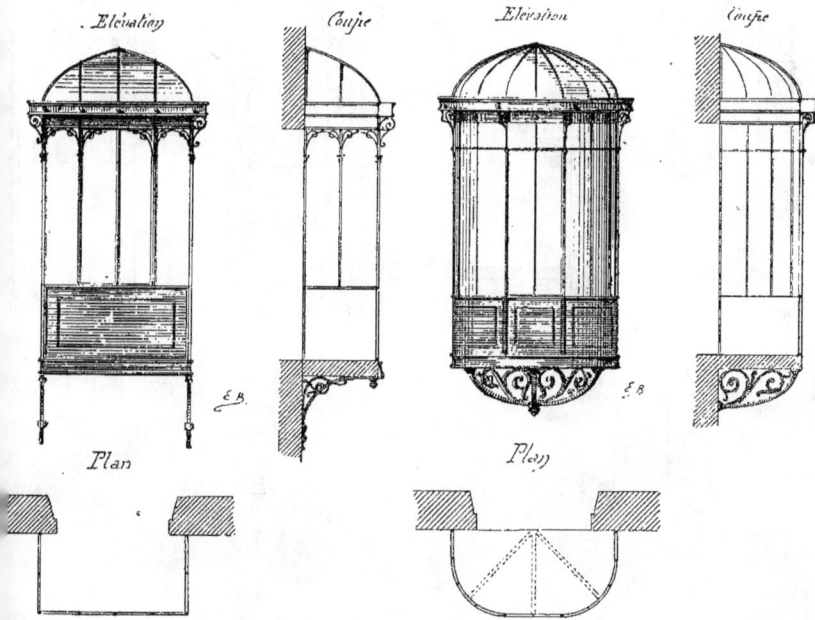

Elévation   *Coupe*   *Elévation*   *Coupe*

Plan   *Plan*

Fig. 395, 396 et 397.   Fig. 398, 399 et 400.

sont faits de deux fers carrés 36 × 36, habillés de cornières 36 × 16, et qui supportent le chéneau.

Le chéneau est solidement scellé et soutenu par les arêtiers également scellés ; le reste de la construction est semblable à celle de la vérandah que nous venons de décrire.

A angles arrondis sur trois consoles (fig. 398, 399, 400), le bow-window ne diffère du précédent que par la forme en plan, et les petits bois du comble, qui sont convergents.

L'exemple (fig. 401, 402, 403) est placé dans un angle, et porté par deux consoles ; on peut aussi employer le procédé de construction que nous avons indiqué pour les paliers de repos dans les escaliers, c'est-à-dire établir une bascule.

La forme en tourelle est très élégante ; on peut l'établir, comme nous l'indiquons (fig. 404, 405, 406) sur deux consoles, portant la ceinture, et le reste comme les précédentes ; les figures 405, 406 montrent la disposition

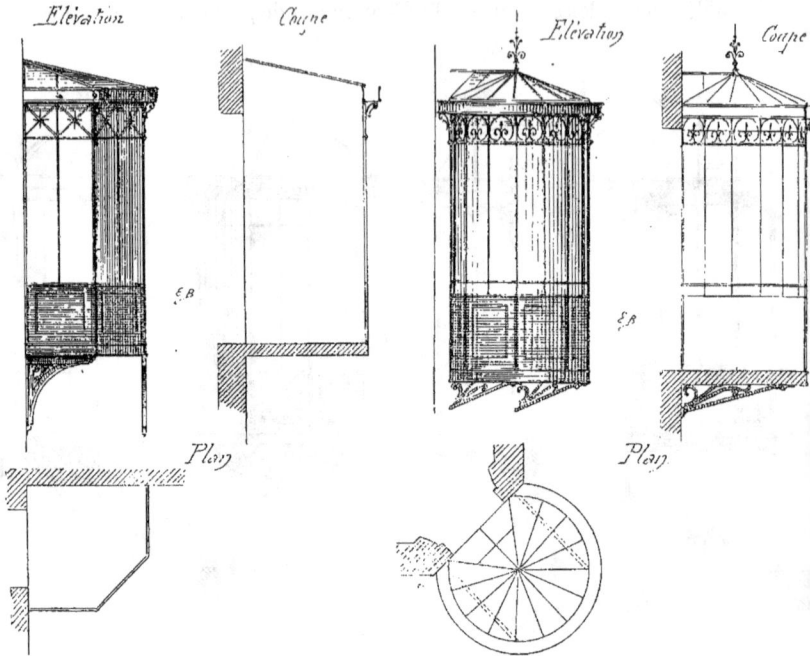

Fig. 401, 402 et 403.

Fig. 404, 405 et 406.

du comble, rayonnant en partie et relié à la construction par un petit faîtage et deux noues

BOW-WINDOWS A ÉTAGES

Quelquefois, on prévoit dans les planchers des solives d'encorbellement destinées à recevoir ces constructions ; c'est la meilleure et la plus solide construction ; le cas représenté figures 407, 408, 409 est entièrement en fer, susceptible d'une décoration beaucoup plus riche, et est orné de jardinières en fer et faïence.

Les figures 410, 411 variantes du premier sont construites de même.

Nous appellerons l'attention des constructeurs sur la difficulté que présentent souvent ces bow-windows, au point de vue du nettoyage des vitres ; on comprend qu'au quatrième étage par exemple l'accès extérieur est difficile, et qu'il est fâcheux d'être obligé de s'échafauder pour nettoyer des verres. On doit donc en construisant se préoccuper du nettoyage, et pour cela disposer des parties, ouvrantes en dedans, et assez

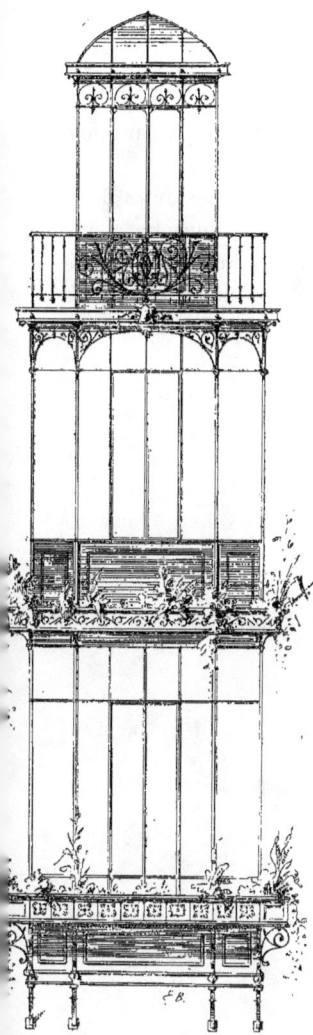

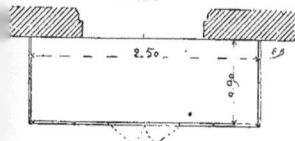

Plan

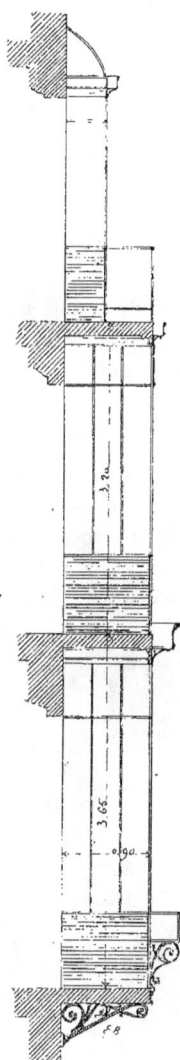

Plan

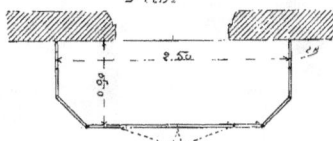

Fig. 407, 108 et 409.

Fig. 410 et 411.

fréquentes pour permettre d'atteindre avec le bras toutes les parois extérieures.

Les figures indiquent assez la construction en général, mais nous dirons cependant quelques mots au sujet de l'encorbellement, dans deux cas :

1° Dans le cas où on n'aurait pas prévu les solives passantes destinées à porter le bow-window, il faudra en revenir aux consoles et aux scellements ou encastrements profonds des parties résistantes : ceintures, chéneaux et panneaux de tôle ; de ces derniers surtout, étant donnée leur grande hauteur, on peut constituer d'excellentes potences, il suffit pour cela de les amarrer solidement.

2° Si l'encorbellement a été prévu, il doit être fait : ou bien avec une grande précision dans la pose des solives, dans leurs longueurs et dans leurs espacements, de manière que le constructeur du bow-window puisse, sans avoir rien à couper ou rallonger, réunir les fers solives, par une sorte de chevêtre porté ; ou encore en plaçant les solives d'une manière quelconque, dans un espace moindre que celui qu'occupera le bow-window, mais avec longueurs égales et trous percés pour assemblages. On vient alors rapporter une ceinture complète, la face et les deux retours, assemblée avec les solives.

CHAPITRE X

GRILLES

Grilles.— Hauteurs de clôtures. Grilles en fer demi-rond creux. En fer cornière. En fer U. En fer triangulaire. En fer rond creux.
Grilles en fer plein. — *Eléments de grilles dormantes*. Barreaux. Traverses, trous simples, renflés, congés, etc. Montants simples, montants à arcs-boutants. Scellements. Chardons, hérissons, artichauts, dards, épines. Bagues, palmettes, ornements de grilles. Cés, esses, etc. Compositions de grilles. *Eléments de grilles ouvrantes*. Montants pilastres. Pilastres. Crapaudines. Butoirs. Montants pivots, montants battements. Sommiers, Sabots. Traverses. Colliers. Coussinets en bronze. Chapiteaux de pilastres. Chasse-roues.
Grilles ouvrantes. — Guichets. Grilles à deux vantaux. Portes pleines. Compositions de frontons. Pour grilles. Pour guichets. Feuilles en tôle, fonte, bronze. Volets en tôle. Judas. Grilles de boucherie. Défenses de fenêtres. Défenses de soupiraux.

GRILLES

Les grilles sont des clôtures à jour, en fer, en bronze ou en fonte; nous ne nous occuperons que des premières, et ne traiterons de la fonte, que dans son emploi comme accessoires de construction de grilles.

Ces clôtures en fer sont soumises, comme celles en maçonnerie, aux hauteurs réglementaires de $3^m,20$ pour les villes de 50,000 âmes et au-dessus, et $2^m,60$ pour les autres. (Ces dimensions prises du sommet des pointes les plus longues.)

Bien que nous n'entendions traiter ici que des grilles en fer plein forgé, nous passerons cependant un rapide examen des principaux systèmes économiques, en fers nervé, creux, élégi, évidé, etc., qui sont employés dans la construction des grilles.

GRILLES EN FER DEMI-ROND CREUX SUR TRAVERSES EN FER PLAT FER CORNIÈRE, FER T, FER U

La grille en fer demi-rond creux se fait de plusieurs manières :
1° Rivé à plat, c'est-à-dire que le fer demi-rond creux est assemblé sur la traverse au moyen d'un rivet.

La traverse est un fer plat, un fer cornière ou un fer U.

Le fer demi-rond est aplati à son extrémité et coupé en pointe, ce qui lui donne la forme d'une lance.

2° Le même fer demi-rond creux traversé, c'est-à-dire que la traverse : en fer plat, fer cornière, fer T placé la crête horizontale, ou fer U placé les ailes en bas, est poinçonnée suivant la section du fer demi-rond pour lui livrer passage; le barreau est fixé par une goupille.

Vue de face une grille ainsi construite présente l'aspect d'une grille en fer rond, montée sur traverses en fer méplat.

GRILLES EN FER CORNIÈRE, AVEC TRAVERSES EN CORNIÈRE OU EN FER U

Ces grilles, imitent le fer carré présenté sur l'angle, et en produisent l'illusion jusqu'à 45° c'est-à-dire à la condition qu'on se place pour les voir à cet angle et qu'on ne le dépasse pas.

Le barreau est fixé sur la traverse par une vis ou une goupille.

GRILLES AVEC BARREAU EN FER U ET TRAVERSES EN CORNIÈRE OU EN FER U

Le barreau, en fer U, simule le barreau en fer carré, vu à plat, et passe comme les autres, par un poinçonnage, dans la traverse.

GRILLES EN FER TRIANGULAIRE, FER BAYONNETTE OU FER ÉVIDÉ AVEC TRAVERSES EN FER PLAT, L, T, U, ETC.

Le fer triangulaire a une section en triangle équilatéral, dont les angles sont arrondis, sur un rayon de $0^m,001$ à $0^m,003$, et dont les faces sont creusées, de $0^m,0025$ à $0^m,006$; ses dimensions mesurées au côté du triangle sont $0^m,013$, $0^m,018$, $0^m,025$ et $0^m,034$.

Principales combinaisons :

1° Cramponné rond, sur traverse en fer plat ou en cornière, mode qui n'est employé que pour les deux premières dimensions. Ce fer donne une bonne grillette; la traverse est poinçonnée de deux trous espacés de la largeur du fer, moins deux millimètres; celui-ci est encoché sur ses arêtes d'un millimètre environ; un crampon en bon fil rond de $0^m,004$, coudé à la demande, vient embrasser le fer, se loge dans les encoches, passe par les trous de la traverse, et est rabattu derrière.

Le coup est tenu par un tas dans lequel est ménagé la forme entière du crampon tout en laissant une certaine liberté au barreau, pour que le serrage se fasse complet.

2° Cramponné à plat, sur traverse en cornière, en fer U, etc., le fer évidé donne une grille solide ; ce crampon fer plat estampé, embrévé pour ainsi dire dans le barreau par les encoches, est rivé sur la traverse ou boulonné suivant les cas.

3° Traversant : les barreaux passent dans des traverses en fer U, poinçonnées de trous triangulaires, le plus couramment employé ce moyen donne une bonne grille ; le barreau est goupillé sur la traverse en U comme s'il s'agissait d'une traverse pleine. L'emploi de ce fer avec traverse pleine est coûteux ; vu la difficulté de perçage qui nécessite un trou central, trois trous pour les ailes, et la finition au bec-d'âne et à la lime ; il se prête cependant très bien à la torsion, même à froid et est d'un excellent effet.

GRILLES EN FERS RONDS CREUX

Les grilles en fer rond creux ont été très employées à une certaine époque ; le fer était cher et l'économie résultant de la différence de poids compensait assez celle du prix des fers pleins et creux pour en assurer la vogue ; l'élévation du prix du fer peut se produire à nouveau ; c'est ce qui nous engage à parler des fers creux.

Nous devons dire tout d'abord que le fer rond creux a tout à fait l'apparence du fer plein ; la traverse employée est pleine ; on fait la pointe du barreau en soudant à l'extrémité un fer plein qu'on allonge en pointe.

Ces fers sont bons pour la grille de boucherie, qui n'a pas de panneaux, ils chargent peu et fatiguent d'autant moins les traverses à congé.

Pour toutes ces grilles on fait les montants en fer plat, fer T, ou fer méplat ; le contrefort ou arc-boutant du montant en fer T se fait en fer plat et est assemblé par deux platines latérales.

On fait aussi des grilles courantes avec les fers légers ; dans ce cas les bâtis sont en cornière et ferrés de paumelles ; on peut aussi faire les bâtis en fer plein et le remplissage en grille légère.

Nous passons sous silence les clôtures en feuillard, les traverses en fers ronds creux et nombre d'autres essais, qui ne sont réellement que des sortes de treillages métalliques et ne sauraient présenter intérêt à être décrits ici.

GRILLES EN FER PLEIN

ÉLÉMENTS DE GRILLES DORMANTES OU FIXES

Les grilles dormantes se composent de :

1° Barreaux,

2° Traverses,

3° Montants simples,

4° Montants à arcs-boutants,

6° Parties en scellement.

BARREAUX

Les barreaux des grilles se font en fer rond ou en fer carré ; leurs dimensions varient de 0^m,016 à 0^m,025 et 0^m,03 ; pour la grille moyenne les barreaux ronds ou carrés, ont de 0^m,018 à 0^m,023 de diamètre ou de côté ; ils sont forgés en pointes plus ou moins aiguës de la

Fig. 414.   Fig. 413.   Fig. 412.

pointe de stylet à la pointe de diamant ; et souvent ornés de bagues en cuivre ou en fonte. Les barreaux carrés sont présentés, sur le plat, ou sur l'angle ; ils peuvent être tordus ; parfois on les refend en deux dards écartés (fig. 412) ou on leur soude des épines sur trois ou quatre faces (fig. 413, 414).

Généralement dans une travée de grille les barreaux ont des pointes de différentes longueurs ; ils sont aussi surmontés de lances en fonte, ou accompagnés de rinceaux ; on emploie encore des fers de force différentes, alternés, par exemple 0^m,016 et 0^m,022, toujours une différence assez sensible. Dans les barreaux carrés on peut, en plus de la différence des forces, présenter alternativement un barreau sur plat et un barreau sur angle, ou un barreau sur angle et un barreau sur plat et tordu.

L'écartement des barreaux, commun à toutes les grilles, varie de 0^m,12 à 0^m,13, maximun entre fers, ce qui donne une distance d'axe en axe variable suivant le calibre du fer employé pour faire le barreau; la portée entre traverses varie de 1^m,10 pour fer de 0^m,016 de diamètre à 2^m,20 pour fer de 0^m,025.

Le nombre impair de barreaux dans une travée est indispensable quand la grille est composée de barreaux longs et courts alternés ; ou encore que toutes les pointes étant égales on doit disposer un ornement qui n'est pas symétrique par rapport à son axe. Aussi doit-on s'appliquer à faire des travées de 1^m,40 à 1^m,50 qui donnent dix divisions et neuf barreaux écartés de 0^m,14 à 0^m,15 d'axe en axe.

Sur ces neuf barreaux, nous conseillons de toujours laisser descendre celui du milieu, soit jusque sur le bahut, soit en scellement, ce qui est meilleur ; ce barreau portant a pour objet de soulager les traverses qui, travaillant sur le plat, percées de trous, et portant les barreaux, plongent quelquefois, ce qu'on peut, comme on le voit, facilement éviter.

TRAVERSES

Les traverses se font en fer plat, dont l'épaisseur est égale au fer qui la traverse et la largeur a deux fois le diamètre; ainsi un barreau de 0^m,02 demande une traverse d'environ 0^m,04 × 0^m,02 dans laquelle, le trou de passage percé, il restera de chaque côté du barreau une section de 0^m,02 × 0^m,01.

Les traverses sont percées au foret; le trou un peu fort pour le passage du fer; on peut poinçonner les traverses en fer plat, mais en outre que le poinçon, même affûté en hélice, produit des arrachements, des déchirures, dans l'intérieur, il faut pour ce travail un outillage spécial qui maintienne le fer sur le côté, pendant le défonçage; encore n'arrive-t-on pas à empêcher complètement le refoulement du fer, qui produit à chaque barreau un léger renflement très appréciable à l'œil.

En tous cas nous pensons que le poinçonnage des traverses serait coûteux pour un travail peu important, vu l'outillage qu'il nécessite, et d'ailleurs c'est un travail défectueux.

Les trous carrés dans les traverses, se font en perçant au foret un trou dont le diamètre égale le côté du barreau, puis on enlève les angles au bec-d'âne et on finit à la lime.

La traverse a une longueur égale à l'espace entre les montants; pour faire la division des trous, il convient de donner en moins aux divisions extrêmes la moitié du diamètre ou de la grosseur du fer rond ou carré; sans cette précaution on n'aurait pas des espaces égaux entre barreaux.

Les traverses sont assemblées sur les montants par des goujons en fer
rond qui traversent lesdits montants d'outre en
outre et sont goupillés sur le montant et dans
les traverses (fig. 415.)

Les traverses à trous renflés s'emploient dans
toute grille bien construite; la somme des deux
sections passant de chaque côté du barreau est
égale à la section totale de la traverse; il n'y
a donc ainsi aucun affaiblissement (fig. 416).

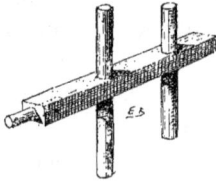

Fig. 415.

Le trou renflé pour barreau rond s'obtient en refoulant le fer; le forgeron s'est, par un essai, rendu compte
du raccourcissement de la barre; il
peut marquer sur la traverse unie ses
emplacements de trous, et donner les
chaudes bien à l'endroit voulu, le fer
refoulé; il perce à chaud l'endroit
élargi et l'ouvre à l'aide d'une broche,
dont le diamètre est légèrement plus
fort que celui du barreau qui doit y
entrer; les renflements extérieurs se
terminent à l'étampe.

Le trou renflé, pour barreau carré
sur angle, se fait de la même manière
(fig. 417), en refoulant la barre à l'en-
droit marqué; la broche est carrée et légèrement plus forte que le barreau.

Fig. 416.

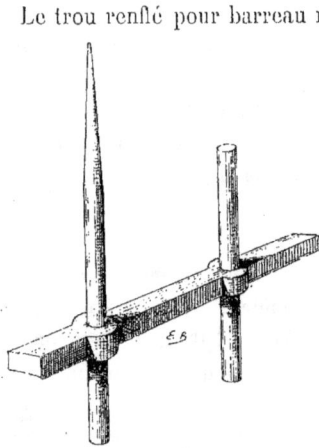

Fig. 417.

Fig. 418.

Le trou renflé, pour barreau carré à plat (fig. 418), est plus difficultueux ; le refoulement est plus considérable pour obtenir les angles en refoulant, donner au marteau les plats nécessaires ; les gorges sont forgées, mais le trou doit être terminé au bec-d'âne et à la lime.

Les traverses à trous renflés sont toujours un travail difficile et coûteux. Quand on a une répétition assez considérable de travées semblables,

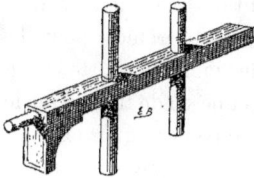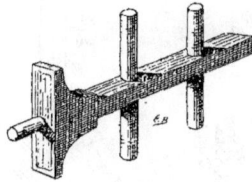

Fig 419.   Fig 420.

il y a économie à prendre des traverses d'une largeur égale à la plus grande saillie du renflement et à faire rabotter suivant le profil arrêté ; les trous sont alors percés comme nous avons dit pour les traverses pleines.

Les traverses à congés se font rarement dans les grilles fixes ; elles servent dans les grilles ouvrantes à donner l'équerrage au bâtis.

Pour obtenir un congé, on refoule le fer après l'avoir coudé ; quelquefois aussi pour double congé on encolle une ou deux masselottes et on donne la forme indiquée figures 419 et 420.

Le congé obtenu, on trusquine au tour de la portée du congé et on défonce au burin à un millimètre environ pour faciliter le tirage du goujon ; une bonne précaution consiste à poser le congé sur le montant à bain de minium épais ou de céruse.

Pour obtenir le serrage de la traverse sur le montant, on perce les trous de la goupille dans le montant et dans la traverse à une petite différence de distance, de manière que la goupille enfoncée à force tire sur le goujon, et rapproche la traverse du montant.

Dans les grilles ouvrantes on donne aux traverses à congé une levée de 4 millimètres par mètre environ, sans cette levée la traverse placée horizontalement tend à fléchir et la grille entière baisse du nez.

MONTANTS SIMPLES ET MONTANTS A ARCS-BOUTANTS

Il y a deux espèces de montants :

1° Les montants simples qui se placent à chaque travée de 1^m,50 environ ;

2° Et le montant à arc-boutant qui se place à toutes les deux travées, soit tous les 3 mètres environ.

Le montant simple est un fer méplat, de la même épaisseur que la
traverse, avec une largeur de 1/4 en
plus que celle de celle-ci. Le montant
est aplati par le haut à la même longueur
que les barreaux les plus longs, ou
bien il les dépasse s'il doit être garni
d'un motif destiné à le détacher.

Aux places arrêtées pour les traverses, le montant porte un goujon
goupillé, et percé de trous pour les goupilles des traverses, qui viendront s'assembler dessus ; ce montant a 0ᵐ,25
de scellement.

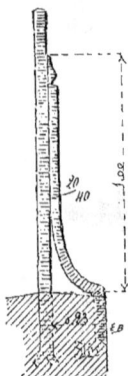
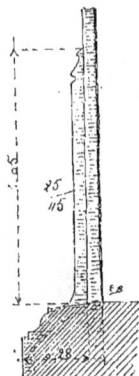

Fig. 421.   Fig. 422.

Le montant à arc-boutant est en
tout semblable, mais renforcé d'une jambe de force (fig. 421), qui a
la même épaisseur, et en largeur le double de
ladite épaisseur ; il est coudé, entaillé dans le
bahut et retourné en scellement.

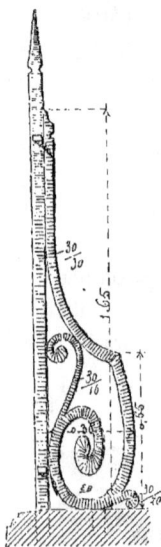
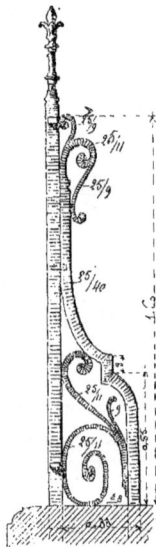
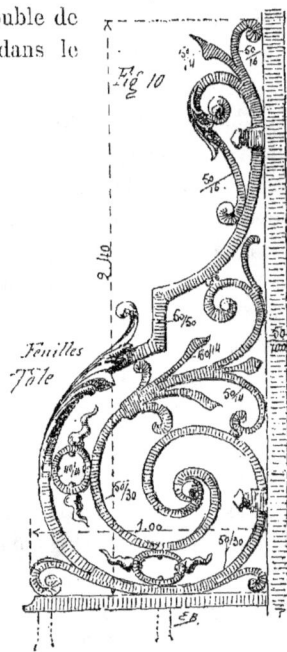

Fig. 423.   Fig. 424.   Fig. 425.

Quelquefois le bahut est profilé et on fait épouser le profil à l'arc-
boutant comme il est indiqué figure 422.

On fait aussi des contreforts ou arcs-boutants ornés ; nous en donnons deux croquis figure 423 et 424.

Pour les montants de grilles, terminant des travées et portant des vantaux, on construit de grands contreforts décorés ; on les fait souvent en fer carré, mais aussi en fer méplat et de différentes épaisseurs. Celui que nous représentons figure 425 est composé ainsi, et est de plus orné de feuilles en tôle repoussée.

Mais toutes ces formes, coudées, arrondies et contre-coudées, pour être décoratives, n'en placent pas moins le fer dans de mauvaises conditions de travail, qui se fait un peu à la manière d'un ressort ; il est préférable, quand on le peut, de donner à la jambe de force une forme droite, comme un étai, avec une décoration appropriée.

SCELLEMENTS

On donne aux scellements cinq fois la plus grande largeur du fer ; ainsi par exemple un montant de 50×20 aura un scellement de $0^m,05 \times 5 = 0^m,25$.

Les scellements se font en plâtre, soufre, ciment, plomb, mastic de fonte.

Le scellement au plâtre s'emploie pour les extrémités de traverses.

Les montants sont ordinairement scellés en ciment.

Le scellement au soufre est très bon ; il remplit bien le trou et serre la pièce ; le soufre est fondu et coulé liquide.

Le plomb fondu diminue de volume en refroidissant ; il faut donc le mater après le coulage pour remplir tous les vides ; pour cela on entoure le scellement à faire d'un bourrelet en terre et on coule du plomb jusqu'en haut ; cet excédent de plomb est destiné à compenser la perte que donneront le refroidissement et le matage. Le scellement au plomb est le meilleur, si la pièce scellée doit recevoir des chocs ou supporter les effets d'une trépidation continue.

CHARDONS, HÉRISSONS, ARTICHAUTS, ETC.

Sous ces diverses dénominations on entend des défenses ou obstacles, destinés à séparer deux propriétés escarpées, plus complètement que par la clôture seule, comme on voit figure 426. Cet exemple, placé au sommet d'un mur, sert à amortir une clôture en fer ; sa construction est en fer carré avec traverses pleines.

On se contente quelquefois de river ou souder sur le dernier montant de simples *épines* (fig. 427), pointes très aiguës prises dans du fer carré de 0^m,014 et soudées à la tige, qu'on termine à plat pour l'assembler au montant.

La figure 428 nous montre une défense en fer carré, qui dépasse la limite du mur; il s'assemble sur le montant comme le précédent (fig. 426).

Dans les grilles monumentales avec pilastres en fer, qui servent d'entrées de parcs, la suite de la clôture est faite d'un saut de loup, rehaussé quelquefois d'une banquette en maçonnerie.

L'endroit le plus facile à escalader se trouve alors près du pilastre où l'accès est

Fig. 426.

facilité par la chaussée que ferme la grille. On place en ce point faible

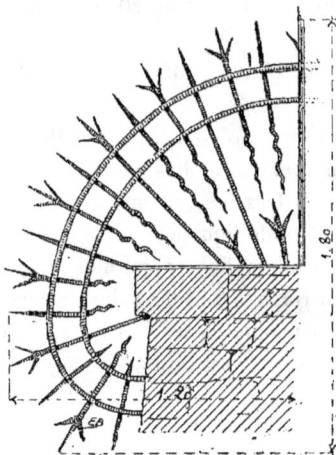
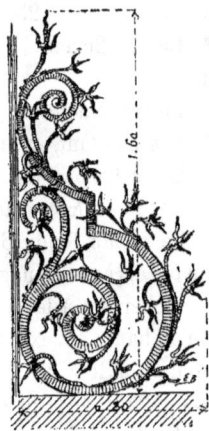

Fig. 427.   Fig. 428.   Fig. 429.

un contrefort garni de chardons, artichauts (fig. 429), montés sur des tiges carrées très capricieusement contournées dans tous les sens et rivées sur la membrure principale.

Les formes de chardons sont très variées, les pointes contrariées; on peut dire que, quand il est bien compris

Fig. 430.   Fig. 431.

par le forgeron, plus le travail est brut de forge, plus il est parfait.

Nous en donnons deux croquis figures 430 et 431; les pointes sont en fer de $0^m,014 \times 0^m,014$, soudées sur une tige de $0^m,014$ à $0^m,016$; elles sont recourbées ou simplement étalées, mais jamais droites.

BAGUES, PALMETTES, ORNEMENTS DE GRILLES, BAGUES

Les bagues sur barreaux se font en bronze, en fonte malléable, en fonte grise, et sont goupillées, ou simplement serrées, par une paillette sur le barreau, ou encore arrêtées dessus et dessous par un coup de langue de carpe qui renfle un petit ergot; la meilleure manière de fixer une bague est d'employer une goupille ou une vis.

Dans un travail bien fait il faut enduire la bague à l'intérieur, peindre le barreau et une fois en place calfeutrer la partie supérieure à la céruse, on peut éviter ainsi l'inconvénient de l'oxydation qui lève la rouille et fait souvent éclater les bagues.

Les bagues en zinc ne s'emploient qu'en réparation, quand une bague est fendue et cassée et qu'on veut la remplacer sans démonter la grille.

On emploie pour cela un moule en fer, sorte de tenaille dans laquelle est ménagée en creux la forme de la bague; on coule du zinc par une ouverture réservée pour la coulée et la bague est faite; on retire le moule et on ébarbe.

CÉS, ESSES, ORNEMENTS

Les *cés*, les *esses*, dont les noms indiquent suffisamment les formes sont couramment employés dans l'ornementation des grilles, ce sont des fers plats roulés sur des faux rouleaux, sortes de formes sur lesquelles on applique le fer, pour lui en faire épouser les contours.

Les fers employés pour la confection des cés, ont les forces suivantes : pour les grilles en fer rond, l'épaisseur est égale à 1/3 du diamètre du barreau et sa largeur à 4/5 du même diamètre.

Pour le fer carré, l'épaisseur du cé a également environ 1/3 de la largeur du côté du barreau et sa largeur est égale audit barreau.

Ceci dit pour la grille de fabrication courante, car dans l'étude d'un travail, on peut être amené à des forces toutes différentes suivant le parti d'ensemble et les conditions qu'on s'est imposés.

En plus des formes en cé et esse, on fait des enroulements très variés comme on le verra plus loin.

On ne termine pas toujours les barreaux par des pointes; on emploie
aussi les palmettes étampées; sortes de petits fleurons qu'on obtient en
refoulant le fer et en le moulant à chaud et au marteau dans une matrice
d'acier ayant en creux la forme à obtenir.

COMPOSITIONS DE GRILLES

Le problème pour le constructeur est de former une clôture à jour ne
présentant pas d'espaces libres supérieurs à $0^m,13$ environ; il a pour

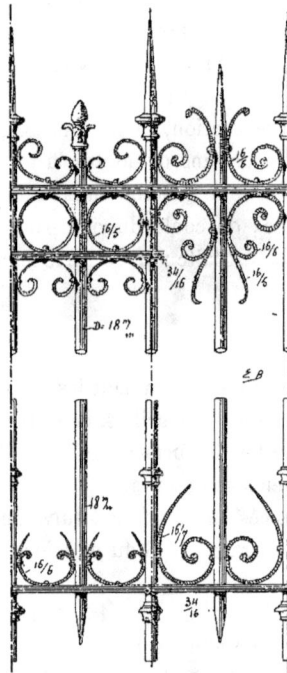
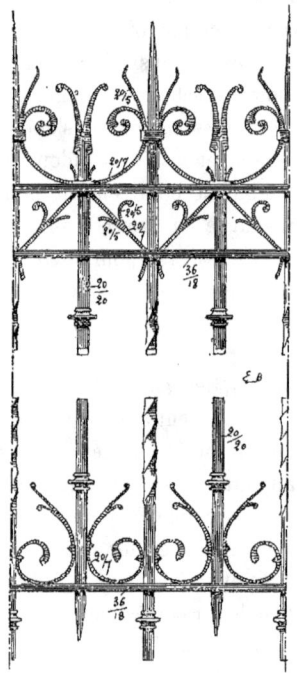

FIG. 432 et 433.   FIG. 434.

cela à sa disposition les éléments déjà décrits : barreaux, traverses, montants, cés et rinceaux.

Tout d'abord, nous occupant de la grille ordinaire, nous voyons que
la clôture proprement dite est obtenue, par des barreaux, des traverses
et des montants.

En supposant les barreaux en fers ronds, nous aurons comme ressource d'ornementation : les bagues, pointes, pontets, cés, etc. (fig. 432, 433) ; la possibilité d'augmenter le nombre des traverses comme dans la figure 432 permet de former une frise qu'on peut garnir de ronds ; l'emploi des pontets alternés avec les pointes, les pointes avec bagues et enfin les cés qui garnissent les espaces entre barreaux.

La grille en fer carré offre plus de ressources, comme nous le montre la figure 434 ; outre les pointes, les barreaux peuvent être refendus, alternés droits et tordus, avec ou sans bagues ; ils peuvent être à palmettes (fig. 435), ou garnis d'une large frise, comme la figure 436, dont les rinceaux sont variés ainsi qu'aux autres figures pour multiplier les exemples.

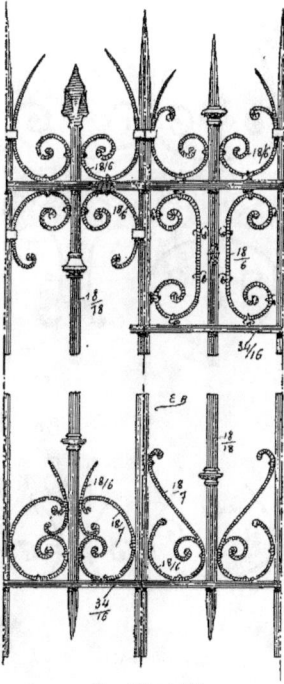
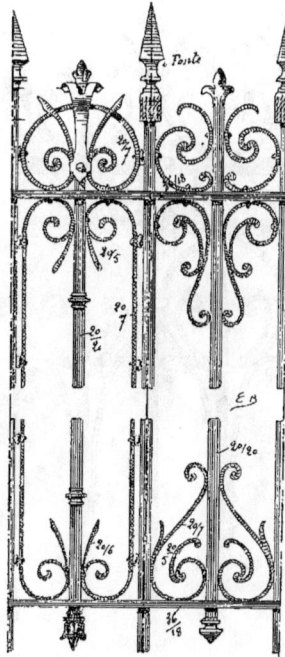

FIG. 435 et 436.   FIG. 437 et 438.

Les rinceaux en fer plat, avec longue partie droite accompagnant les barreaux dont ils sont isolés par des boules, c'est un moyen à employer dans de petites portes ou grilles quand la division sur une longueur restreinte donne trop ou trop peu d'écartement aux barreaux (fig. 437, et 438).

L'adjonction au barreau de motifs en tôle, découpée et roulée, est une ressource précieuse ; les lances en fonte qu'on peut étudier spécialement, si celles du commerce ne remplissent pas les conditions exigées, sont montées sur le barreau, dont l'extrémité inférieure peut être garnie d'un pontet ou pendentif.

Encore un bon parti à tirer de l'emploi de la tôle découpée ou poinçonnée pour former les frises (fig. 439), l'estampage de palmettes, les trous renflés, etc.

On peut aussi interrompre les barreaux, les recevoir par un cercle comme nous l'indiquons, ou par tout autre moyen ; les trous renflés dans les ornements permettent aux barreaux de les traverser (fig. 440 et 441).

 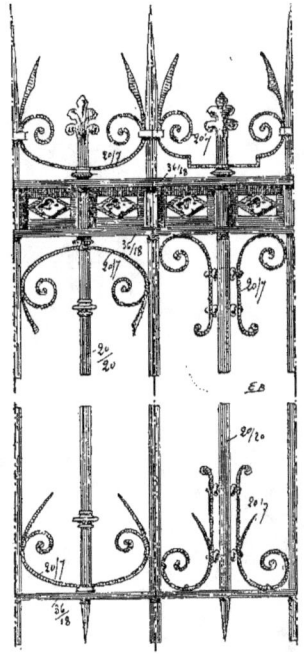

Fig. 439.   Fig. 440 et 441.

Les frises en tôle peuvent être aussi garnies de rosaces, tables saillantes ou autres motifs ; le découpage peut être fait en postes, chien-courant, etc.

Ces quelques croquis dans lesquels nous avons essayé de réunir le plus de motifs différents possible n'ont été composés par nous, que pour servir de point de départ à l'étude spéciale, que demande toujours un beau travail, et qui ne peut que gagner à prendre son caractère propre que de celui qui le compose ou de celui qui l'exécute.

ÉLÉMENTS DE GRILLES OUVRANTES

Nous nous occuperons en premier des éléments fixes de la grille ouvrante, c'est-à-dire, ceux qui la portent, l'arrêtent, etc.

MONTANTS PILASTRES ET PILASTRES

Les montants pilastres sont de forts fers méplats, reliés aux grilles dormantes par les traverses et armés de contreforts.

Les pilastres proprement dits sont composés de deux fers, réunis entre eux par un remplissage, comme nous l'indiquons plus loin sur les ensembles de grilles, et couronnés, soit par un motif forgé, soit par un chapiteau en fonte uni ou décoré ; les deux montants du pilastre sont étayés par un arc-boutant.

On fait aussi des pilastres carrés, composés de quatre fers réunis entre eux par des traverses, des rinceaux, etc., comme le précédent.

La grille dans ce cas peut être placée dans l'axe d'un montant, mais généralement elle est ferrée sur les traverses, au milieu des fers formant les angles; le chapiteau de ce pilastre est carré et couronné d'un motif forgé.

On emploie aussi des pilastres en fonte; ils ont la forme de colonnes, de faisceaux, etc.

CRAPAUDINES

Les crapaudines de grille sont de deux sortes : en fonte, s'il s'agit d'une grille ouvrante, placée entre deux piliers en pierre ou maçonnerie, et en fer rivé sur le montant, si le pilastre soutenant la grille est en fer ; on en verra les figures plus loin quand nous parlerons des sabots.

BUTOIRS

Le butoir est une pièce en fer et quelquefois en fonte contre laquelle vient buter la partie inférieure des vantaux de grille ; elle forme arrêt ;

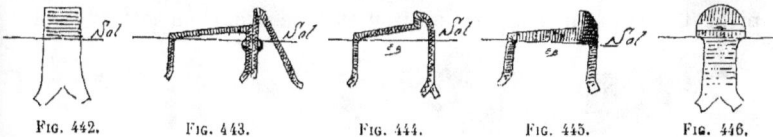

FIG. 442.   FIG. 443.   FIG. 444.   FIG. 445.   FIG. 446.

un trou est percé dedans pour recevoir le verrou ou la crémone; nous en donnons quelques types figures 442, 443, 444, 445, 446.

Le butoir est toujours scellé dans une pierre placée dans le sol, ou dans un seuil.

MONTANTS-PIVOTS ET BATTEMENTS

Les montants pivots sont les fers, ordinairement carrés, qui forment l'extérieur du bâti de la grille; ils sont terminés en haut d'une façon quelconque, un gros noyau, une crosse ou une simple pointe de diamant; au droit des colliers ils sont arrondis pour recevoir ceux-ci et pouvoir tourner; ils sont terminés à la partie inférieure par un talon qui reçoit le nom de *sabot*.

Les montants battements, toujours en fer méplat, sont ceux qui viennent se réunir au milieu quand les deux vantaux sont fermés; l'un d'eux, dit vantail dormant, porte le battement proprement dit, en fer plat qui sert de feuillure.

SOMMIERS

On appelle sommier, la traverse inférieure de la grille; elle vient s'assembler au montant-pivot par un goujon, et s'appuie sur le sabot; à l'autre extrémité elle porte le montant-battement; cette pièce est toujours en fer carré.

SABOT

Nous avons dit que le sabot formait l'extrémité inférieure du montant

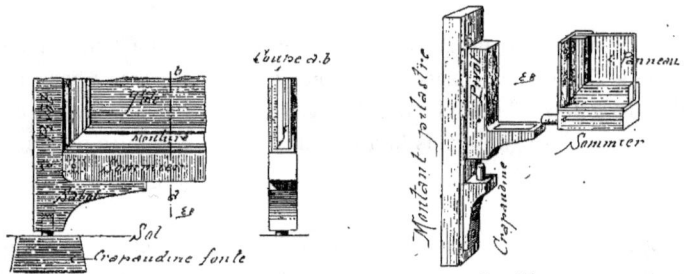

FIG. 447 et 448.   FIG. 449.

pivot (fig. 447, 448); il porte un trou au fond duquel on met une ron-

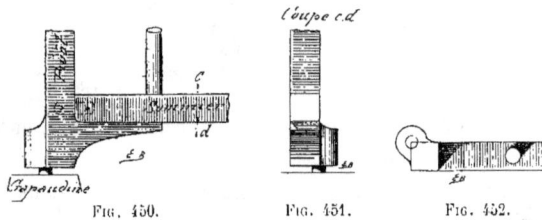

FIG. 450.   FIG. 451.   FIG. 452.

delle d'acier, et dans lequel pénètre le tourillon que porte la crapaudine,

la figure en perspective (n° 449) en indique le détail ainsi que l'assemblage du sommier.

Quand la grille est ferrée à paumelles ou à
charnières, on emploie le sabot renvoyé de
manière à reporter l'axe de rotation du bas
à l'aplomb de celui des paumelles (fig. 450,
451, 452).

Le sabot peut aussi être supprimé et remplacé
par un double congé au sommier (fig. 453).

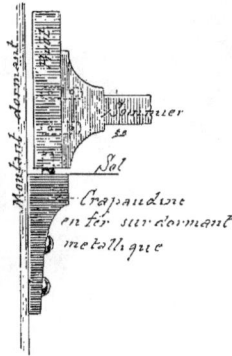

TRAVERSES

Les traverses de grilles ouvrantes ne se dis-
tinguent en rien de celles des grilles fixes;
nous prions donc le lecteur de se reporter figures 415, 419, 420,
page 267.

FIG. 453.

COLLIERS

Le collier est la ferrure qui maintient le montant-pivot et permet son
déplacement radial. Le collier est à scellement, ou assemblé sur montant
pilastre.

Le collier le plus simple à scellement est fait en fer demi-rond, ou en

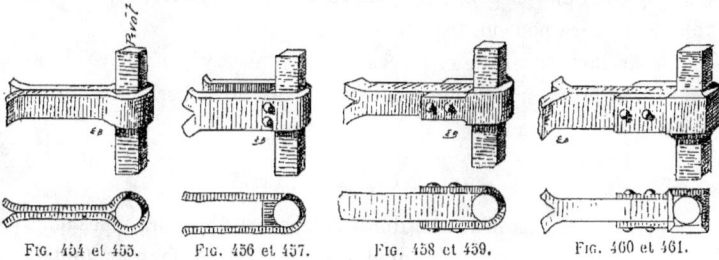

FIG. 454 et 455.   FIG. 456 et 457.   FIG. 458 et 459.   FIG. 460 et 461.

fer plat (fig. 454, 455); il est fermé à chaud à la place qu'il doit occuper sur le pivot.

Une autre disposition représentée figures 456, 457, est un fer plat
roulé sur la partie arrondie du pivot et assemblé par une fourrure en
arrière; les extrémités sont écartées en queues.

On fait encore le collier monté sur scellement carré (fig. 458, 459);
ce système ne présente d'autre avantage sur les précédents que de pouvoir permettre de démonter la grille sans défaire le scellement; il suffit de
sortir les deux goupilles à chaque collier pour déposer le vantail.

Le même se fait avec chanfreins (fig. 460, 461); et collier ressauté

dans ces deux derniers colliers la pièce médiane, ou scellement proprement dit, va seule en scellement.

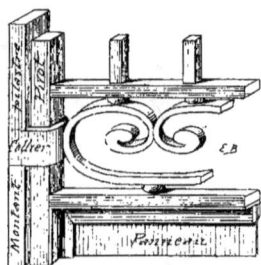

Fig. 462.

Les colliers sur montants pilastres sont
plus courts ; ils viennent s'assembler dans
deux entailles à queues préparées sur le
montant (fig. 462).

Les colliers se placent :

1° Au-dessous de la traverse supérieure
ou entre les traverses si celles-ci sont au
nombre de deux ;

2° Au-dessus de la traverse, qui est im-
médiatement au-dessus du panneau en tôle, ou entre traverses, comme
l'indique notre dernier croquis.

Règle générale, il faut placer les colliers le plus près possible des
points où une traction s'opère sur le montant-pivot.

COLLIERS AVEC COUSSINETS EN BRONZE

On obtient une très grande douceur de fonctionnement dans les grilles,
en doublant les colliers ordinaires d'un coussinet en bronze, comme s'il
s'agissait d'une pièce de mécanique ; nous savons bien que cela ne peut
être employé dans les grilles ordinaires, mais nous pensons qu'on devrait
toujours le faire pour un travail soigné.

Le coussinet est en deux pièces ; on y a observé un orifice de grais-
sage ; il est posé sur la grille, et embrassé par le collier en fer, auquel il
est assujetti par des vis.

CHAPITEAUX DE PILASTRES

Les chapiteaux de pilastres, dont on trouvera plusieurs types dans nos

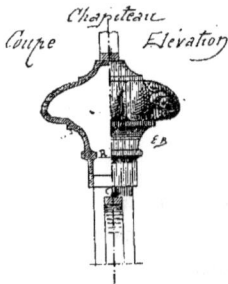

Fig. 463.

ensembles de grilles, se font en fonte d'un
centimètre d'épaisseur environ ; la figure 463
en donne une coupe et une élévation en bout ;
ils peuvent être rectangulaires ou carrés ; ils
sont creux et ouverts par-dessous ; leur position
sur la dernière traverse est arrêtée par un
repos R, venu de fonte à l'intérieur.

On fixe un chapiteau sur un pilastre au
moyen de boulons qui prennent du dessus,
serrent quelquefois le motif en fer forgé et est
boulonné sous la traverse de repos.

Le modèle de chapiteau se fait en bois; on prévoit le retrait, comme nous l'avons dit pour les modèles de colonnes, et le noyau est obtenu par une planche à trousser; c'est-à-dire, une sorte de calibre qui sert à faire le noyau; comme dans le plâtre on pousse une moulure.

Si le chapiteau est décoré, on rapporte sur le modèle en bois des ornements, en plâtre ou en pâtisserie.

CHASSE-ROUES

Les chasse-roues étaient autrefois, et sont souvent encore des bornes en pierre dure, généralement du granit, placées de chaque côté des portes pour empêcher les roues des voitures d'endommager les pieds-droits; on les a fait depuis, en fer et en fonte, dans les arsenaux et autres établissements militaires; on a employé de vieux canons; les usines à gaz, des cornues en fonte hors de service.

Tous ces moyens remplissent le but, qui est d'éloigner les voitures de manière à ce qu'elles ne causent aucune dégradation.

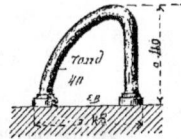

Fig. 461.

Les chasse-roues en fonte sont souvent des boules; on en trouve aussi dans le commerce de différents modèles imitant le fer forgé, au moins quant à l'aspect d'ensemble.

On fait aussi en fonte des chasse-roues à pivot; c'est généralement

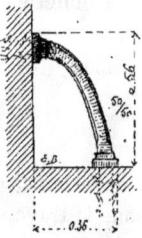 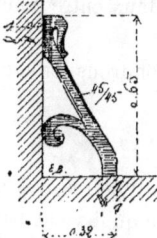  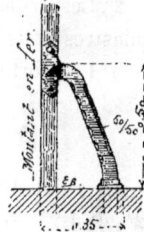

Fig. 465.   Fig. 466.   Fig. 467.   Fig. 468.

un cône monté sur un axe solide scellé au pied et en tête; le chasse-roues tournant évite le choc et renvoie la roue; c'est là une très bonne disposition.

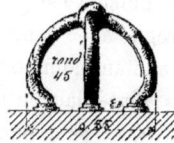

Fig. 469.

Pour les chasse-roues en fer, le plus simple est un fer rond ou carré solide ($0^m,045$ à $0^m,05$), carré, scellé dans le sol et dans le pied-droit en maçonnerie, ou assemblé s'il s'agit d'un montant en fer; il peut être en fer rond recourbé à deux scellements (fig. 464), ou en fer carré et chanfreiné (fig. 465) ; chanfreiné et forgé avec remplissage et crossette comme le montre la figure 466.

La forme en console, avec coudes, est plus coûteuse, et moins appropriée à la destination (fig. 467) ; celle figure 468 est assemblée sur un montant en fer, par une patte forgée; sa forme est bonne et susceptible d'une décoration sobre, chanfreins et encoches, par exemple.

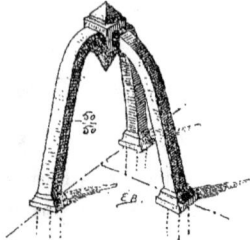

Dans les endroits où les voitures doivent tourner, on emploie aussi des chasse-roues à trois branches et trois scellements (fig. 469, 470) ; on les fait en fer rond et en fer carré.

FIG. 470.

Comme on le voit sur nos différents dessins, on peut garnir les chasse-roues d'embases en fonte ou en fer forgé, et les remplir de rinceaux si la construction à laquelle on les applique le comporte.

GRILLES OUVRANTES

Les grilles ouvrantes sont de trois sortes :

1° Les guichets ou petites portes à un vantail, placés dans la grille dormante, dans un mur, ou enfin dans un vantail de grille ouvrante ;

2° Les grilles ouvrantes à deux vantaux entre piliers en maçonnerie ou pilastres en fer ;

3° Les portes en tôle que nous confondrons ici avec les grilles.

GUICHETS

Le guichet a ordinairement 90 centimètres à 1 mètre de largeur, et 2^m,20 à 2^m,30 de hauteur, c'est-à-dire qu'il vient battre sous la traverse supérieure de la grille, qu'il accompagne généralement et à laquelle il emprunte son genre d'ornementation. S'il y a un bahut en maçonnerie, le guichet est garni dans sa partie inférieure d'un panneau en tôle qui règne avec le muret; il est ferré de paumelles, ou monté à colliers sur le montant comme nous l'avons dit, et fermé par une serrure.

Placé dans la maçonnerie, il peut être fait en grille ou en tôle pleine, avec ou sans panneau de tôle par le bas, s'il est à barreaux ; les colliers sont à scellement et il est également fermé par une serrure.

Le guichet dans un vantail de grille est presque toujours un mauvais travail ; il affaiblit le vantail parce qu'il le coupe, et le fatigue par son poids et son fonctionnement.

On veut ordinairement dissimuler le guichet, et pour cela on dédouble le sommier ainsi que la traverse sous laquelle il doit s'ouvrir, et on articule celles intermédiaires par des nœuds de compas ; aussi arrive-t-il toujours que les vantaux ainsi coupés baissent du nez, que le guichet ne peut plus être ouvert, ou s'il est ouvert ne peut plus être fermé.

Nous conseillons donc d'éviter autant que faire se pourra de pratiquer un guichet dans une grille mobile, et si on y est absolument obligé, le faire de la manière suivante :

Construire la grille solidement sans rien diminuer des forces de fers, former un cadre solide et bien affirmer où on viendra placer le guichet bien apparent, et répéter le même aspect dans l'autre vantail en répétition.

GRILLES OUVRANTES A DEUX VANTAUX

Les grilles destinées à des passages de voitures ont $2^m,25$ de largeur minima.

Le premier exemple (fig. 471) peut être fait en fer rond ou carré,

Fig. 471.

cette grille est placée entre deux pilastres en fer sur lesquels elle est montée à colliers.

Au cas où le panneau de tôle serait supprimé, on placerait une écharpe qui maintiendrait l'équerrage des vantaux, et qui serait amarrée diagonalement, dans l'angle supérieur près du collier et dans l'angle inférieur près du montant battement.

Cette grille est ferrée d'un verrou sur le vantail dormant, ou qui n'ouvre qu'en deuxième, et d'une crémone à clef sur le vantail ouvrant.

Le battement en fer plat est coudé à sa partie supérieure et percé

Fig. 472.

d'un trou dans lequel pénètre la crémone en même temps que dans celui du butoir.

Entre pilastres en pierre la grille représentée figure 472 est plus riche,

Fig. 473.

garnie de volets à hauteur d'homme ; elle peut, comme la précédente, être construite en fer rond ou carré.

Dans ces grilles le fronton est porté par moitié sur chaque vantail et

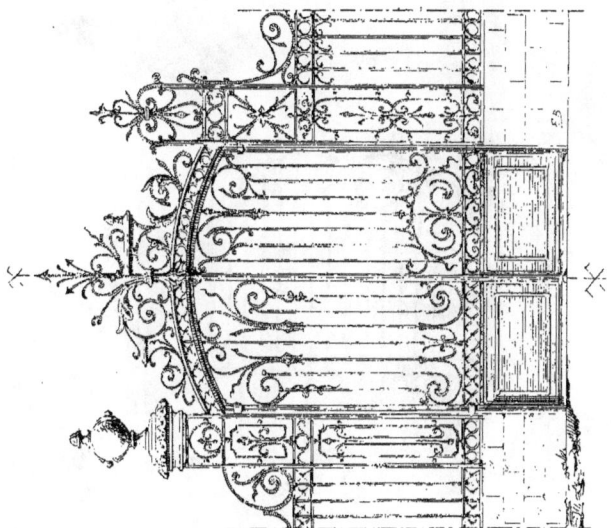

à panneau forgé · à panneau plein

Fig. 475 et 475.

avec lanterne · à panneaux vitrés

Fig. 476 et 477.

il n'y a pas à se préoccuper de la hauteur, mais il n'en est pas de même

à panneau plein

FIG. 478 et 479.

pour les grilles à linteau fixe, c'est-à-dire dont les deux pilastres sont

à jour   à panneau plein

FIG. 480 et 481.

réunis par une sorte de traverse droite ou cintrée qui les entretoise.

Fig. 182.

Cette disposition est excellente, et permet de faire les pilastres relativement légers ; mais, nous le répétons, il faut passer dessous (fig. 473).

Il est donc bon de se préoccuper des hauteurs des voitures qui franchiront cette grille.

La hauteur minima, la seule qu'il nous soit possible d'arrêter ici, est 3^m,10 de hauteur libre, ce qui permet à une voiture, coupé, phaéton ou landau ordinaires, de passer avec le cocher sur le siège.

Les grilles riches se font en fer carré, avec enroulement et entrelacement des barreaux figure 474, 475, avec panneau plein ou ajouré ; nous avons, pour varier davantage, donné la moitié de chaque type, des pilastres différents, avec couronnement ou avec lanterne (fig. 476, 477), avec variantes d'amortissements, pour raccords des grilles fixes avec les grilles ouvrantes.

Plus simples, mais également forgés, sont les quatre modèles (fig. 478, 479, 480, 481), qui se font également avec ou sans panneaux de tôle.

Un bâti solide est rempli de barreaux gros et petits alternés tordus, ou bien occupé par un grillage carré en fer forgé garni de fleurons dans chaque jour ; le montant pivot roulé en crosse garnit le dessus de grille ; les panneaux sont habillés de tables en saillies, ou peuvent être ajourés.

Si le panneau est à jour, il peut être rempli de petites pièces forgées,

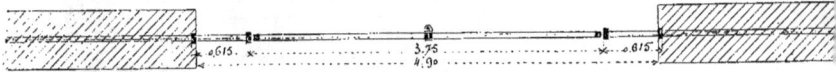

Fig. 483.

et l'équerrage être fait de consoles, qui, en contribuant à l'ornementation, consolident la grille.

Les figures 480 et 481 montrent la grille soutenue par le montant pivot.

La grille en fer forgé (fig. 482, 483) a été construite par M. O. André, constructeur ; elle est entièrement en fer carré de 0^m,023 avec pilastres et grilles fixes.

DIMENSIONS DES FERS :

Montants pilastres. . . . . . 0,04 × 0,08
Arcs-boutants. . . . . 0,04 × 0,04
Montants pivots . . . . 0,05 × 0,05
    —   battements. . . . . 0,05 × 0,02
Linteau. . . . . 0,03 × 0,07
Traverses. . . . . 0,05 × 0,02
Sommier . . . . 0,05 × 0,05

PORTES PLEINES

Le bâti de ces portes est construit comme celui des autres grilles ; la
tôle est montée sur les montants et traverses, comme les panneaux de
tôle dans les autres ouvrages déjà cités, c'est-à-dire que le bâti est habillé
d'une cornière 30/30 environ solidement fixée, dans la feuillure de laquelle
on place le panneau de tôle, puis un cadre en fer plat, et on rive le tout

FIG. 484.

avec rivets fraisés ou boutrollés (fig. 484). Des tables ou des cadres,
peuvent être placés sur ces panneaux et la porte couronnée d'un fronton en fer forgé.

COMPOSITIONS DE FRONTONS POUR GRILLES ET GUICHETS

FRONTONS DE GRILLES

Nous avons accompagné chaque croquis de fronton des parties de
grille les plus en contact, pilastres, frises, etc.

Les frontons de grilles se font en fers méplats de diverses grosseurs ;
c'est par les différences entre ces fers, comme largeurs et épaisseurs,
qu'on arrive à donner aux ornements en fer en général le caractère
artistique, et le cachet d'harmonie, sans lesquels, le meilleur choix des
formes ne saurait donner un bon résultat.

La figure 484 *bis* nous montre, entre deux pilastres, un fronton
simple, sur traverse courbe ; deux feuilles font toute l'ornementation.

Beaucoup plus riche, la figure 485, fronton droit et ouvrant, est largement ornée de feuilles ; des rinceaux en tire-bouchons s'enroulent sur

les gros fers qui sont tous terminés par des noyaux. Ce fronton peut
être placé sur une grille cintrée.

Le montant-pivot peut être utilisé pour consolider la grille et remplacer les congés aux traverses, comme nous le montre la figure 486 ; le

Fig. 484 bis.

montant est roulé en crosse, assemblé à la traverse, et continué par une
forte brindille vient s'amarrer au montant battement ; l'équerrage est de

Fig. 485.

plus assuré par la frise en tôle ajourée placée derrière les barreaux,
entre les deux traverses.

La figure 487 représente une solution du même ordre ; les traverses
supérieures reportent la charge du milieu sur les colliers ; on voit qu'ici
le fronton est fait par la grille elle-même ; composée de barreaux de
deux forces alternés, qui s'arrêtent pour se joindre à l'ornementation.

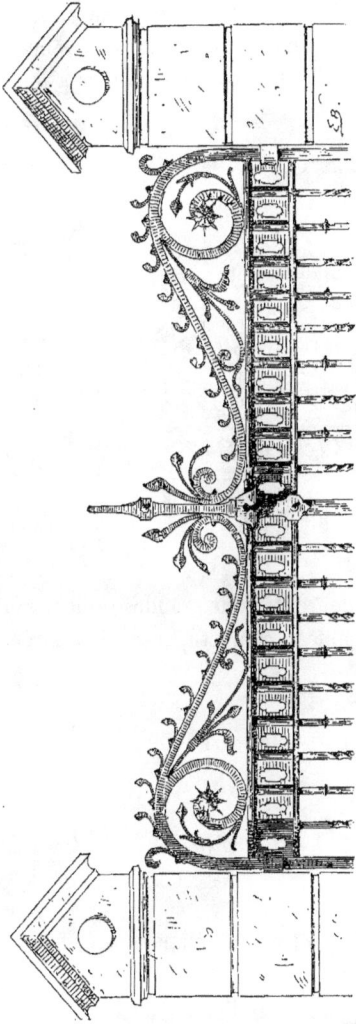

Fig. 486.

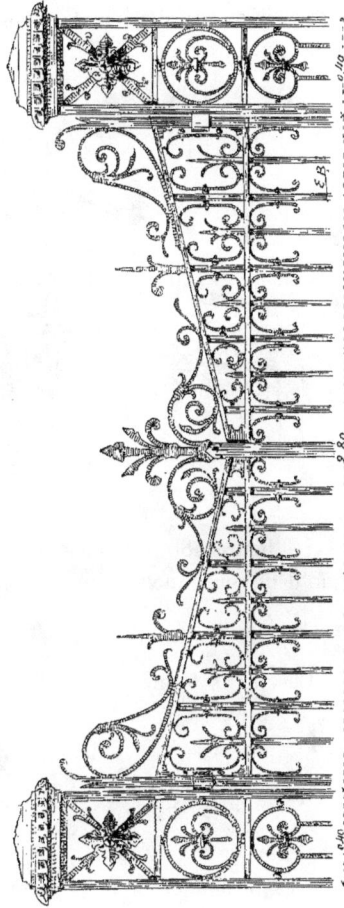

Fig. 487.

Il n'y a pas de limite dans la composition des grilles ; on peut charger
à l'infini, compliquer autant qu'on veut, nous croyons cependant que
cela n'est pas nécessaire pour faire bien, il faut mettre les choses à la
place qui leur convient, ne se servir, même dans la partie purement
décorative, que d'éléments utiles, travaillant et concourant tous à remplir le programme.

FIG. 488.

La figure 488 termine notre série de frontons de grandes grilles ; son
motif de couronnement repose sur un linteau composé, avec tôle ajourée.

FRONTONS DE GUICHETS

Ces petits frontons peuvent aussi être employés pour motifs de mar-

FIG. 489.

FIG. 490.

FIG. 491.

quises ou autres, le modèle (fig. 489) peut même, étant répété, former

FIG. 492.

FIG. 493.

FIG. 494.

une galerie ou feston, les figures 490, 491, 492, 493 et 494 sont destinées à
des guichets.

Pour petites portes à deux vantaux, nous avons composé les

FIG. 495.

FIG. 496.

figures 495, 496, 497, 498 qui ont plus d'étendue et de hauteur, mais

FIG. 497.

FIG. 498.

nécessitent le linteau fixe, sauf la figure 496 qui permet l'ouverture en deux vantaux.

FEUILLES

Les feuilles employées dans l'ornementation des grilles sont en tôle, en fonte ou en bronze.

Les feuilles en tôle sont repoussées au marteau; c'est certainement une des plus belles spécialités du travail du fer; le métal découpé à plat pour les dentelures de la feuille est amené à la forme voulue par l'allongement des parties qui doivent être en bosse ou en creux; on relève au marteau les nervures, les retroussis; on donne le galbe et le caractère suivant le style choisi.

Certaines feuilles, les culots par exemple, se font en deux pièces, ainsi que toutes celles qui doivent former feuille double et embrasser le fer; dans ce cas le joint est fait dans la nervure, qui est rivée ou soudée suivant les cas.

Les feuilles repoussées se font aussi en cuivre; le rouge se prête particulièrement bien à ce travail.

Le métal a ordinairement de 8 à 15 dixièmes d'épaisseur, généralement un millimètre.

Les feuilles en fonte se font, ou spécialement ou se prennent dans le commerce.

Les feuilles en bronze s'emploient dans les beaux travaux en métal apparent et ciselé.

VOLETS EN TÔLE

Les grilles sont souvent garnies, à $1^m,90$ ou 2 mètres de hauteur, de tôles de $0^m,0025$ environ, avec un découpage simple entre chaque barreau. Ces panneaux ou volets en tôle ont pour but d'empêcher de voir du dehors; ils sont montés à vis sur les barreaux directement, ou s'ils partent sur des traverses, on les fixe également sur les barreaux; mais, en les en isolant par une lentille, ou boule plate.

JUDAS

Dans les portes pleines, ou dans les panneaux de tôle, on pratique quelquefois de petites ouvertures appelées *judas;* elles ont environ $0^m,12 \times 0^m,20$, et qui sont garanties par un grillage en fer forgé; ces petits guichets ont pour objet de reconnaître avant d'ouvrir à qui l'on a affaire.

Ils sont ferrés de deux charnières et une targette.

GRILLES DE BOUCHERIE

On sait que les boutiques des bouchers doivent rester constamment à l'air libre, c'est-à-dire fermées seulement d'une clôture à jour.

On construit donc spécialement pour cet usage des grilles dont le bâti est en fer plat, articulé à l'aide de nœuds de compas, pour diviser un vantail en autant de parties qu'il est nécessaire pour être replié en tableau.

Les traverses, au nombre de trois ou quatre, sont munies de congés, et portent les nœuds de compas moitié en dehors et moitié en dedans, pour permettre de replier la grille à soufflet.

Les butoirs placés à chaque articulation sont mobiles, et reçus par une douille; des verrous placés dans les barreaux, ordinairement creux, fixent la grille haut et bas.

Au milieu, la grille est fermée par un fléau à cadenas auquel souvent on adjoint une chaîne.

Les barreaux sont en fer plein ou creux, espacés de 0ᵐ,055 d'axe en axe, soit environ 0ᵐ,035 entre barreaux.

BARREAUDAGES. — DÉFENSES DE SOUPIRAUX ET DE FENÊTRES

DÉFENSES DE SOUPIRAUX

Les soupiraux sont souvent garnis simplement d'un ou deux fers carrés ; d'autres fois un seul barreau avec un rinceau ou deux cés, ou bien en fonte.

Sur la rue on met en général une tôle découpée ou perforée, montée à vis sur tampons.

Fig. 499.

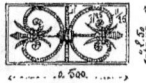

Fig. 500.

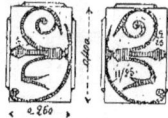

Fig. 501.

Nos croquis (fig. 499, 500, 501) donnent des exemples de soupiraux en fer forgé.

DÉFENSES DE FENÊTRES

Les défenses de fenêtres sont souvent faites d'un grillage en fer forgé, formé de motifs quelconques, et enchâssées dans un châssis solide, ou bien de forts rinceaux en fer plat ou carré, comme dans les grandes grilles.

Ce qui se fait le plus couramment dans ce genre est la grille de fenêtre ou barreaudage, des barreaux montés sur traverses scellées, ou à pattes s'il s'agit de se placer sur du bois.

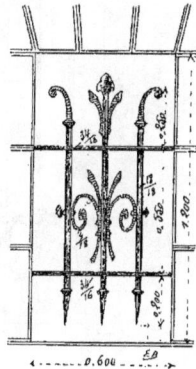

Fig. 502.

La figure 502 est une défense en fer carré pour petite baie ; les traverses sont unies, percées de trous ronds achevés au bec-d'âne pour le passage des barreaux carrés ; on peut rendre plus défensif en allongeant les points, en les ramenant en avant ou en les armant d'un dard, comme nous l'avons dit en parlant des barreaux proprement dits.

En plus grande largeur, la figure 503 peut être modifiée ; de même les

pointes supérieures peuvent affecter la forme de celles figures 413 et 414,
et celles du bas ouvertes comme le
barreau (fig. 412).

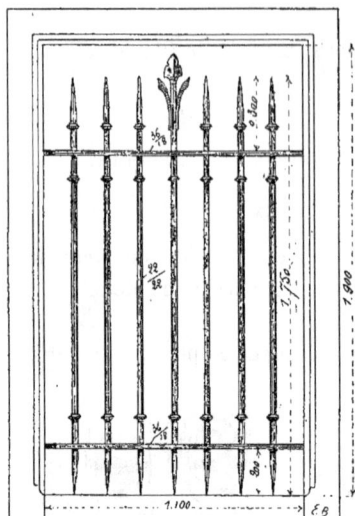

Toutes ces figures donnent en
même temps des types de grilles courantes ; la figure 504, avec quatre
traverses et barreaux tordus alternés, est ornée d'éléments simples.

On redouble souvent les grilles
par le bas, avec des barreaux
d'un plus faible calibre ; comme
l'indique la figure 505, les petits
barreaux peuvent être tordus, ornés
de bagues, et ramenés en avant en
défenses.

L'emploi de la tôle découpée est
aussi d'un bon effet dans ces défenses,
soit placée simplement entre tra-
verses, soit dessus et dessous, et fixée sur les barreaux (fig. 506).

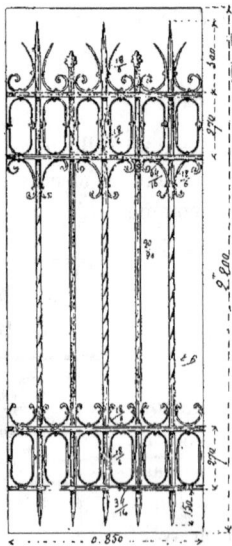

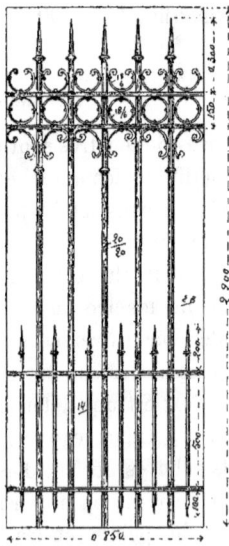

Fig. 503.

Fig. 504 et 505.

On interrompt quelquefois les grilles qui se trouvent faites de
deux pièces et présentent au même endroit deux rangées de pointes.

Les dispositions de défenses dans les baies ogivales ou en plein cintre

FIG. 506 et 507.

sont faciles à décorer ; la forme s'y prête ; en outre qu'on peut y mettre un fronton, on a la ressource du parti indiqué figure 507 : faire émerger des rinceaux de différents barreaux.

CHAPITRE XI

PANNEAUX DE PORTES, BALCONS, RAMPES, ENTOURAGES, ETC.

PANNEAUX DE PORTES. — Panneaux d'impostes.
BALCONS. — Grands balcons. Balcons de croisées. Appuis de croisées. Appuis de communion.
RAMPES. — Consoles de départ.
ENTOURAGES DE TOMBES.

PANNEAUX DE PORTES

Les panneaux de remplissage dans les portes, dont les modèles peuvent également servir de défenses de fenêtres au moins quant au dessin, se font ordinairement en fonte; cependant dans les travaux soignés on emploie le fer forgé.

Ces panneaux ont en général peu d'épaisseur, le bois devant être mou-

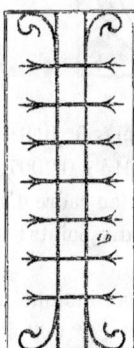

Fig. 508 et 509.   Fig. 510.   Fig. 511.   Fig. 512 et 513.

luré, et recevoir un châssis vitré : il reste environ 0^m,02 pour loger le panneau.

A l'intérieur, il est uni, sans aucune saillie, pour ne pas gêner le châssis vitré; à l'extérieur il est libre.

Le panneau de porte est composé d'un cadre en fer plat, de la largeur dont on dispose en tableau, et naturellement le remplissage est limité par la dimension du cadre et aussi par l'importance du vide à fermer.

Ainsi, par exemple, les panneaux d'imposte et de porte (fig. 508, 509) peuvent être construits en fer de $0^m,014$ pour le montant médian et en fer de $0^m,011$ pour les petits barreaux tordus, la traverse en $0^m,018, \times 0^m,011$ renflée pour le barreau du milieu.

Croisillonné avec un deuxième cadre assemblé par moitié, le panneau se ferait en fer plat (fig. 510), cadre d'applique en $0^m,018 \times 0^m,007$ et

Fig. 511 et 515.

Fig. 516 et 517.

cadre apparent en $0^m,009 \times 0^m,018$; les croisillons également entaillés par moitié en fer de $0^m,014 \times 0^m,007$, fixés par des boutons sur le cadre apparent, et celui-ci relié au cadre d'applique par des boules. Ce panneau sera fixé en sa place en dix points : quatre de chaque côté, un en haut et un en bas.

Plus défensif le panneau indiqué figure 511 est garni d'épines; deux montants plats de $0^m,018 \times 0^m,009$ sont traversés par des fers carrés de $0^m,011$ portant trois pointes; il serait plus pratique d'alterner les pointes multiples avec des pointes simples en les chevauchant; cela éviterait d'être obligé d'ouvrir les dards après avoir introduit le barreau.

Les enroulements se prêtent aussi à ce genre de travail comme on le voit dans le panneau (fig. 512, 513) qui peut, sauf le cadre, être entièrement construit en fer carré de $0^m,016$, sans traverses.

Tous ces travaux rentrent, par les échantillons de fers employés, dans ce que nous avons appelé grillage en fer forgé, pour les remplissages de grille ; c'est-à-dire clôtures artistiques encadrées dans des membrures résistantes.

Les figures 514, 515 sont construites en fer de 0ᵐ,014 assemblé par moitié et les intersections garnies de boutons ou rosaces.

Ce fer carré peut s'appliquer aussi aux rinceaux, mais il est bon cependant de briser la monotonie des épaisseurs semblables, en employant

Fig. 518.   Fig. 519.   Fig. 520.

aussi des fers plats de diverses forces, en les diminuant au fur et à mesure que les pièces deviennent plus petites.

Ainsi dans les figures 516, 517, toutes les brindilles gagneront à être légères, en fer de 0ᵐ,005 et 0ᵐ,006 sur 0ᵐ,014.

Pour éviter la forge des petits ronds d'entretoisement du cadre, on peut les prendre dans un tube en fer creux, coupé au crochet sur le tour.

Les figures 518, 519 nous montrent des panneaux plus remplis, plus riches; le motif milieu contenant le chiffre s'emploie souvent.

Ce chiffre, ou initiales, est forgé ou découpé; on détache les lettres par la peinture, la dorure, ou encore par des traits horizontaux gravés sur l'une des lettres; l'épaisseur du métal varie, pour les lettres découpées, de 0ᵐ,005 à 0ᵐ,007.

Dans un panneau (fig. 520) nous avons réuni les éléments de décoration les plus fréquemment employés : fer forgé, étampé, tôle repoussée et métal découpé.

PANNEAUX D'IMPOSTES

Dans les portes pleines, on fait souvent, pour éclairer un corridor, des

FIG. 521.

FIG. 522.

impostes vitrées, qu'on ferme par un verre garanti par un panneau métallique.

FIG. 523.

FIG. 524.

Ces panneaux sont rectangulaires comme nous l'indiquons figures 521,
522, ou cintrés (fig. 523, 524, 525).

Les jours circulaires ou œils-de-bœuf se pratiquent quelquefois pour

FIG. 525.

FIG. 526.

obtenir des jours de petites dimensions ; notre exemple (fig. 526) donne
une disposition formée de quatre cés, sur croix en fer plat ornée au centre d'une rosace ; l'assemblage sur le cadre rond est fait au point de tangence des cés.

BALCONS

On donne le nom de balcons à des garde-fous, garde-corps ou
balustrades posés à hauteur d'appui, c'est-à-dire à un mètre du sol, du
parquet, etc.

On en distingue plusieurs sortes :

    1° Les grands balcons ;
    2° Les balcons de croisées ;
    3° Les appuis de croisées ;
    4° Les barres d'appui ;

Les balcons se font en fonte, rarement en fer ; nous en donnons cependant un certain nombre d'exemples :

GRANDS BALCONS

On appelle grand balcon, une balustrade sur une saillie en pierre, et qui a 1 mètre de hauteur environ.

Dans les balcons en fonte, le châssis est fait en fer carré, qui varie de 0^m,020 à 0^m,025, les montants sont coudés et contrecoudés, pour reporter le scellement loin du bord de la pierre ; les traverses en fer carré ou méplat sont assemblées à goujons et goupillées ; la traverse supérieure est recouverte d'un fer demi rond, ou d'une main-courante moulurée.

Les balcons en fer les plus simples sont à barreaux (fig. 526 *bis*) ; ce balcon est en fer carré alterné droit et tordu ; il peut être fait avec deux traverses seulement.

Le motif d'angle est fait d'un panneau spécial, ce qui se fait si l'architecture le motive par une console par exemple.

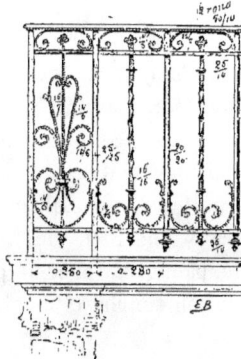

Fig. 526 *bis*.

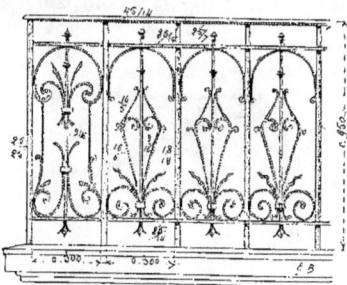

Fig. 527.

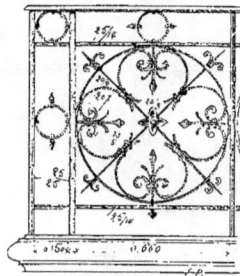

Fig. 528.

La deuxième combinaison consiste en barreaux plus écartés avec motif de remplissage (fig. 527).

En écartant davantage on peut remplir le balcon par des motifs entiers (fig. 528), ces remplissages sont cotés sur les figures.

Dans la ferronnerie du xviiᵉ siècle on a beaucoup employé la forme

 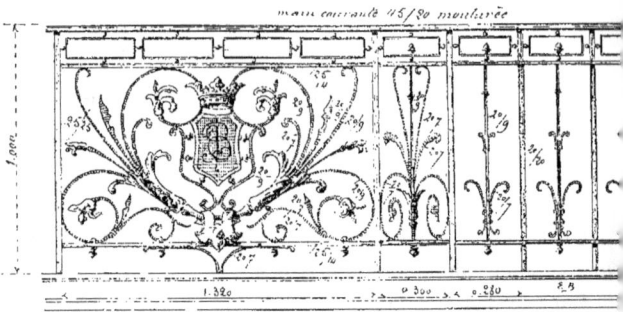

Fɪɢ. 529.   Fɪɢ. 530.   Fɪɢ. 531.

ventrue que nous représentons figure 529 ; les angles sont en général garnis d'une ample feuille.

Dans notre exemple nous avons disposé en haut une frise en tôle ajourée, rehaussée de rosaces entre chaque barreau ; les motifs de remplissage sont en fer plat assemblé par moitié.

Dans les grands balcons courants on motive les baies par des panneaux spéciaux (fig. 530, 531), séparés du balcon proprement dit par des petits panneaux, pour ne pas passer trop brusquement du panneau orné au balcon simple, et de plus encadrer le motif principal.

BALCONS DE CROISÉES

Les balcons de croisées se placent à hauteur d'appui ; ils ont, suivant

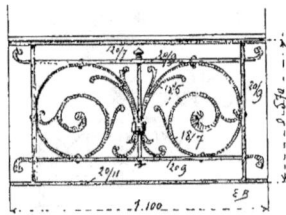 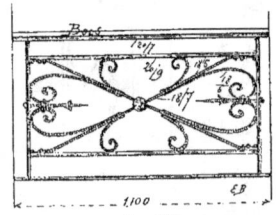

Fɪɢ. 532.   Fɪɢ. 533.

la hauteur de l'allège, de 0ᵐ,35 à 0ᵐ,60. Ils se posent en tableau quand les persiennes sont extérieures, et en saillie quand les persiennes sont repliées en tableau (cette saillie est d'environ 0ᵐ,10).

Ces balcons en cas de saillie sont retournés d'équerre ; l'assemblage

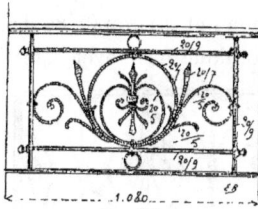

Fig. 534.

se fait au moyen de goujons montés sur le montant d'angle et goupillés sur les traverses, comme pour les grands balcons.

Les trois types que nous donnons sont scellés en tableau ; dans ce cas la main-courante est en bois (fig. 532, 533, 534).

APPUIS DE CROISÉES ET BARRES D'APPUI

Les appuis de croisées diffèrent des balcons, en ce qu'ils n'ont pas de

Fig. 535.

Fig. 536.

traverses inférieures ; les figures 535, 536, 537, 538, 539, 540 en

Fig. 537.

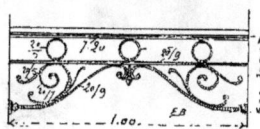

Fig. 538.

donnent des exemples ; la hauteur varie de $0^m,35$ à $0^m,45$.

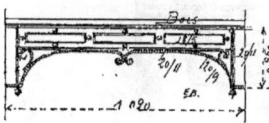

Fig. 539.

Fig. 540.

On donne le nom de barres d'appui à des appuis de croisées de moindre hauteur, et varient de $0^m,20$ à $0^m,30$.

APPUIS DE COMMUNION

Les appuis de communion ont environ $0^m,80$ de hauteur; ils sont traités ordinairement en style gothique ou moyen âge; le motif que nous don-

FIG. 541.

nons figure 541 est construit en fer carré de $0^m,018$ avec remplissage en fer plat $0^m,016 \times 0^m,007$.

RAMPES

Les rampes se font à barreaux ou à remplissage, à l'anglaise en saillie, ou à la française, c'est-à-dire posées sur le limon.

FIG. 542.

Le modèle figure 542 est à barreaux principaux retournés et scellés

dans la marche (fig. 542 *bis*) ; un collier également à scellement prend
le barreau à la hauteur du milieu de la marche suivante.

Les barreaux ont un espacement égal au giron de la
marche, et sont réunis entre eux par des traverses en fer
plat, coudées en sens inverse et rivées ou vissées sur les
montants ; un petit barreau tordu remplit le vide.

On se contente parfois d'un simple scellement à chaque
barreau, comme dans la figure 543, et le remplissage,
indépendant de la rampe, peut se monter en place après la pose du châssis.

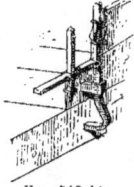

Fig. 542 *bis*.

Fig. 543.

Dans les limons droits, ou à la française (fig. 544, 545, 546),

Fig. 544.

les montants sont scellés verticalement dans la pierre.

Un procédé mixte est représenté figure 547; le montant est posé

Fig. 545.

contre la marche, descend en scellement (environ 0^m,033) et est pris par un collier scellé dans la marche, à 0^m,10 au moins de l'extrémité.

Fig. 546.

Toutes ces rampes sont en fer forgé, avec motifs estampés, ou feuilles repoussées ; la hauteur de la main-courante mesurée verticalement du nez de marche est de 1 mètre.

La figure 548 est une rampe Louis XVI entièrement en fer ; sa

Fig. 547.

meilleure application est l'escalier demi-circulaire ; la forme du

Fig. 548.

rinceau se prête bien au débillardement.

CONSOLES DE DÉPART

Le pilastre de départ de rampe est presque toujours accompagné d'une console renversée qui amortit la rampe sur le limon.

La console doit être peu large ; si le noyau mesuré sur sa ligne d'axe

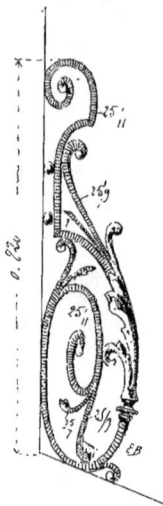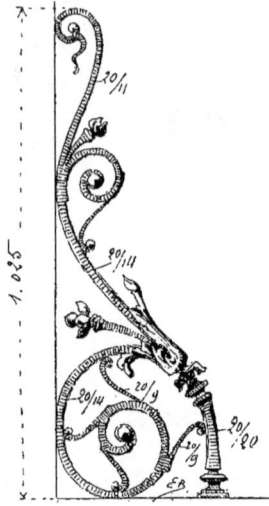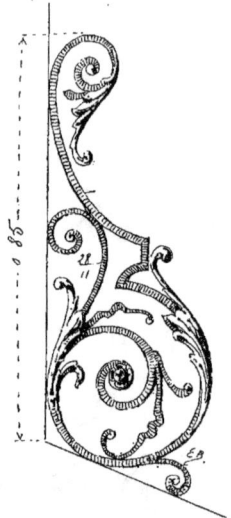

Fig. 549.   Fig. 550.   Fig. 551.

a peu de développement, on peut employer une console du genre de la figure 549, qui est faite d'un fort fer plat, de rinceaux et d'une feuille.

Dans le cas d'arrivée en palier, la console peut émerger du noyau directement comme l'indique la figure 550 ; les parties profilées qu'on voit sur le dessin demandent une assez grande masse de fer ; on l'obtient par le refoulement ; la forme est dégrossie à la forge, et finie au burin et à la lime.

Le troisième modèle est étudié en vue d'un noyau, développant davantage (fig. 551) ; son ornementation est faite de deux feuilles en tôle ou en bronze.

Pour les consoles de départ en général nous conseillons de les débillarder le moins possible pour éviter de fausser les formes.

Dans une rampe terminée par un pilastre en pierre la console d'amortissement doit avoir plus de corps ; notre figure 552 en donne un exemple ; l'attache est faite par des pattes, scellées dans le pilastre en pierre.

La forme indiquée figure 553 doit être employée pour console droite ; le débillardement en rendrait les lignes défectueuses.

Cette console est composée de deux fers, soudés en partie, écartés graduellement, entretoisés et serrés par une bague.

Une autre solution est d'aplatir le fer, en forger les rinceaux, les cou-

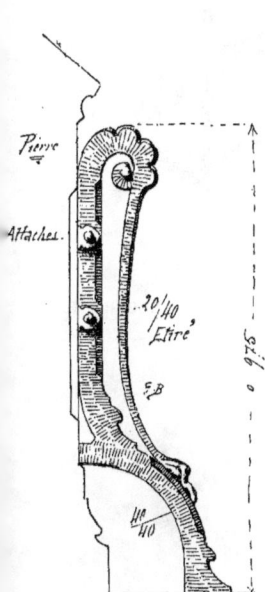

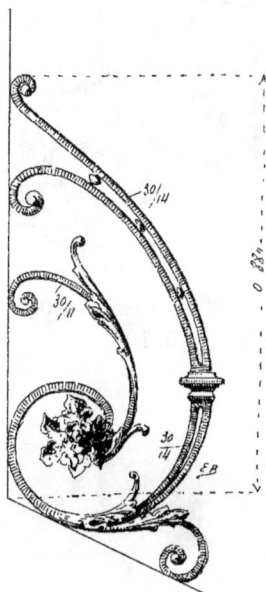

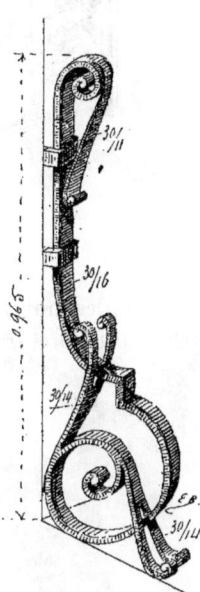

Fig. 552.   Fig. 553.   Fig. 554.

per et les écarter en les faisant passer de chaque côté de l'enroulement principal (fig. 554).

ENTOURAGES DE TOMBES

Les entourages de tombes ont environ 1^m,90 sur 0^m,90 et 0^m,70 de hauteur, ils se font en fer carré de 0^m,014 à 0^m,016 pour les croisillons et 0^m,020 pour les montants et traverses ; les angles sont garnis de pommes de pins en fonte.

On en fait aussi en fer forgé et avec ornementation dans le genre du croquis (fig. 555).

Cet entourage est composé de quatre montants de 0^m,025 avec bases

FIG. 555.

et pontets; les traverses sont en carré de 0^m,022 et les rinceaux en
0^m,020 × 0^{m}0,09 et 0^m,020 × 0^m,007.

CHAPITRE XII

ÉLÉMENTS DIVERS DE SERRURERIE ET FERRONNERIE D'ART

Nous avons réuni dans ce chapitre tous les éléments détachés pouvant concourir à l'ensemble d'un projet. Les exemples sont nombreux, variés, surtout pour ce qui se rattache à la construction décorative.

MOTIFS MILIEUX POUR COURONNEMENTS

Les chéneaux, bandeaux, dessus de portes en fer sont presque tou-

Fig. 556.

Fig. 557.

jours surmontés d'un motif qui les accuse, les fait ressortir et en quelque sorte marque le point central ou l'entrée.

Les chéneaux se décorent au milieu et aux angles, quelquefois partout.

Le motif central peut être de mince importance comme dans la figure 556, si on ne veut pas trop accentuer l'axe.

Les figures 557, 558, 559, 560, 561, 562, 563, et 564 sont des

Fig. 558.

Fig. 559.

exemples gradués pour faciliter le choix. Comme on le voit dans la

Fig. 560.

Fig. 561.

figure 562, les cinq brindilles du milieu sont aplaties et roulées en cornes de bélier.

Fig. 562.

Fig. 563.

Ces petits frontons peuvent être garnis au centre par un chiffre comme

Fig. 564.

Fig. 565.

dans la figure 565, ou bien servir d'attribut comme dans la figure 566, qui représente une lyre.

Celui figure 567 est avec écu, sur lequel on applique un chiffre en métal découpé.

Tous ces motifs se font en fers très légers ($0^m,009$ d'épaisseur et $0^m,020$

FIG. 566.

FIG. 567.

de largeur au maximum); du reste les ornements courants donnés ci-après avec cotes donneront la gamme des forces qui peuvent être attribuées à ces motifs.

MOTIFS D'ANGLES

Les motifs donnés ici sont étudiés pour accompagner les motifs milieux ; ainsi, par exemple, la figure 568 est le motif d'angle de la figure 561 ;

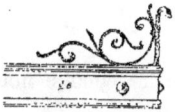

FIG. 568.

FIG. 569.

FIG. 570.

celui figure 569 peut accompagner le motif 567, ou celui 562. La

FIG. 571.

FIG. 572.

FIG. 573.

figure 570 est le complément des figures 565 ou 567, et ainsi de suite pour les figures 571, 572, 573.

Les angles sont formés d'un fer carré, quelquefois d'une cornière ; le haut est forgé en palmette ou reçoit un pontet.

Tous ces motifs sont fixés à vis sur la partie supérieure du chéneau ; ils sont déposés pour faire la garniture en plomb ou en zinc, et reposés ensuite en ayant soin de garnir de céruse la vis et l'endroit en contact.

FESTONS D'ORNEMENTATION COURANTE

Les festons peuvent être composés de cés (fig. 574) séparés par de

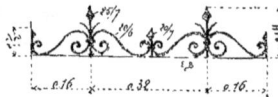
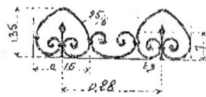

FIG. 574.   FIG. 575.   FIG. 576.

petits montants; on rive le tout sur une bandelette posée à bain de céruse
sur le chéneau ou le bandeau.

La figure 575 est composée d'esses étalées et séparées également par
de petits montants.

Les cés en forme d'ove (fig. 576), sont de grands cés, légèrement

FIG. 577.   FIG. 578.   FIG. 579.

coudés au milieu; on peut les juxtaposer, ou les isoler comme nous le
faisons par un autre ornement.

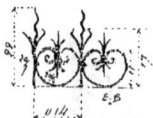

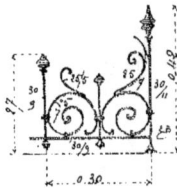

FIG. 580.   FIG. 581.   FIG. 582.

La figure 577, est une variante du premier exemple, avec montant à
fleuron; on peut aussi l'estamper en palmette ou en lance comme dans

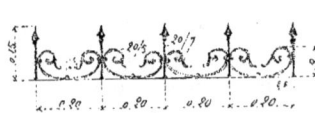

FIG. 583.   FIG. 584.   FIG. 585.

la figure 578; ici l'ornement entre montants est contre-roulé, c'est-à-dire
que le fer plat ployé en deux est enroulé des deux branches dans le
même sens et en spirale.

Les figures 579, 580, 581 sont des dérivés des précédents.

Le motif (fig. 582) en grande longueur est d'un très bon effet; les montants et les rinceaux sont alternés de grands et petits; il peut être employé comme crête de faîtage.

Les cés forment la base de ces motifs; il est difficile d'en sortir pour ces décorations courantes, mais on peut les varier par quelques pièces soudées, comme on le voit figures 583, 584, 585.

LAMBREQUINS

Les lambrequins sont des ornements découpés, pendants et continus, que l'on place sous un chéneau, un bandeau, etc.

Les lambrequins se font en zinc estampé, en tôle découpée, ou en fer et vitrés; nous ne nous occuperons que de ces derniers, dans lesquels nous comprendrons ceux en fonte malléable.

Pour recevoir le verre, le lambrequin doit former une feuillure peu profonde; 0^m,012 suffit.

LAMBREQUINS EN FER

En fer, ils sont composés de cornières de 0^m,010 à 0^m,012 de côté; chaque morceau est fait, suivant la forme qu'on veut obtenir, en coupant

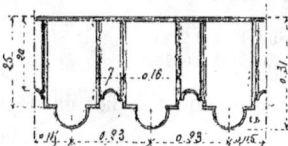

FIG. 586.

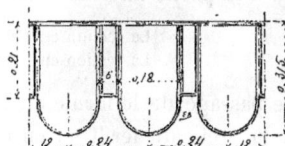

FIG. 587.

et en coudant la cornière, ceci dit pour les angles; pour les parties rondes la cornière est cintrée (fig. 586, 587); le lambrequin une fois coudé, on brase les parties rapprochées.

Les lambrequins sont alors placés côte à côte, assemblés entre eux

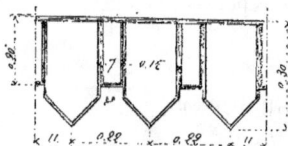

FIG. 588.

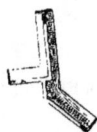

FIG. 588 bis.

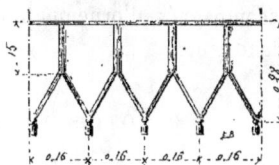

FIG. 589.

et montés par longueur de 1 mètre à 1^m,50 sur une cornière; les figures 588, 588 *bis*, 589, 590, 591 en montrent différentes formes.

Une disposition d'un très bon effet consiste à alterner un lambrequin

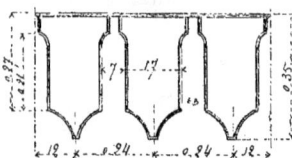

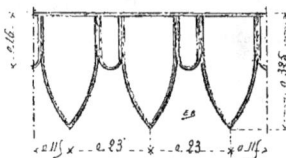

FIG. 590.   FIG. 591.

vitré et un motif en fer forgé, ce motif ayant au plus la moitié de la largeur du lambrequin.

LAMBREQUIN EN FONTE MALLÉABLE

Nous insistons sur l'emploi de la fonte malléable, dans la confection des lambrequins de marquise, à cause de la grande facilité qu'elle donne au travail.

Dans le fer, deux lambrequins juxtaposés donnent une largeur de fer double, comme le montrent les figures 587, 588, 589, 591, puisqu'il y a deux cornières à côté l'une de l'autre.

La fonte malléable évite cet inconvénient; la section varie; elle a la forme du T quand elle doit recevoir deux verres et la forme d'une cornière à la partie inférieure où elle limite le verre.

La section en T donne $0,013 \times 0,016 \times 0,0025$.
La section en L donne $0,013 \times 0,016 \times 0,0025$.

Le passage de la forme en T à la forme en cornière se fait en déplaçant la crête du fer T et en rejetant sur le côté pour former cornière (fig. 588 *bis*).

LAMBREQUIN EN FER RAINÉ

Pour de grandes marquises, quand le lambrequin atteint de grandes dimensions, de $0^m,75$ à 1 mètre, on emploie le fer rainé de $0^m,18$ à $0^m,20$ et $0^m,25$; ces lambrequins sont vitrés avant la pose, et souvent accompagnés d'ornements en bronze ou en repoussé, feuilles, culots, glands, etc.

MOTIFS D'ORNEMENTATION DE CHÉNEAU

Outre les moulures dont ils sont accompagnés, les chéneaux et bandeaux se décorent sur la partie comprise entre les moulures, par différents moyens.

Des cadres en fer plat assemblés à coupes droites, et interrompus par

Fig. 592.

Fig. 593.

des rosaces (fig. 592) ; ces cadres peuvent être moulurés, ou arrondis aux extrémités.

Remplacer les cadres par des tables en saillie découpées aux extrémités (fig. 593), ou des motifs séparés, formés de découpages rehaussés de rosaces (fig. 594) ; ces motifs peuvent être très éloignés les uns des autres.

La grecque également découpée est assez décorative (fig. 595) ; les com-

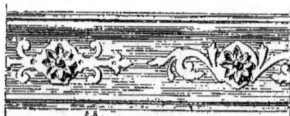

Fig. 594.

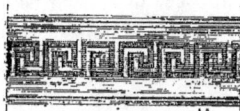

Fig. 595.

binaisons en sont très variées ; elle se prête à toutes les dimensions et peut être garnie de rosaces.

Les motifs fondus, fonte ou bronze (fig. 596), les tables profilées, les

Fig. 596.

Fig. 596 bis.

têtes de lion, chimères, appliques, etc., sont autant de ressources de décoration.

Les postes, chiens-courants et, en général, les ornements continus (fig. 596 bis) ; la peinture peut aussi être utilisée, au moins comme complément, dans la décoration.

Nous recommandons, si l'on fait usage de la dorure, d'en user avec sobriété, sur les points saillants seulement ; c'est avec du goût dans la répartition des décors, bien plus que par leur abondance, qu'on obtient les travaux les mieux réussis.

PENTURES

La penture est une pièce de ferrement de porte, qui se compose d'une bande plate, simple ou ornée, terminée par un œil ou nœud, qui pivote sur un gond.

La penture percée de trous sur sa longueur est fixée sur le vantail, souvent à boulons, ou à clous, rivés sur une deuxième bande de fer, placée de l'autre côté de la porte et soudée avec la première.

C'est un véritable étrier, qui sert à faire mouvoir le vantail et à consolider l'assemblage des planches qui le forment.

Au moyen âge, les pentures étaient devenues une des plus importantes spécialités de l'art du forgeron ; elles étaient employées, non seulement comme ferrement proprement dit, mais encore étaient le véritable motif d'ornementation des portes ; certaines portes très simples comme menuiserie, composées de frises, en étaient couvertes.

Ces pentures n'étaient cependant qu'au nombre de deux ou trois par vantail, mais pour éviter aux portes de donner du nez, c'est-à-dire de fléchir sous leur propre poids, les serruriers avaient, pour marier les frises entre elles, et empêcher les glissements, multiplié les rinceaux émergeant de la tige principale.

De plus, ils rapportaient, entre les pentures de pivotement, d'autres fer-

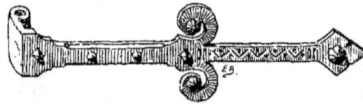

Fig. 597.

rures, également ornées, composées de rinceaux qui concouraient à la consolidation du bois et à la richesse de la décoration.

Les pentures étaient simples (fig. 597), c'est-à-dire composées d'une

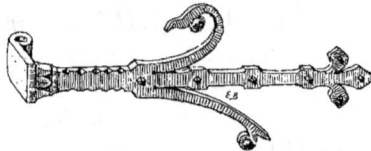

Fig. 598.

seule bande coudée avec collet (fig. 598), et retournée en forme d'œil.

Les pentures, dites flamandes, étaient celles à double branche intérieure et extérieure qui moisaient le vantail.

Nous n'avons rien changé à ce qui précède et nous employons encore les mêmes moyens.

Les pentures se font de diverses dimensions ; quelquefois elles n'embrassent que cinq ou six frises et sont formées d'un simple C ; d'autres fois part du milieu de ce C une fausse penture, c'est-à-dire une bande indépendante, ornée de rinceaux, et qui n'a pour fonction que de maintenir les frises.

Généralement les pentures ont presque la largeur entière du vantail, de manière à comprendre toutes les frises.

Les trous, la penture étant dessinée en conséquence, doivent tomber dans le milieu de chaque frise ; les clous ou boulons sur joints sont

Fig. 599.

défectueux ; on comprend que si les frises sont parfaitement axées sur la rivure, le retrait du bois se fera également à droite et à gauche ; il en

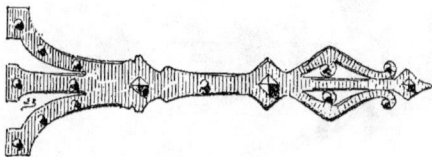

Fig. 600.

résultera que les ouvertures, qui se produisent inévitablement, seront régularisées ; tandis qu'au contraire, si la frise est prise par le clou près

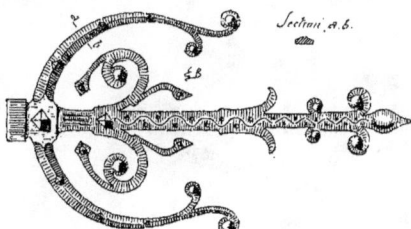

Fig. 601.

de sa rive, le jeu du bois se fait entièrement d'un côté, ce qui produit des joints très serrés, et d'autres très ouverts.

Les pentures sont décorées par des clous, des rosaces, des engravures,

des chanfreins, des encoches et principalement par leurs formes proprement dites.

Simple et toute unie comme dans la figure 599, ou avec légers chanfreins comme le montre la figure 600.

Cette dernière figure à triple branche représente le cas, ferré en char-

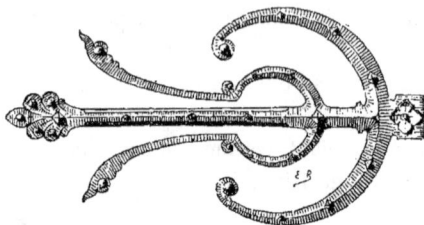

Fig. 602.

nière ; les deux nœuds de l'autre partie viennent se placer dans les intervalles et une broche à tête fait le pivot de rotation.

La penture en forme de C avec bande médiane (fig. 601) est compo-

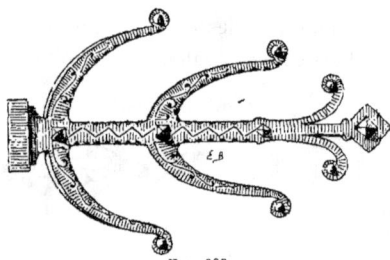

Fig. 603.

sée d'une bande méplate, et les deux brindilles du cé ont la section
qu'indique la coupe *a b* ; elle est ornée d'une légère engravure courbe

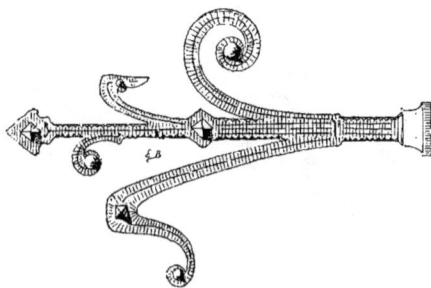

Fig. 604.

accompagnée de coups de pointeau et de clous ronds et en pointe de
diamant.

La figure 602 représente une penture semblable, mais entièrement

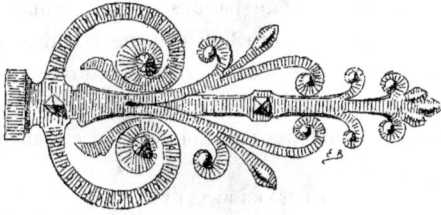

Fig. 605.

forgée ; la section, abattue en glacis, est accentuée par un chanfrein sur la tige du milieu ; les clous sont ronds et à pointes à quatre facettes.

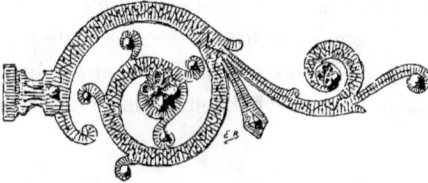

Fig. 606.

On décore aussi la bande et les branches qui en sortent par des encoches (fig. 603), quelques chanfreins et des engravures.

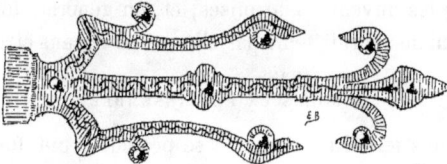

Fig. 607.

Les anciennes pentures étaient souvent composées de plusieurs fers rapprochés par des colliers ; ces fers étaient à sections arrondies ; l'en-

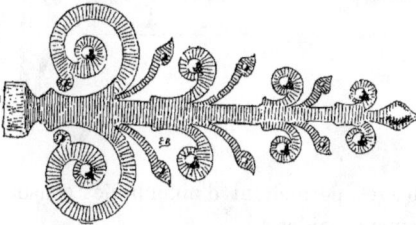

Fig. 608.

semble formait des petits canaux ; dans la figure 604 nous avons figuré seulement des traits creusés et garni les bords d'encoches triangulaires.

La figure 605 est composée de bandes méplates soudées, roulées et de différentes épaisseurs, la figure 606 est une fantaisie de décoration qui ne peut être employée que comme fausse penture.

Les figures 607 et 608 terminent nos exemples. Les engravures sont, pour toutes ces pentures, obtenues au pointeau, au ciseau, à la gouge, etc.

FAUSSES PENTURES

On entend par fausses pentures, des appliques, purement décoratives, qui ne contribuent en rien au fonctionnement du vantail ; on les fait souvent en fortes tôles découpées qu'on chanfreine et qui peuvent, comme les autres, être ornées d'engravures, de clous, etc.

On trouve dans le commerce des pentures en fonte reproduisant, ou à peu près, les plus magnifiques spécimens du moyen âge ; nous pensons que la fonte malléable retouchée habilement donnerait de belles et bonnes pentures.

CONSOLES

Les consoles sont des supports, des espèces de potences ornées, qui servent à porter les auvents, marquises, et, en général, toute partie de construction, qui ne saurait tenir par elle-même et sans être soutenue.

CONSOLES EN FER ASSEMBLÉ

Les sections des fers du commerce se prêtent à une foule de combi-

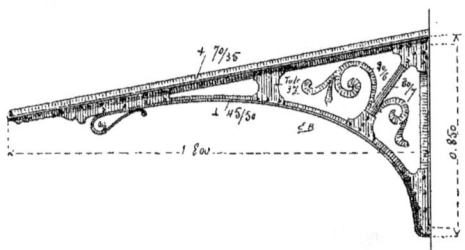

FIG. 609.

naisons d'assemblages permettant d'obtenir des consoles à la fois élégantes et parfaitement rigides.

La figure 609 est une console avec pente à l'avant ; elle est composée d'un fer à croix soutenu par un arc en fer T ; ces deux fers sont réunis

entre eux par des plaques de tôle ou goussets, placés de chaque côté de
l'aile du fer et rivés.

La console également formée d'un fer à croix peut être soutenue par

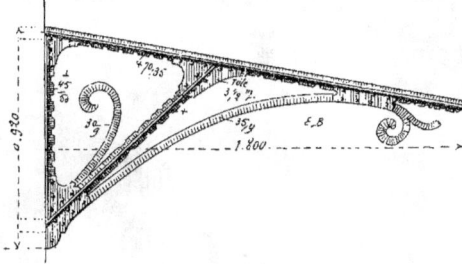

Fig. 610.

une jambe de force ou bielle, en même fer, et accompagnée par un arc
en fer méplat (fig. 610) ; l'assemblage est également fait à gousset et l'en-

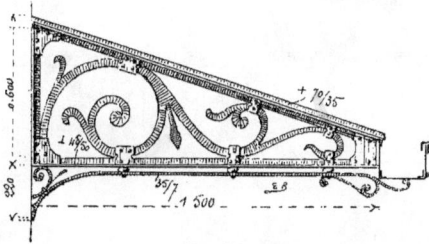

Fig. 611.

semble est décoré par des encoches, faites dans les crêtes des fers.

Les figures 611, 612 sont des consoles également en pente à l'avant,

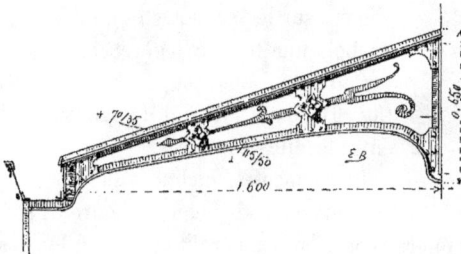

Fig. 612.

et qui portent des chéneaux ; le remplissage est fait de rinceaux en fer
plat, assemblés à platines et à goussets.

Les consoles assemblées à goussets se font aussi avec remplissage en
fer T roulé (fig. 613) ; la crête en dehors, les deux crêtes rapprochées

sont maintenues par les goussets ; la figure 614 en donne le détail.

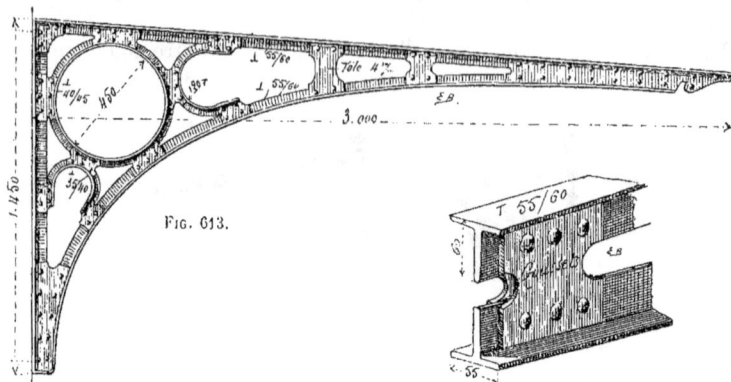

Fig. 613.

Fig. 614

Les consoles horizontales sont destinées ordinairement à porter une

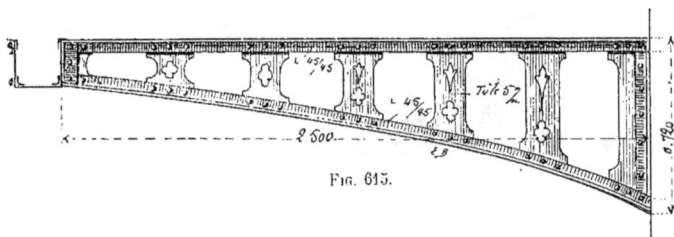

Fig. 615.

galerie, un balcon, ou un auvent ou marquise en bois ; notre figure 615 est ce dernier cas ; un plafond reposera horizontalement sur les consoles et au-dessus on construira en bois une toiture légère couverte en zinc.

Fig. 616.

Cette console est faite de quatre cornières (fig. 616), qui moisent des goussets simples pincés entre lesdites cornières.

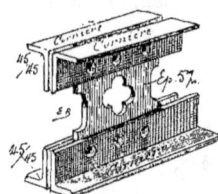

Les consoles inclinées à l'arrière s'emploient toujours avec chéneau ; la figure 617 est construite, comme nos premiers types, en fer à croix et fer T ; le passage du chéneau est réservé dans la console ; le fer supérieur passe par-dessus et va en scellement.

Le modèle (fig. 618) est composé de deux fers T placés dos à dos ; celui supérieur fait petit bois et l'autre console, un rinceau à plat, porte sur les patins et soutient le chéneau.

De même construction, la figure 619 est avec pente à l'avant, le rem-

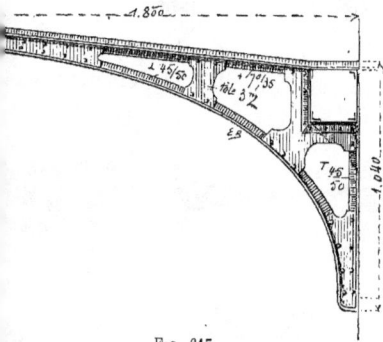

FIG. 617.

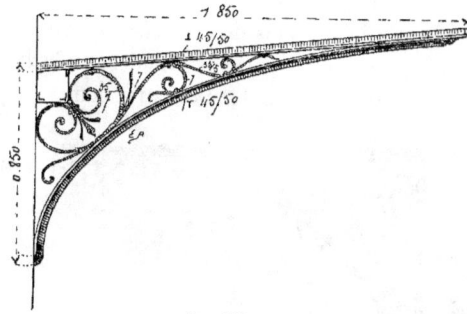

FIG. 618.

plissage est simplement fixé à vis sur les fers, et également à vis sur de petits scellements fixés dans le mur.

Le type figure 620 est à montants verticaux et orné d'un léger fer en

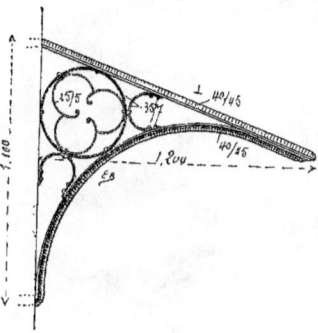

FIG. 619.

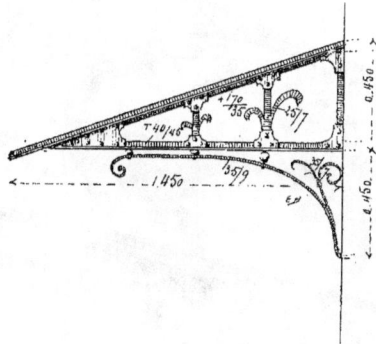

FIG. 620.

dessous qui l'accompagne et arrondit ses formes ; il peut être muni d'un

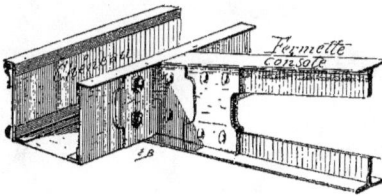

FIG. 621.

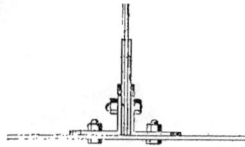

FIG. 622.

chéneau dont l'assemblage serait fait suivant le mode qu'indiquent les figures 621, 622.

CONSOLES EN TOLE DÉCOUPÉE ARMÉE DE CORNIÈRES

Les formes de ces consoles sont les mêmes que les précédentes, inclinées à l'avant, horizontales, ou inclinées à l'arrière; elles n'en diffèrent donc que par leur construction.

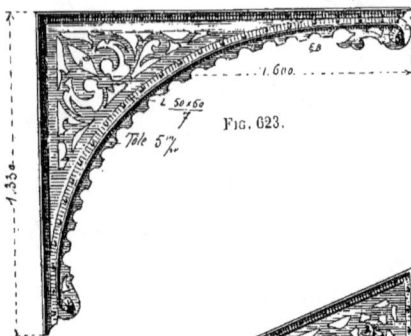

Fig. 623.

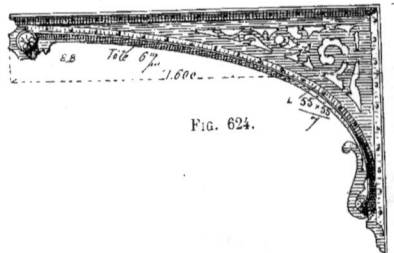

Fig. 624.

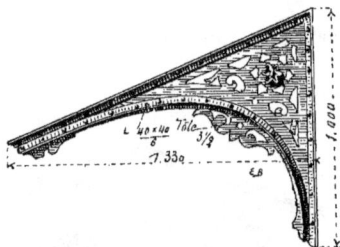

Fig. 625.

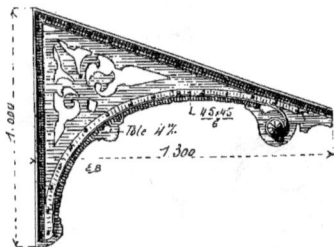

Fig. 626.

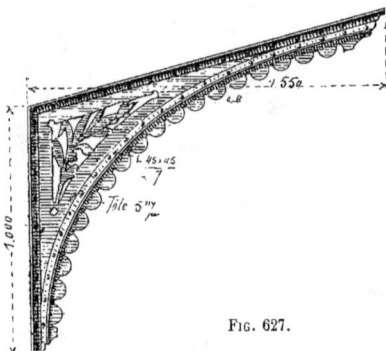

Fig. 627.

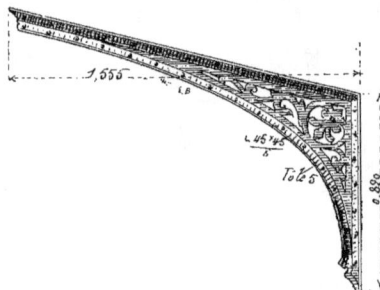

Fig. 628.

Ces consoles sont formées de tôles bordées de cornières et rivées (fig. 623).

L'ornementation varie par la composition du dessin de découpage, par des motifs sortants extrêmes (fig. 624) ou aux extrémités et au centre (fig. 625, 626).

La tôle, dépassant la cornière (fig. 627), peut être découpée.

Les ajours sont faciles à disposer pour obtenir des effets solides ou

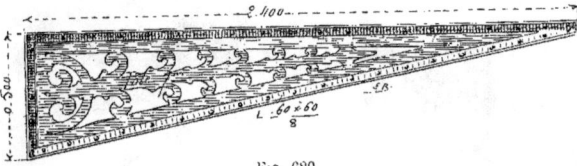

FIG. 629.

légers, des rinceaux ou des ornements de répétition (fig. 628, 629).

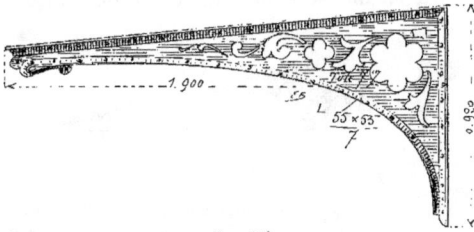

FIG. 630.

Les grands ajours, les combinaisons de cadres parallèles (fig. 630, 631) sont des variantes de composition.

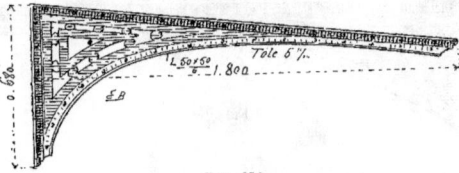

FIG. 631.

Les consoles d'équerrage, les corbeaux (fig. 632, 633, 634, 635), pour

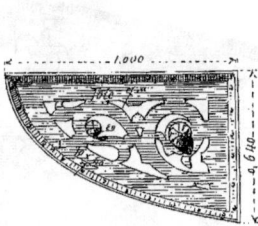

FIG. 632.

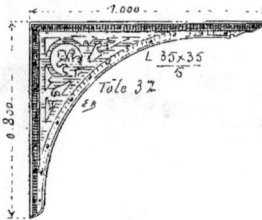

FIG. 633.

consolider des angles, ne portent pas de scellement et sont directement assemblés à vis ou à boulons passant dans les cornières.

Le découpage peut être remplacé par un poinçonnage fini à la lime

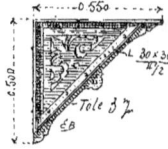

FIG. 634.

FIG. 635.

(fig. 636), ou encore par une série de petits coups de poinçon qui donnent

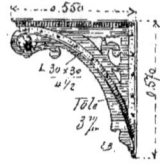

FIG. 636.

des lignes dentelées dont les découpures sont peu appréciables dans de grandes consoles comme celles représentées figures 637, 638.

La figure 639 montre la section de ces pièces.

Nous avons dit que ces consoles étaient armées de cornières, mais on

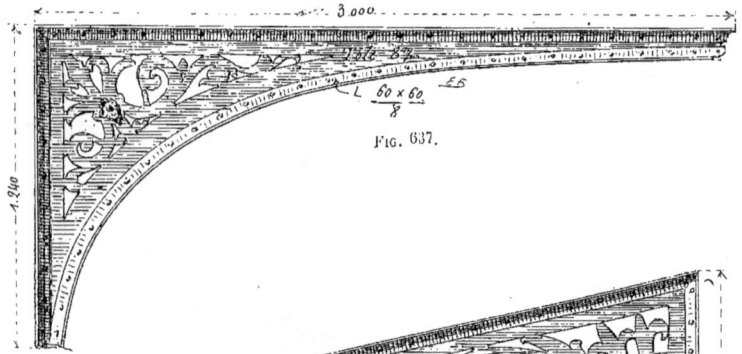

FIG. 637.

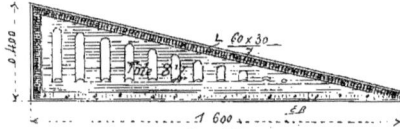

FIG. 638.

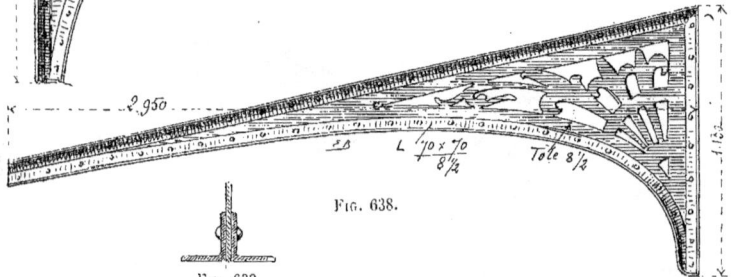

FIG. 639.

peut les orner davantage en bordant la partie intérieure en fer demi-rond, en fer méplat ou en fer mouluré.

CONSOLES EN FER FORGÉ

Ces consoles se font de toutes dimensions très petites (fig. 640, 641) ;
elles sont employées pour porter des tablettes en
glace, dans les magasins.

Fig. 640.

Sur des colonnes, sous chéneaux (fig. 642, 643),
elles s'assemblent à vis.

Une bonne disposition, que nous ne saurions trop
recommander, est la jambe de force (fig. 644) ; la décoration en est
facile, les rinceaux secondaires sont fixés par un collier ;
quelquefois le fer carré va directement en scellement et
est garni d'une embase en fonte.

La figure 645 est en fer forgé, le cas de marquise
relevée que nous avons déjà décrit plus haut.

La console est complète par elle-même quand elle
forme un cadre complet (fig. 646) ; on voit que pour cette
console le scellement est fait par un collier embrèvé dans
l'arc.

Fig. 641.

Outre les applications aux marquises, certaines formes peuvent être

Fig. 642.

Fig. 643.

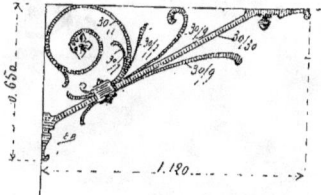

Fig. 644.

employées comme porte-enseigne (fig. 647), ou porte-lanterne (fig. 648,
649), consoles qui, leur silhouette le
montre suffisamment, ne sont pas disposées pour être lourdement chargées.

On peut tirer un beau parti décoratif
du redoublement de l'arc par un fer
plat isolé par des boules, comme dans
la figure 647.

Les consoles avec pente en avant
(fig. 650, 651) sont des motifs de
composition qui peuvent être utilisés ; la première à double cadre est
très légère ; le ruban sur lequel vient s'amortir le remplissage est en

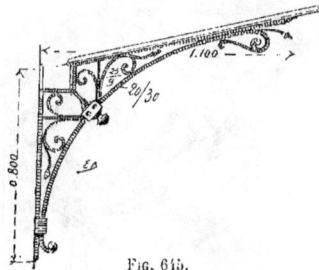

Fig. 645.

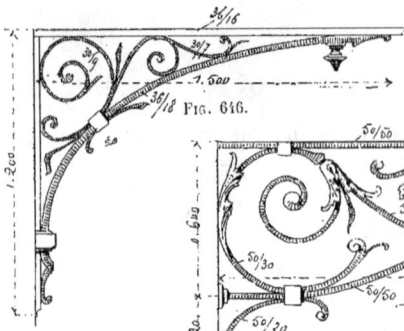

Fig. 646.

Fig. 647.

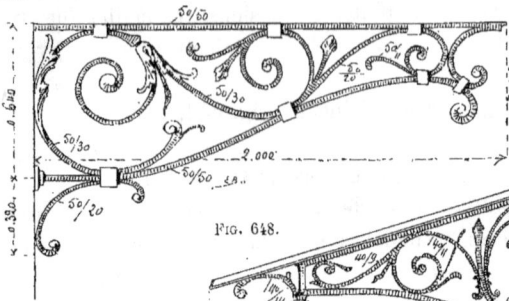

Fig. 648.

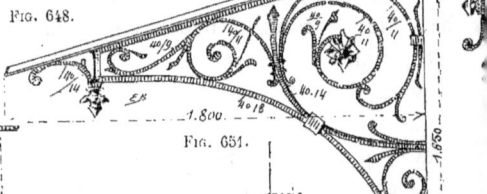

Fig. 651.

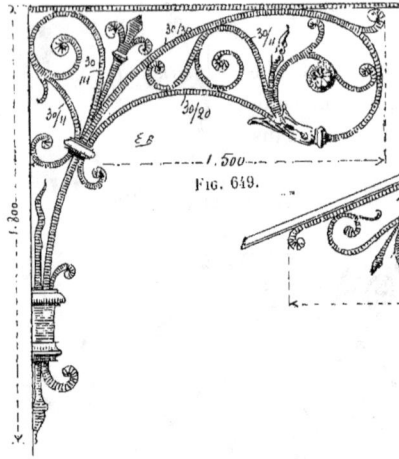

Fig. 649.

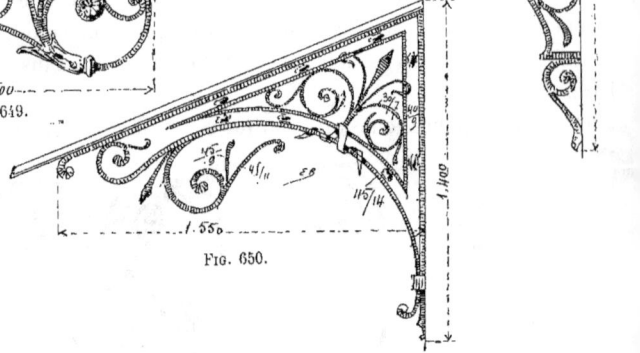

Fig. 650.

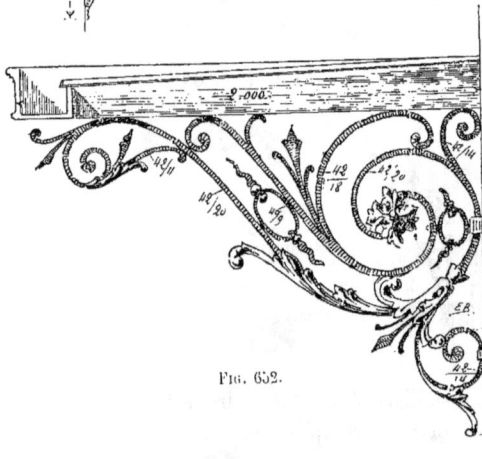

Fig. 652.

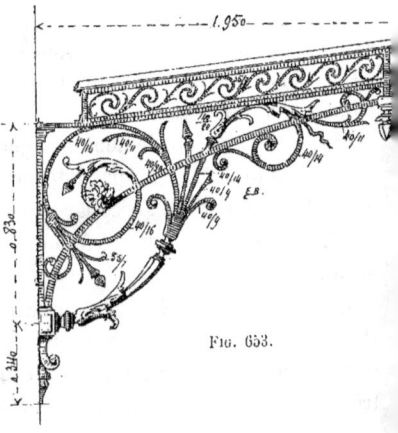

Fig. 653.

feuillard légèrement appointi et enroulé sur l'arc inférieur; dans le second, le rinceau émerge du scellement et vient former remplissage.

Les consoles plus riches sont ornées de feuilles; les pièces de forge y sont plus travaillées (fig. 652, 653); dans la dernière le rinceau est consolidé par un arc assemblé par moitié; on pourrait le rendre plus solide en le doublant franchement et en le faisant passer de chaque côté.

SCELLEMENTS DE CONSOLES

Nous n'avons pas indiqué les scellements sur nos croquis, parce que les consoles ne sont pas toujours scellées.

En effet les consoles sous chéneau, sous poutres sur colonnes, etc., ne sont pas scellées, mais seulement assemblées.

Dans le travail d'une console, qui est le même que celui d'une potence, le poids se reporte sur la jambe de force, ou l'arc qui la remplace; cette pièce étant inclinée, sa partie supérieure tend à s'éloigner du mur, tandis que la partie inférieure s'y appuie.

Assemblée sur la semelle, la potence en s'écartant du mur tire donc sur celle-ci de manière à l'arracher de la tête; on peut donc en conclure qu'une console a besoin d'un très fort scellement en haut et d'un scellement bien moindre en bas.

Les scellements ordinaires varient de $0^m,15$ à $0^m,25$.

Dans certains cas où, par suite de grande portée, la traction sur le scellement devient considérable, on traverse le mur d'outre en outre et on ancre à l'intérieur.

CRÊTES DE FAITAGE

Une crête est une suite d'ornements découpés placés sur un faîtage.

Les crêtes furent d'abord faites en pierre; puis les formes des combles

Fig. 654.

formant des angles plus aigus, on fit des crêtes en plomb posées sur des armatures en fer, et l'usage s'en est conservé jusqu'à nos jours.

Dans nos habitations la recherche constante du bon marché a amené l'emploi du zinc estampé et de la terre cuite; cependant on fait aussi usage des crêtes en fer.

La figure 654 est un modèle simple composé de cés et de petits montants portant sur une traverse, il faut dans ce genre de travail chercher à atténuer l'effet grêle du métal, et bien que la perspective mette en

Fig. 655.

valeur les largeurs des fers, on fera bien d'y ajouter quelques motifs estampés.

Les crêtes sont fixées sur les faîtages par les petits montants, qui sont à fourchette ou bien simplement enfoncés dans le bois.

La figure 655 donne une crête plus importante ; la traverse est déta-

Fig. 656.

chée du faîtage par de petits ronds placés au droit des motifs.

On fait aussi des crêtes à deux traverses avec enroulements intercalés ; notre figure 656 montre cette disposition ; les montants sont alternés

Fig. 657.

petits et grands ; ceux-ci estampés en feuilles ou en fleurons ; les rinceaux roulés en spirale se terminent au centre par une palmette estampée, ou en tôle repoussée et rapportée.

Le type figure 657 est également à deux traverses, montants estampés et à embases ; les traverses sont à trous renflés et les portées des petits liens sont motivés par des culots.

Les ronds, les croisillons sont aussi d'excellents éléments de crêtes ; les figures 658, 659 en sont une application.

FIG. 658.

FIG. 659.

Nous avons placé ce dernier exemple entre deux épis terminaux sur lesquels il vient s'amortir.

ÉPIS

On appelle épi un ornement qui couronne un poinçon, les extrémités d'un faîtage, etc.

Comme les crêtes, les épis se font en plomb, en terre cuite, en zinc.

Nous donnons quelques modèles d'épis en fer ; la figure 660 représente un épi fixé sur le gobelet d'un kiosque ; il est à quatre branches ; la tige est en fer rond, passe au travers du gobelet et est boulonné en dessous.

Le corps est formé de culots avec rondelle à gorge, de fleurons aplatis et découpés, desquels partent des fers plats amincis et ornés de rosaces à la partie saillante ; toutes les brindilles sont réunies par un collier, et le poinçon est orné d'une bague.

La figure 661, plus ornée, a la même construction d'ensemble, les rosaces, culots, etc., sont en tôle repoussée.

L'importance des épis varie avec celle de la construction sur laquelle
on l'applique ; on ne peut déterminer cependant une proportion fixe
entre la hauteur de l'édifice, et celle du poinçon, ayant à tenir compte de

Fig. 660.   Fig. 661.   Fig. 662.   Fig. 663.

trop de conditions diverses tenant aux matériaux, au plan, à l'altitude
du sol, à l'endroit où l'on construit, etc.

Dans les figures 662 et 663, nous avons largement employé le repoussé
comme donnant plus de masse, plus d'ampleur, et qui, tout en donnant
du corps à l'ensemble, fait ressortir davantage les lignes fermes et ner-
veuses des rinceaux en fer.

Bien entendu, l'épi doit être étudié en même temps que la crête qui
l'accompagne ; on doit tenir compte dans l'épi des hauteurs de traverses,
de la valeur des ornements, et enfin disposer les corps de moulures pour
faire régner les principales lignes.

ANCRES ORNÉES

Nous avons, en parlant du chaînage, décrit les ancres cachées, noyées dans la maçonnerie; les ancres ornées restent apparentes.

L'ancre la plus commune est une simple barre de fer carré de 0ᵐ,03 à

 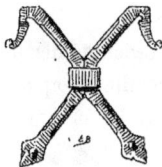  

Fɪɢ. 664.   Fɪɢ. 665.   Fɪɢ. 666.   Fɪɢ. 667.

0ᵐ,04 avec une doucine ou profil à chaque extrémité ; cette barre passe dans un œil réservé dans la chaîne.

On en fait aussi en croix avec extrémités fleuronnées ; en S (fig. 664), que nous avons accompagnée de légers rinceaux servant à coincer; en M, moyen âge; en X (fig. 665), dont les extrémités peuvent varier à l'infini ; en Y, en T, en double T, etc., etc.

Puis viennent les formes composées à fleurons, avec chanfreins (fig. 666) en forme de flamme (fig. 667) ; les ancres très ornées d'une composition plus riche et souvent composées de plusieurs pièces (fig 668).

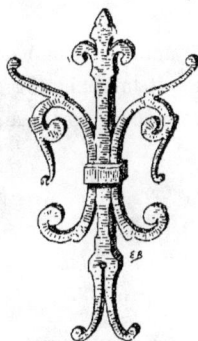

Fɪɢ. 668.

La longueur ordinaire des ancres est de 0ᵐ,50 à 0ᵐ,75.

On emploie aussi des ancres en fonte ; ce sont ordinairement de fortes plaques, épaisses au milieu, souvent à nervures, et décorées dans le goût de l'ensemble.

Ces ancres sont carrées, rectangulaires, rondes ou ovales.

CROCHETS DE GOUTTIÈRES

Les crochets de gouttières sont des lames en fer plat recourbées, qu'on place à l'extrémité d'un toit pour supporter les gouttières.

Dans certains travaux de serrurerie, on veut éviter le chéneau coûteux.

et on trouve la gouttière ordinaire trop simple ; on peut décorer la gouttière en y ajoutant un lambrequin en zinc, de $0^m,05$ à $0^m,06$ de haut,

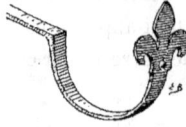

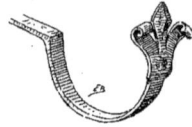

FIG. 669.   FIG. 670.

placé sous le bourrelet, ou bien des crochets décorés assez fréquents ; la
figure 669 est un crochet dont l'extrémité est aplatie en forme de fleuron
ou de fleur de lys ; on peut découper le fer après l'avoir aminci et lui

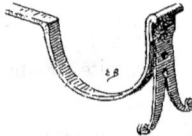

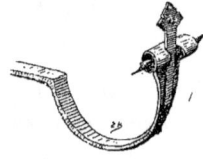

FIG. 671.   FIG. 672.

donner la forme de la figure 670 ; enfin on motive le crochet par un
motif tombant (fig. 671) ou par une corne de bélier avec une pièce fleu-
ronnée rapportée à rivet (fig. 672).

DOUCINES ET MOTIFS DE TERMINAISON

Le mot *doucine* s'emploie en serrurerie pour dire que l'extrémité d'un
fer est profilé.

FIG. 673.   FIG. 674.   FIG. 675.

Les doucines se font toujours à chaud ; elles peuvent être prises
dans le fer quand elles ne dépassent pas sa section comme dans les

FIG. 676.   FIG. 677.   FIG. 678.

figures 673, 674 ; les figures 675, 676, 677 nécessitent un refoulement
du fer pour trouver une masse suffisante.

Les autres formes avec noyaux peuvent être obtenues en soudant une

FIG. 579.

FIG. 680.

pièce destinée à faire l'enroulement (fig. 678, 679, 680).

CARTOUCHES

DE DÉCORATIONS DE CHÉNEAUX, BANDEAUX, ETC.

Ces cartouches se font en tôle découpée en plusieurs appliques et galbés au manteau ; la figure 681 est composée de trois découpages surperposés.

Les figures 682, 683 sont également en tôle ; les cornes roulées en cuirs

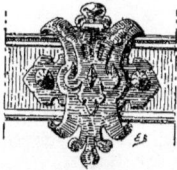

FIG. 681.

FIG. 682.

et en cornes de béliers sont percées et ajourées ; l'écu de la figure 682 est galbé avec arête médiane.

Ces motifs sont toujours accompagnés d'angles (fig. 684, 685).

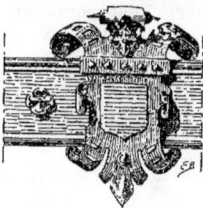

FIG. 683.

FIG. 684.

FIG. 685.

On complète ces cartouches par des clous, des rosaces, etc., mais il faut surtout leur donner des formes variées, et éviter soigneusement les plats.

ÉCROUS ORNÉS

Les écrous carrés et à six pans sont très employés maintenant dans la construction, mais sont d'assez mauvais effet quand ils doivent rester apparents dans un travail artistique.

On peut avec facilité changer suffisamment leurs formes pour les faire tolérer ; ainsi figures 686, 687 est un écrou encoché sur chacune de ses

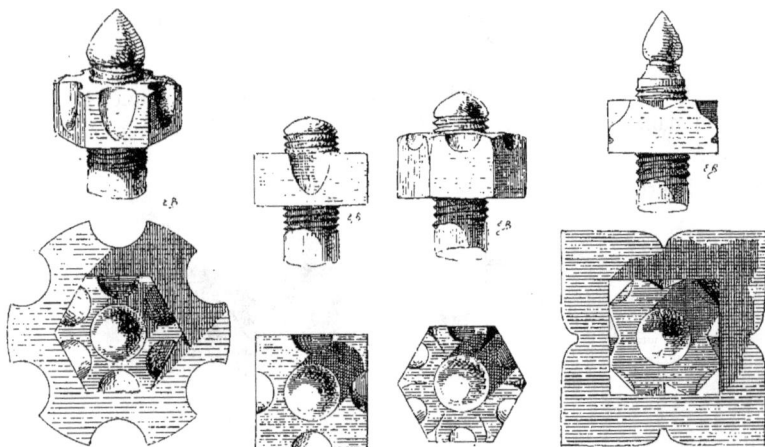

FIG. 686 et 687.   FIG. 688 et 689.   FIG. 690 et 691.   FIG. 692 et 693.

faces ; ce travail peut aussi se faire à la queue de rat ; si on y ajoute une rondelle ou une rosace, on obtient presque l'effet d'un clou orné.

L'écrou carré, traité de la même manière, est représenté figures 688, 689.

Un autre écrou à six pans avec encoches moindres est représenté figures 690, 691 ; les angles sont dégagés au tiers-point comme on le voit sur le plan.

En abattant les angles d'un écrou carré suivant un profil, on obtient l'effet représenté figures 692, 693.

VIS ORNÉES

Les vis peuvent être traitées par les mêmes procédés que les écrous ; la fente pourrait être supprimée, et les vis serrées avec une clef, opération facile surtout pour le cas (fig. 694, 695); les gouttes de suif, (fig. 696, 697) s'y prêtent moins bien, mais sont encore pratiques.

Fig. 694 et 695.   Fig. 696 et 697.   Fig 698 et 699.   Fig. 700 et 701.

Si on conserve les fentes, on peut, pour défigurer la vis, les doubler ou les tripler comme l'indiquent les figures 698, 699, 700, 701.

CLOUS ORNÉS

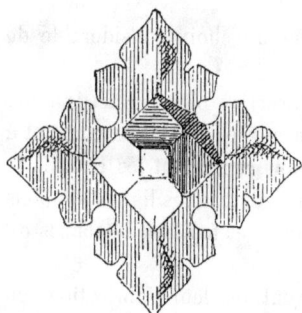

Les clous ont été et sont encore employés dans la décoration des portes ; ils se font de toutes formes, en pointe de diamant, demi-sphériques, coniques, etc.

On les fait aussi composés de plusieurs pièces (fig. 702, 703); la tête de clou porte sur une rondelle découpée et emboutie.

Les pointes de clous sont quelquefois fendues pour être rivées en place en rabattant les deux parties, comme on fait pour les goupilles en demi-rond.

Plus important, le clou porte sur deux platines découpées et relevées ; ces clous peuvent être remplacés par des boulons ; dans le cas de linteaux apparents

Fig. 702 et 703

par exemple, le serrage étant caché, peut être fait par un écrou ordinaire.

Un autre motif (fig. 706, 707) est composé d'un bouton avec

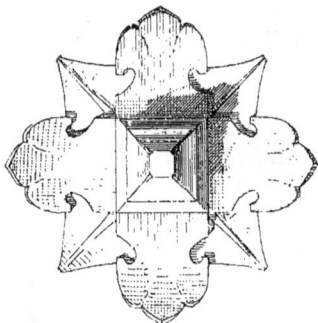

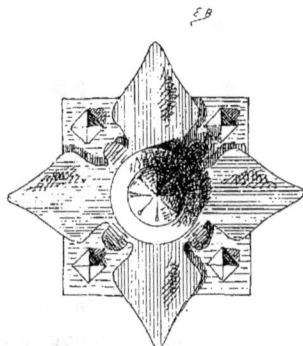

FIG. 704 et 705.

FIG. 706 et 707.

embase, partant sur deux rondelles repoussées.

ROSACES

Les rosaces employées en serrurerie sont généralement en fonte, ou en tôle estampée ou repoussée.

Les modèles en fonte du commerce offre un choix considérable de tous styles et de toutes dimensions.

Pour le travail ordinaire qui n'a pas de caractère bien arrêté, la fonte est bien à sa place; les rosaces sur les chéneaux par exemple gagnent à être un peu lourdes, à avoir du corps; il faut cependant les choisir de formes bien modelées, pas de détails fins, mais de bonnes lignes, de bons profils, et de la saillie, s'il s'agit de boutons; et feuilles détachées du fond, relevées, s'il s'agit de rosaces.

Les rosaces en tôle estampée conservent de leur fabrication un manque de caractère absolu, quel qu'en soit le dessin; la rosace estampée est raide, régulière, trop régulière. Généralement, elle affecte la forme d'un segment de sphère avec six ou huit côtes, mais on en trouve aussi à quatre feuilles, arrondies, anguleuses, en feuille de lierre, etc.

On se sert souvent de ces rosaces en les plaçant l'une sur l'autre, une grande et une petite, le tout fixé par une tête de clou.

Les rosaces en zinc ne conviennent pas à la serrurerie ; il y a pourtant

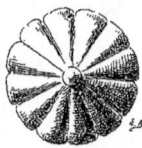 

FIG. 708.   FIG. 709.   FIG. 710.

d'assez beaux modèles, également très variés, qu'on pourrait utiliser ; il suffirait pour cela de substituer au zinc le cuivre ou la tôle et de faire estamper de même en un millimètre d'épaisseur ou plus ; les modèles (fig. 708, 709, 710) peuvent être obtenus ainsi.

On peut donner à des rosaces ainsi estampées, et ceci dit également pour les feuilles, l'apparence du travail relevé par un léger martelage à la main.

PALMETTES

Les palmettes, en serrurerie, sont de petits ornements estampés ou forgés dans la masse, et qui terminent un enroulement, un barreau, etc.

La forme des palmettes est symétrique ou dissymétrique, et est subordonnée au style de l'ensemble qu'elles sont destinées à compléter.

La palmette symétrique prend souvent le nom de fleuron.

Il suffit de l'examen d'une figure, celle 711 par exemple, pour se rendre compte de la difficulté de forge que présentent ces pièces, et en même temps de l'avantage qu'offre la matrice.

Ces pièces sont forgées et estampées avant d'être soudées à la tige ; elles sont ainsi plus maniables étant plus légères.

La figure 712 est une imitation de pomme de pin ; on peut facilement l'obtenir sans

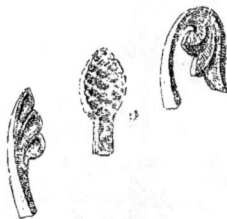

FIG. 711, 712 et 713.

étampe ; le fer est refoulé et aplati à la forge ; il prend sa forme définitive sous le marteau, et le quadrillage des faces est ensuite fait au ciseau ou à la lime.

La forme de cette pomme doit être légèrement convexe, et être en quelque sorte le bas-relief de l'objet qu'elle représente ; comme la précédente cette palmette est soudée à sa tige entièrement finie.

Dans notre premier exemple, nous avons indiqué une palmette recreusée dans les feuilles; la figure 713 est au contraire en saillie; les formes anguleuses; celle-là plus que toute autre nécessite l'étampe, et rend indispensable de souder au fer une masse pour fournir à son développement de feuille.

Dans beaucoup de cas on peut remplacer les palmettes en fer plein par d'autres repoussées au marteau et rivées sur un noyau roulé dans le fer; sur le fer rond, la tôle ou le cuivre relevés sont d'un bon effet. Généralement dans ce cas, la palmette est franchement placée en saillie.

VERROUX, TARGETTES. LOQUETS

Le verrou est une pièce de ferrure de porte, qui sert à la fermeture; c'est un pêne glissant dans des picolets ou guides, montés directement sur le vantail, ou sur une platine.

VERROUX

Sans nous arrêter sur les diverses formes de verroux, nous citerons quelques systèmes employés.

Le verrou ordinaire est une tige glissant dans des guides et vient ver-

Fig. 714.   Fig. 715.   Fig. 716.   Fig. 717.

ticalement se loger dans une gâche; dans les grilles on peut le faire en fer carré ou rond, et remplacer le bouton de tirage par une forme prise dans le fer, et propre à être saisie à la main.

Le verrou à coulisse, également employé dans les grilles, est une tige dans laquelle on a pratiqué une coulisse, dans laquelle on place un ou deux guides à chapeaux, qui maintiennent la tige en place.

Le verrou entaillé, qui se loge dans l'épaisseur du vantail, le bouton très peu saillant et même affleuré, est manœuvré à l'ongle ou à l'aide d'un petit instrument en fer quelconque et glisse dans une coulisse.

Ce dernier système spécialement applicable au bois, s'emploie cependant aussi dans les grilles de boucherie ; un simple fer rond est introduit dans un barreau creux, entaillé en coulisse suivant la longueur de la course et le bouton est obtenu par une vis tête ronde, vissée sur le verrou ou tige ronde intérieure ; l'arrêt se fait par un déplacement latéral et un taquet, comme dans les targettes de nuit.

Les verroux forgés, ceux dont nous nous occupons ici, sont très décoratifs ; la figure 714 est un exemple simple à deux guides ; la poignée en crochet fermée est tordue et terminée par un noyau ; le verrou est arrêté à fond de course sur le picolet par un talon ; ce modèle n'a pas de platines ; les guides sont fixés directement sur le vantail.

Les picolets montés sur platines sont munis de tenons rivés à l'arrière (fig. 715) ; dans cet exemple, la poignée articulée tient moins de place et offre plus de prise à la main.

Le verrou à chapeaux (fig. 716) se fixe sur le fer ; il n'a pas de guides ; les chapeaux portent des tenons qui pénètrent dans des mortaises sur le montant de porte et sont goupillés ou vissés.

Le verrou à poignée (fig. 717) ne diffère des deux premiers que par la disposition de son guide unique.

Les verroux portent quelquefois une tige qui pénètre dans la serrure et se trouve arrêtée quand la serrure est fermée.

Les gâches de ces verroux sont des platines de quatre à cinq millimètres d'épaisseur fixées sur un bloc en pierre, au moyen de trous tamponnés qui reçoivent des clous ou des vis.

Fig. 718.

Le verrou de nuit est un verrou horizontal (fig. 718), avec guides et gâche et qui porte un arrêt pour empêcher tout mouvement.

Comme il est représenté, le verrou est fermé ; pour l'ouvrir, il faut relever horizontalement la poignée ; le taquet échappe et on tire le verrou.

TARGETTES

Les targettes sont de petits verroux horizontaux, qu'on fait souvent en

FIG. 719.

FIG. 720.

cuivre; nos deux exemples (fig. 719-720) sont en fer forgé, sur platines
découpées.

LOQUETS

Ils sont de plusieurs sortes :

Le loquet à battant est une pièce de fer pivotant sur un axe et guidée
par un picolet allongé; l'extrémité oppo-
sée à l'axe vient s'arrêter dans un men-
tonnet.

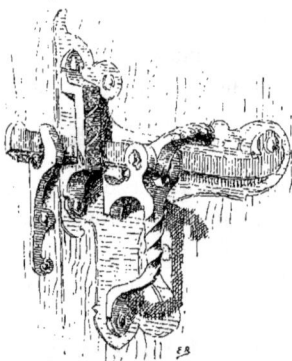

Le loquet à poucier (fig. 721) se
compose d'une platine sur laquelle est
articulé le battant et où le picolet est rivé,
et une poignée de tirage sur laquelle
est monté un pou-
cier.

On saisit la poi-
gnée, on appuie le
pouce sur le poucier
qui fait bras de

FIG. 721.

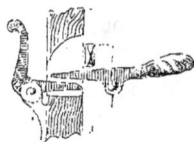

FIG. 722.

levier, soulève le battant, et on tire la porte.

Les loquets peuvent s'ouvrir des deux faces en adoptant la disposition
indiquée figure 722.

MARTEAUX DE PORTE OU HEURTOIRS

Les marteaux de porte sont destinés à indiquer aux gens de l'intérieur
qu'un visiteur désire pénétrer.

Autrefois, avant les timbres et surtout les sonneries électriques, on
employait beaucoup les heurtoirs; ils étaient en bronze, en cuivre, en
fer, souvent motivés par des figures chimères ou têtes de lion mordant
un anneau, quelquefois des têtes et même des figurines entières.

Les marteaux servaient aussi de poignée de tirage pour refermer le vantail et étaient articulés comme nous l'indiquons figure 723.

Les platines qui portent les marteaux sont ordinairement découpées,

Fig. 723.   Fig. 724.   Fig. 725.

soit comme dans la figure 723, simples et en rapport avec les marteaux, ou très ajourées dans les heurtoirs des xviiᵉ et xviiiᵉ siècles comme dans la figure 724.

Ce dernier modèle est à section ronde ; la poignée peut être étampée ou tournée, les coudes forgés et finis à la lime ; ce genre est ordinairement poli.

Le heurtoir en anneau, le plus fréquent, probablement à cause de sa facilité de prise à la main (fig. 725), est également articulé et monté sur

Fig. 726.   Fig. 727.

platine découpée ; dans celui que nous donnons, l'anneau est en fer carré à section inégale, et est simplement refermé pour rentrer dans l'œil formant l'articulation.

On peut aussi faire le heurtoir avec une poignée en demi-cercle comme dans la figure 726 ; la platine est ornée d'une applique et d'un cadre.

La figure 727 est une variante du modèle 723 ; tous ces marteaux frappent la platine à un endroit renforcé par un bloc de fer.

Les marteaux actuels sont plutôt employés comme décoration que comme heurtoirs réels ; ils sont généralement fixes, et ne servent que de poignées.

La poignée est une pièce en fer, fixée sur un objet, pour permettre de le saisir facilement, l'enlever, ou le tirer à soi.

Les poignées se placent verticalement (fig. 728), ou horizontalement

FIG. 728.   FIG. 729.

(fig. 729), elles se font en fer carré, coudées et montées à pivots (fig. 728) en fer rond, sur supports à œils qui l'éloignent du vantail.

En fer carré, tordu, avec pattes (fig. 730), les poignées sont fixes et

FIG. 730.   FIG. 731.   FIG. 732.

directement posées sur le bois ou le fer ; en même fer, sans torsion sur supports (fig. 731), et enfin recourbées en forme d'anse pour être fixées verticales et directement sur le vantail (fig. 732).

SERRURES (DÉCORATION DE) ET ENTRÉES DE SERRURES

DÉCORATION DE SERRURES

Les boîtes de serrure, dans la fabrication soignée, sont quelquefois

FIG. 733.   FIG. 734.

décorées, guillochées, moirées, etc. ; on les décore encore par des appliques ; la figure 733 montre une serrure ornée d'un cadre en fer plat rivé et encoché de manière à former des zigzags, et d'une applique découpée qui entoure l'entrée.

Un autre cas (fig. 734) consiste à doubler la boîte en écartant les côtés

FIG. 735.   FIG. 736.

en forme de biseau ; la gâche, simple, ou à répétition ; habillée de même, le cadre est garni d'encoches plates, et l'entrée de serrure est entourée d'un découpage.

Dans les grilles, et en général les clôtures à claires-voies, la serrure est posée sur une platine découpée, qui recouvre le foncet, et porte une entrée (fig. 735, 736).

ENTRÉES DE SERRURES

L'entrée de serrure est une plaque en fer ou en cuivre qu'on place au droit de l'entrée de clef de l'autre côté d'un vantail portant serrure.

FIG. 737.   FIG. 738.   FIG. 739.   FIG. 740.   FIG. 741.   FIG. 742.

L'épaisseur des entrées varie de $0^m,002$ à $0^m,004$; le trou est découpé suivant la section du panneton de la clef.

Les découpages varient avec les styles ; les plaques sont unies (fig. 737, 738) et fixées à clous.

Engravées, chanfreinées ou encochées (fig. 739, 740), les entrées sont prises dans une tôle un peu épaisse, que ne nécessitent pas les plaques unies (fig. 741, 742).

CLÉS ORNÉES

Les clefs se font quelquefois ornées ; outre le travail de forge très délicat qu'elles nécessitent ; elles doivent être ciselées ; nous en donnons deux exemples (fig. 743, 744) ; si ces clefs ne sont pas forées, elles peuvent

FIG. 743.   FIG. 744.

être tordues ; le panneton est découpé suivant le mécanisme de la serrure.

CROIX

Les croix se font fréquemment en fer forgé ; les beaux exemples en

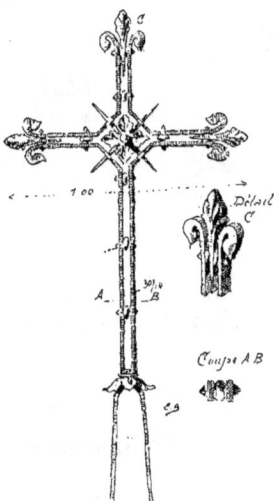

FIG. 745.

sont fréquents ; au moyen âge certains criminels obtenaient l'absolution de leurs crimes en faisant établir une croix en signe d'expiation ; d'autres fois elles étaient établies en signe commémoratif d'un fait quelconque.

Nous donnons figure 745 une construction de croix très simple qui

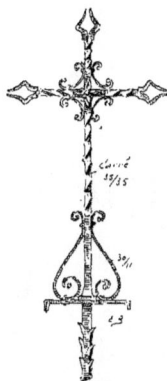

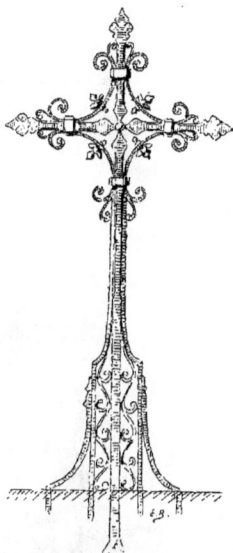

FIG. 746.   FIG. 747.

consiste à former l'ensemble de quatre pièces en fer plat, coudées, forgées et réunies par des boules ; à l'intersection des branches les fers sont renflés pour laisser passer les pointes du motif central ; le détail C montre l'extrémité d'une branche, et la coupe A B, l'assemblage des deux fers ; les deux plates-bandes formant la branche verticale, sont écartées en fourchettes pour être fixées sur un poinçon.

La croix en fer carré, représentée figure 746, est entaillée moitié par moitié, consolidée par des cés ; les branches sont tordues et terminées par des pinces forgées.

La croix est étayée au pied par deux consoles.

Nous donnons figure 747 une disposition dans laquelle les branches sont en quatre pièces réunies par des rinceaux serrés à colliers sur les branches, et formant latéralement contreforts.

PUITS (armatures de)

L'armature décorative que nous donnons figure 748 est composée de trois montants formant un triangle équilatéral et réunis par une couronne qui est soulagée par des arceaux.

De la couronne partent des arcs qui se réunissent au sommet et portent

Fig. 748.

la suspension de la poulie; sur chaque montant sont disposés des crochets, destinés à accrocher le seau pour l'empêcher de remonter jusqu'à la poulie.

PORTE-ENSEIGNES

Les porte-enseignes sont des consoles destinées à porter suspendus des écriteaux ou figures, en saillie sur les façades pour indiquer de loin au passant, une hôtellerie, ou un commerce quelconque.

Outre le motif que nous donnons figure 749, nous avons désigné les consoles pouvant servir à cet usage.

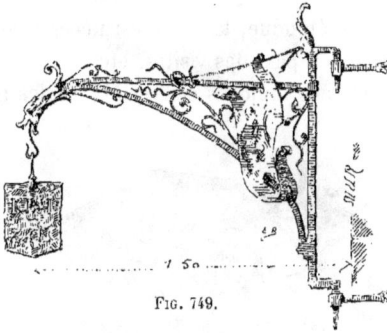

FIG. 749.

Les porte-enseignes sont mobiles et s'engagent dans des pitons carrés scellés dans la maçonnerie, comme l'indique le croquis.

PORTE-LANTERNES

Les montants pilastres des grilles peuvent servir en les continuant

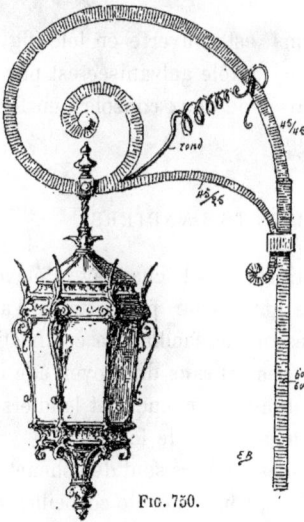

FIG. 750.

par une crosse, une potence, à supporter un système d'éclairage ; la figure 750 en montre une disposition.

SUPPORTS DE CLOCHE

Dans toute propriété étendue, la cloche est nécessaire pour avertir les habitants de l'heure des repas, des visites, etc.

Les cloches ne sont pas toujours couvertes; on les place simplement

Fig. 751.

sur deux consoles plus ou moins riches, à l'extrémité desquelles tournent les pivots.

Celle que nous donnons est couverte en tôle (fig. 751); cette couverture est faite d'une pièce; la tôle galvanisée est ployée au faîtage.

L'armature est composée de deux consoles, en fer carré et méplat, et réunies par une fermette.

CHENETS-LANDIERS

Les chenets sont destinés dans le chauffage à élever le bois au-dessus de l'âtre pour permettre à l'air d'arriver par en dessous et faciliter la combustion (fig. 752).

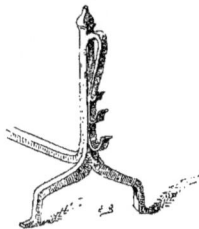

Fig. 752.

Les artisans du moyen âge et de la renaissance ont fait des chenets et landiers qui sont de magnifiques pièces de forges.

Les landiers sont des chenets de grandes dimensions, couronnés de corbeilles destinées à contenir les plats pour conserver chauds les aliments; des anneaux et des crochets y sont disposés pour suspendre les ustensiles de ménage.

PATÈRES

Les patères sont destinées à recevoir les vêtements, et généralement

FIG. 753.

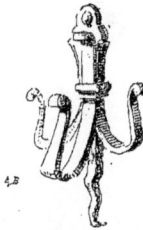

FIG. 754.

les objets portatifs dont on se débarrasse, après une course, un voyage
en rentrant chez soi.

La figure 753 est une patère en fer rond à parties renflées pour fixation et monté sur platine.

L'autre exemple (fig. 754) est en fer plat avec trois branches; il se
fixe à vis par le haut et s'enfonce en bas dans une cloison en bois.

PUPITRE-LUTRIN

Le pupitre est assez élevé pour pouvoir y placer un livre et en per-

FIG. 755.

mettre la lecture étant debout; celui que nous donnons est un trépied; il
peut être fixé au sol, ou rester mobile; le pupitre est à jour, composé de
fer plat et incliné à 45° (fig. 755).

CHAPITRE XIII

PRINCIPAUX ASSEMBLAGES EMPLOYÉS EN SERRURERIE

ASSEMBLAGES DES fers T L I. — Assemblages des fers T avec pattes. Des fers T avec platine rivée. Des fers T par deux équerres. Des fers T avec patin coudé. Des fers T moitié par moitié. Des fers T avec plaque d'assemblage. Des chevrons sur un arètier. D'angles de cornières. D'angles de cornières avec platine et équerres en fer et en fonte. Assemblage de pannes sur fermette. De chevrons sur sablières et solins. De fers T par goussets doubles et simples. De croisillons. De parois de chéneau sur fermette. D'angle de chéneau. De sommet de comble. Gobelet.
TABLEAU des proportions et espacements des rivures.
RIVURES ÉTANCHES.

Les mêmes solutions d'assemblages revenant à chaque instant dans le travail, il était impossible de donner pour chaque sujet un détail complet c'eut été une répétition continuelle des mêmes procédés, des mêmes manières de faire.

Pour éviter ces redites, nous avons réuni dans un chapitre spécial les différents cas généraux, s'appliquant à tous les travaux en général.

ASSEMBLAGE DES FERS T, L, I.

ASSEMBLAGE DES FERS T AVEC PATTES COUDÉES

Cet assemblage (fig. 756, 757), le plus simple dans l'espèce, s'obtient en faisant sauter le patin du fer sur une longueur de 0^m,07 environ, puis en coudant la crête du fer T ainsi isolée à 0^m,05 de sa longueur comme l'indique le dessin en perspective, figure 758.

La réunion des pièces dans un travail de petite dimension, entièrement fini à l'atelier, se fait à rivets, mais quand ce travail, par suite de ses proportions, doit être monté sur place, on l'assemble à vis.

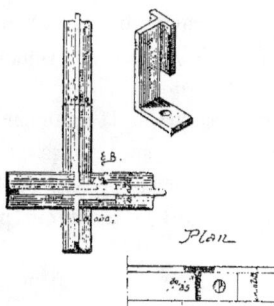

FIG. 756, 757 et 758.

ASSEMBLAGE DES FERS T AVEC PLATINE RIVÉE

Pour l'assemblage indiqué figures 759, 760, on fait, comme dans le cas précédent, sauter le patin du fer, sur une longueur égale à la saillie du fer T sur lequel on veut l'assembler; on a auparavant réservé dans la crête un tenon légèrement plus long que l'épaisseur de la platine, celle-

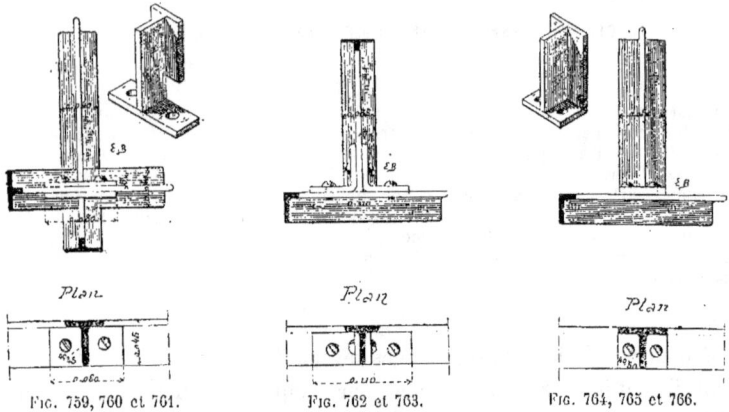

Fig. 759, 760 et 761.   Fig. 762 et 763.   Fig. 764, 765 et 766.

ci percée d'un trou fraisé reçoit le tenon, qui est ensuite rivé; ce travail se fait à froid dans les fers de petites dimensions.

La figure 761 montre en perspective le fer T, entaillé, muni de sa platine et prêt à être posé.

ASSEMBLAGE DE FERS T PAR DEUX ÉQUERRES

S'il s'agit d'un fer T sur un fer de même espèce, le même découpage du patin doit être fait comme dans la figure 761, et les équerres logées dans la largeur de la crête; mais dans le cas que nous décrivons (fig. 762, 763), le fer T, venant s'assembler sur une cornière, est coupé franc; les deux équerres, de $0^m,007$ d'épaisseur, ont une largeur égale à la saillie de la crête sur le patin.

Les équerres sont rivées ou vissées pour les mêmes raisons que nous avons dit précédemment, ou bien rivées sur une pièce et vissées sur l'autre suivant le mode qui présente le plus d'avantage au montage.

ASSEMBLAGE DE FERS T AVEC PATIN COUDÉ

Quand le fer T est à large patin et qu'il doit s'assembler sur une cornière, on peut couper la crête et replier le patin en patte (fig. 764, 765), ce qui donnera une surface suffisante pour trouver deux trous de vis ou de rivet (fig. 766).

Ce procédé n'est applicable que pour un fer assez large de patin et de crête, pour que, repliée, on y trouve la place des vis ou rivets.

ASSEMBLAGE DE FERS T MOITIÉ PAR MOITIÉ

Pour les constructions légères, non soumises à de grands efforts tendant à les renverser, on peut employer le moyen que nous donnons

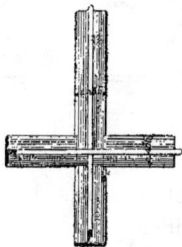 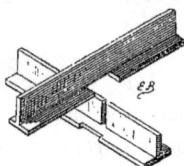

FIG. 767.   FIG. 768.

figures 767, 768. Cet assemblage à mi-fer est invisible ; il semble que les deux fers n'en font qu'un, ne forment qu'une seule pièce ; la figure 768 montre les deux fers séparés, mais entaillés ; on voit que dans le fer supérieur, le patin est coupé sur la largeur de celui de l'autre fer, tandis que, sur celui inférieur, la crête est coupée, et un léger embrèvement est fait sur les ailes du patin.

C'est là un travail d'ajusteur qui demande à être fait avec une grande précision, les coupes doivent être soignées, le fer un peu refoulé pour pouvoir le rabattre par un léger mattage au marteau, après la mise en place des deux fers dans leurs entailles réciproques.

ASSEMBLAGE DE FERS T AU MOYEN DE PLAQUES D'ASSEMBLAGE

L'assemblage de deux fers, cas le plus simple est représenté figures 769, 770. Un des deux fers est entier, l'autre en deux pièces, est coupé de la crête comme pour l'assemblage à équerre, c'est-à-dire qu'on a coupé le patin sur une longueur égale à la saillie de celle du fer sur lequel on vient s'assembler, on rapproche les fers en place et on les fixe sur une platine, comme il est indiqué sur la figure désignée.

On comprend que ce mode d'assemblage n'est limité, quant au nombre des fers à réunir, que par la grandeur de la plaque qu'on peut faire elle-même aussi grande qu'on veut (fig. 771, 772).

L'assemblage sur cadre en cornière, cas qui se présente dans une

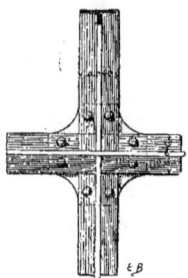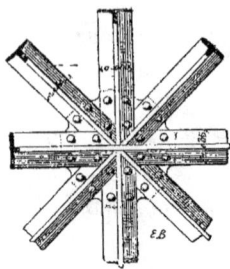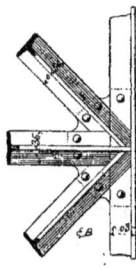

Fig. 769 et 770.   Fig. 771 et 772.   Fig. 773 et 774.

grande verrière par exemple, ne présente pas plus de difficultés; les figures 773, 774 en montrent une disposition.

Les grandes parties vitrées de l'Exposition universelle de Paris en 1878 étaient composées de fers T assemblés sur plaques par le moyen que nous représentons ici.

ASSEMBLAGE DE DEUX CHEVRONS SUR UN ARÊTIER

A part cette différence, que la coupe du fer et l'angle du coude sont biais, cet assemblage est le même que celui que nous avons donné (fig. 756,

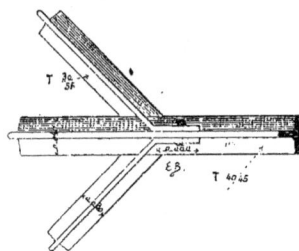

Fig. 775.

757); pourtant, en coudant la patte, on devra tenir compte de la différence de pente entre l'arêtier et le chevron, on aura donc à renvoyer légèrement cette patte pour qu'elle porte bien dans la feuillure de l'arêtier (fig. 775); dans un comble apparent ou vitré par exemple, les chevrons devront se rencontrer bien exactement sur l'arêtier.

ASSEMBLAGES D'ANGLE DE CORNIÈRES

Dans la construction des châssis vitrés ou autres, on peut obtenir un coude de cornière d'une manière assez simple (fig. 776, 777).

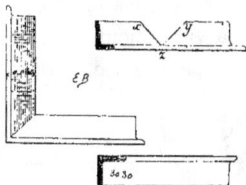

On découpe dans la cornière, à l'endroit qu'on veut couder, un triangle x, y, z (fig. 778), puis on chauffe cette partie et on ferme en rapprochant x, y et le coude est fait.

Fig. 776, 777 et 778.

Il reste si l'on veut un moyen de consolider cet assemblage, c'est la brasure.

ASSEMBLAGES D'ANGLES DE CORNIÈRES AVEC PLATINES OU ÉQUERRES EN FER ET EN FONTE

La cornière peut être coudée comme dans le cas précédent, ou simplement coupée d'onglet à 45°, les deux parties rapprochées (fig. 779, 780) sont réunies par une platine extérieure.

Une disposition préférable est celle figures 781, 782, la cornière est de

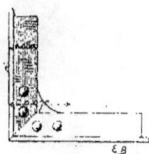 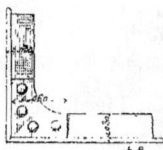 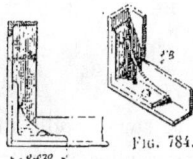

Fig. 784.

Fig. 779 et 780.   Fig. 781 et 782.   Fig. 783, 785.

même coupée d'onglet mais la platine placée à l'intérieur ne travaille pas seulement sur les rivets comme celle extérieure mais contribue à l'équerrage par sa forme qui vient buter au fond des cornières qu'elle doit assembler.

On assemble aussi les angles au moyens d'équerres en fer plat coudées à plat, mais ces équerres conservent de leur forme une certaine faiblesse ou élasticité qu'on évite en employant l'équerre nervée en fonte malléable, les figures 783, 784, 785, en montre la combinaison et on se rend bien compte de la forme dans la figure 784; ces équerres ont une faible épaisseur, et la nervure est noyée dans le contre-masticage.

ASSEMBLAGE DE PANNE SUR UNE FERMETTE

Cette disposition (fig. 786, 787) présente de grands avantages pour le montage, les figures 788 et 789 montre la mortaise de passage et le tenon vu en bout.

Les pannes *a* et *b* sont entaillées à la demande de la ferme, et la panne *b*

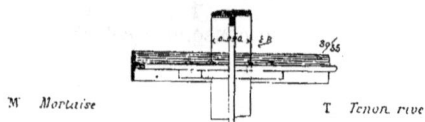

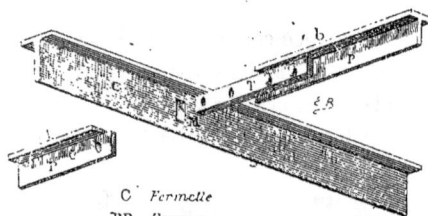

M   *Mortaise*   T   *Tenon rivé*

C   *Fermette*
TP   *Pannes*
Fig. 786, 787, 788, 789 et 790.

porte, rivé sur sa crête, un fer plat T formant tenon ; ce dernier est percé de trous taraudés et l'autre panne *a* porte des trous de passage ; dans la fermette est préparée une mortaise M, on y passe le tenon et on vient y fixer à vis l'extrémité de la panne *a*.

La vue cavalière (fig. 790) montre les pièces prêtes à être assemblées.

ASSEMBLAGES DE CHEVRONS SUR SABLIÈRES ET SOLINS

La figure 791 représente la retombée d'un chevron sur une sablière, quand la pente des chevrons est très faible, on se contente d'embrever légèrement le chevron dans la cornière sablière et de l'y fixer au moyen d'une vis ; dans le cas que nous donnons la réunion est faite au moyen d'une équerre en fer plat, coudée à angle arrondi, rivée sur le chevron par deux rivets et fixée à la cornière par deux vis.

Nous profitons de cet exemple, pour faire remarquer que le chevron est relevé à son extrémité ; c'est ce qu'on appelle le *garde-verre*, arrêt destiné à empêcher les verres de glisser en dehors ; le garde-verre s'obtient en coupant la crête et en relevant à chaud le patin dont on arrondit les angles.

L'assemblage sur solin se fait en procédant comme pour le premier

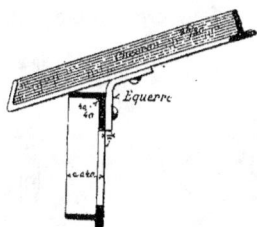 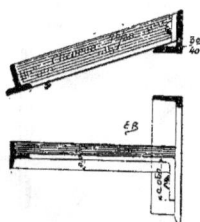

FIG. 791.   FIG. 792 et 793.

exemple de ce chapitre; le fer est coupé sur une certaine longueur, coudé et renvoyé vers le bas, pour porter sur le solin (fig. 792, 793).

ASSEMBLAGE DE FER T PAR GOUSSETS DOUBLES ET SIMPLES

Si deux fers T, dans une console par exemple, se présentent crête contre crête, on les assemble au moyen de goussets (fig. 794); les goussets

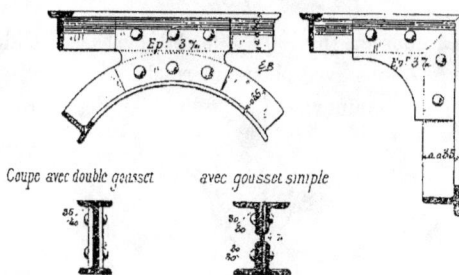

FIG. 794, 795, 796 et 797.

sont des plaques en tôle qui prennent les crêtes sur chaque face (fig. 795); cet assemblage est très bon, très solide, et permet d'obtenir des poutrelles très rigides sans recourir aux croisillons.

La figure 796 représente l'assemblage d'un angle, qui est exactement construit comme le précédent.

Dans le cas de gousset simple, la poutrelle, console ou autre objet est formé de quatre cornières qui pincent le gousset, comme l'indique la figure 797.

ASSEMBLAGES DE CROISILLONS

Les croisillons à leur rencontre sont assemblés par rivet (fig. 798, 799); s'ils sont écartés, on intercale une fourrure comme le montre les

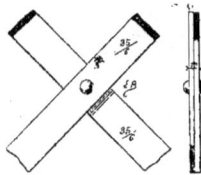
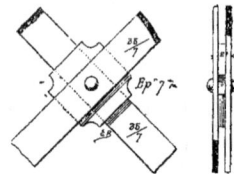

Fig. 798 et 799   Fig. 800 et 801.

figures 800, 801 ; les angles de la fourrure sont encochés et on décore quelquefois l'intersection des croisillons par une rosace.

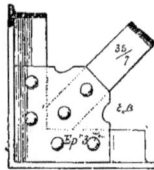
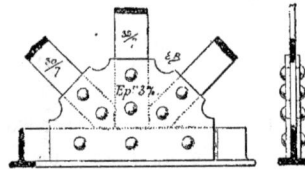

Fig. 802.   Fig. 803 et 804.

L'assemblage à goussets (fig. 802, 803, 804) est très solide et permet de prendre les croisillons avec plusieurs rivets.

L'emploi des fers chantournés (fig. 805, 806) peut être bon dans le

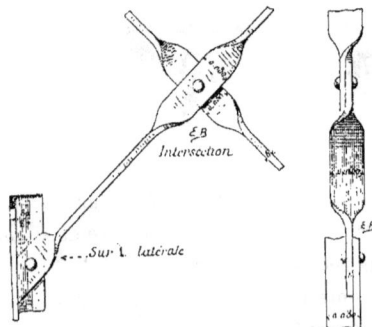

Fig. 805 et 806.

cas où, n'ayant besoin que d'une faible résistance, on doit cependant tenir compte de la question d'aspect; on peut alors, en décorant le rivet d'une rosace, obtenir un effet décoratif que ne donnerait pas le croisillon ordinaire.

La figure 807 suppose l'assemblage des croisillons ci-dessus sur un fer plat; le fer sera donc simplement coudé et rivé à plat.

La figure 808 est une indication des deux manières de fixer direc-

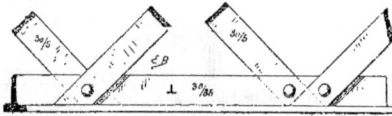

FIG. 807.   FIG. 808.

tement les croisillons sur les fers T, avec un ou deux rivets; les croisillons sont placés de chaque côté de la crête du fer et rivés à chaud.

ASSEMBLAGE DE PAROIS DE CHÉNEAU SUR FERMETTE

Dans les constructions légères, les chéneaux sont composés de feuillards, armés de cornières et décorés de moulures et rosaces; les

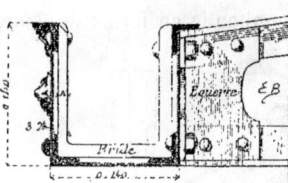
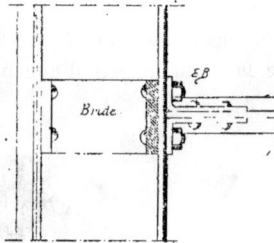

FIG. 809.   FIG. 810.

feuillards employés varient de 0ᵐ,120 à 0ᵐ,250 pour les côtés et fonds et de 0ᵐ,0025 à 0ᵐ,005 pour les épaisseurs.

La fermette est composée de deux fers T (fig. 809, 810, 811). Les goussets qui assemblent les deux fers sont coudés en forme d'équerres et serrés sur le chéneau avec une forte bride dont la fonction est d'entretoiser le chéneau et de consolider l'assemblage.

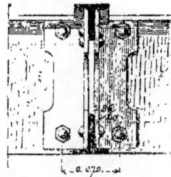

FIG. 811.

Il est bon de multiplier ces brides dans les chéneaux pour les empêcher de bâiller ou de s'ouvrir, ou les ramener quand ils se sont ouverts au rivetage.

ASSEMBLAGE D'UN ANGLE DE CHÉNEAU

L'assemblage d'angle dans les chéneaux se fait au moyen de plaques P

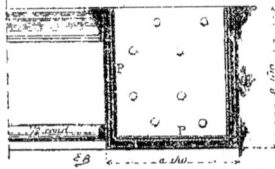

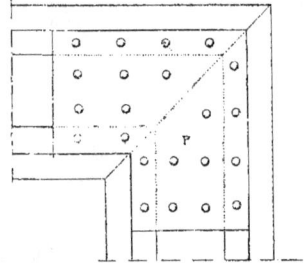

Fig. 812.   Fig. 813.

rivées sur des fourrures; celles du fond, plaques et fourrures, sont découpées en équerre (fig. 812, 813).

Du côté extérieur tous les rivets concourant à cet assemblage sont fraisés.

ASSEMBLAGE AU SOMMET D'UN COMBLE, GOBELET

L'assemblage sur un faîtage, au sommet d'un cône ou d'une pyramide, peut se faire au moyen d'une plaque emboutie en forme de cône sur

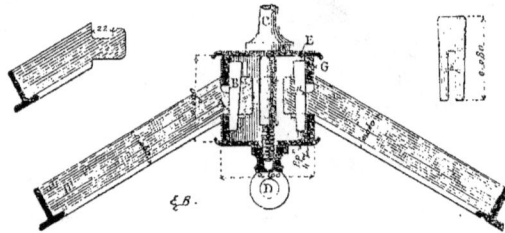

C Tige de poinçon   E Tampon du gobelet.
D Anneau de suspension.   G Gobelet.

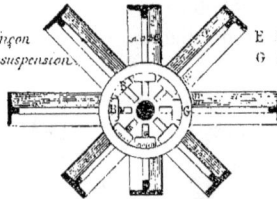

Fig. 814, 815, 816 et 817.

laquelle tous les chevrons et fermettes viennent se fixer, ou mieux encore au moyen du gobelet.

Le gobelet que représentent nos dessins (fig. 814, 815, coupe et plan), est composé d'un anneau en fer plat épais, dont les dimensions varient avec les forces et le nombre des fers qui viennent s'y assembler.

Comme on le voit figure 816, chacun des fers est découpé à chaud, en forme de crochet, pénètre dans une mortaise pratiquée dans l'anneau et est retenu dans cette position par une clavette B (fig. 817), refendue et légèrement amincie, qui vient se coincer entre le crochet et la paroi interne du gobelet.

Quand, par suite de faibles dimensions ou d'un nombre très restreint de fers venant s'assembler au gobelet, le montage devient très facile, on remplace les clavettes par un deuxième anneau, d'un diamètre extérieur égal au diamètre intérieur du gobelet proprement dit, qui clavète tous les fers d'une seule fois.

Le gobelet est ordinairement fermé haut et bas par deux plaques bordées ou tampons qui se trouvent serrées par la tige du poinçon, comme on le voit figure 814, coupe verticale dans l'axe de la pièce.

Nous recommandons dans tous les assemblages d'avoir soin d'imprimer au minium toutes les parties des fers qui se trouvent en contact et que la peinture proprement dite ne pourra pas atteindre.

TABLEAU DES PROPORTIONS ET ESPACEMENTS

A DONNER AUX RIVURES DANS LES CONSTRUCTIONS EN TOLE ET EN FERS SPÉCIAUX

ÉPAISSEUR DES TOLES assemblées entre elles	CORNIÈRES ASSEMBLÉES ENTRE ELLES OU AVEC DES TOLES			DIAMÈTRE DES TROUS à percer	DIAMÈTRE du poinçon	DIAMÈTRE DES RIVETS à employer	TÊTES				ESPACEM. DES RIVETS d'axe en axe
	LARGEUR des côtes	ÉPAISSEUR	POIDS du mètre courant				BOUTEROLLÉES		FRAISÉES		
							DIAMÈTRE des têtes	SAILLIES	DIAMÈTRE des têtes	FRAISURES	
mill.	mill.	mill.	kil.	mill.	mill.	mill.	mill.	mill.	mill.	mill.	mill.
1	»	»	»	4 1/2	4 1/2	4	7	3	7	1	20
	30	4 1/2	2								
	30	6 1/2	2,60	8	7 1/2	7	12	5	14	2	25
2	»	»	»								
	35	5	2,60								
	35	6 1/2	3	10	9 1/2	9	16	6	18	3	35
3	»	»	»								
	40	5	3								
	40	7 1/2	4,30	12	11 1/2	10 1/2	18	8	20	4	45
4	»	»	»								
	45	6	4,10								
	45	8	5,25	14	13	12	21	9	22	4 1/2	50
5	»	»	»								
	50	6 1/2	4,90								
	50	8 1/2	6,30	16	15	14	24	10	25	5	60
	55	6	5								
6	»	»	»								

ÉPAISSEUR DES TOLES assemblées entre elles	CORNIÈRES ASSEMBLÉES ENTRE ELLES OU AVEC DES TOLES			DIAMÈTRE DES TROUS à percer	DIAMÈTRE du poinçon	DIAMÈTRE DES RIVETS à employer	TÊTES				ESPACEM. DES RIVETS d'axe en axe
	LARGEUR des côtes	ÉPAISSEUR	POIDS du mètre courant				BOUTEROLLÉES		FRAISÉES		
							DIAMÈTRE des têtes	SAILLIES	DIAMÈTRE des têtes	FRAISURES	
mill.	mill.	mill.	kil.	mill.	mill.	mill.	mill.	mill.	mill.	mill.	mill.
	55	8 ½	7								
	60	6	5,50								
	60	10	8,80	18	17	16	27	11	28	6	70
	65	7 ½	7								
7	»	»	»								
	65	10	9,60								
	70	9	9								
	70	12	12	20	19	18	30	12	30	7	80
	75	10	11								
8	»	»	»								
9	»	»	»								
	75	13	14								
	80	10 ¼	12								
	80	14	16,90	22	21	20	33	13	33	8	100
	85	9	11,50								
10	»	»	»								
11	»	»	»								
	85	14	17,35								
	90	10	13,25								
	90	16	23	23	21 ½	20	34	14	35	8	120
	100	13	19								
12	»	»	»								
13	»	»	»								
	»	18	26,20	24	22 ½	21	36	15	37	9	146
14	»	»	»								
15	»	»	»								
16	»	»	»	25	23	21 ½	38	16	40	10	160
17	»	»	»								
18	»	»	»	26	24	22	39	17	41	12	180
19	»	»	»								
20	»	»	»	28	26	24	42	18	45	14	200
21	»	»	»								
22	»	»	»	30	27	25	45	19	48	15	220
23	»	»	»								
24	»	»	»	32	29	26	47	20	50	16	240
25	»	»	»								

Connaissant l'épaisseur à serrer, ou ajoutera à la longueur du rivet 1 fois 1/2 le diamètre pour former la tête et compenser le refoulement.

RIVURES ÉTANCHES

Pour obtenir des chéneaux étanches, on intercale entre les parties à river une bande de papier bien imprégné de minium ou de céruse; c'est le moyen qu'on emploie pour les réservoirs, magasins d'eau dans les tenders, etc.

CHAPITRE XIV

ÉLÉMENTS GÉOMÉTRIQUES

ÉLÉMENTS GÉOMÉTRIQUES ET TRACÉS D'ÉPURES

Ces éléments ne comprennent absolument que les notions indispensables pour tracer les épures spéciales à la serrurerie.

POUR ÉLEVER UNE PERPENDICULAIRE AU MILIEU D'UNE DROITE DONNÉE (fig. 818)

Des extrémités A et B de la droite donnée, avec une ouverture de compas plus grande que la moitié de la ligne AB, décrire des arcs de

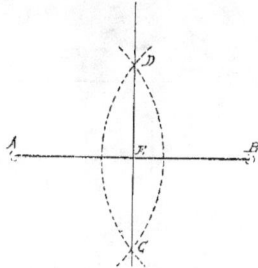

Fig. 818.

même rayon qui se coupent en D et C, et tirer la droite DE qui est la perpendiculaire.

En grande dimension, à l'épure ou sur le terrain, on peut se servir d'un fil de fer pour décrire les arcs et de cordeaux pour mener les lignes.

POUR ÉLEVER UNE PERPENDICULAIRE EN UN POINT DONNÉ SUR UNE LIGNE DROITE (fig. 819)

Du point C, on porte à droite, et à gauche, les deux distance égales CA,

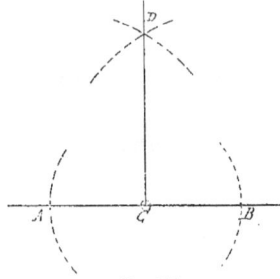

FIG. 819.

CB ; puis, des points A et B, on décrit deux cercles de même rayon dont le point d'intersection est en D. La droite DC est la perpendiculaire demandée.

POUR ABAISSER UNE PERPENDICULAIRE SUR UNE DROITE PAR UN POINT DONNÉ EN DEHORS DE CETTE LIGNE (fig. 820)

Appelant E le point donné, on décrira, avec un rayon suffisamment grand, un arc qui coupe la ligne droite en deux points A et B ; de ces

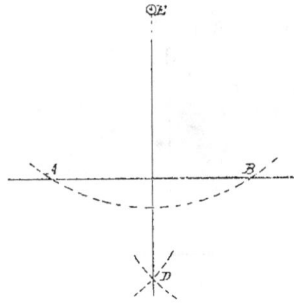

FIG. 820.

points obtenus, décrire d'autres arcs qui se coupent en D ; la ligne E D est la perpendiculaire.

POUR ÉLEVER UNE PEPENDICULAIRE A L'EXTRÉMITÉ D'UNE LIGNE (fig. 821)

On peut employer quatre moyens différents que nous allons décrire.

Ce moyen consiste à prolonger la ligne AB jusqu'en C ; c'est donc

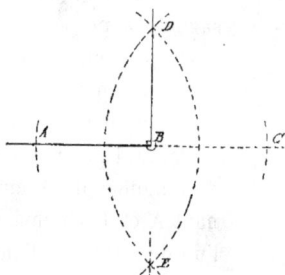

Fig. 821.

absolument le même cas que celui représenté figure 819.

Prendre un rayon quelconque BC (fig. 822); de l'extrémité B décrire

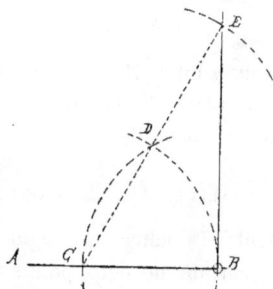

Fig. 822.

l'arc CD ; du point D, avec le même rayon, décrire un arc en E ; joindre les points C et D par une droite qu'on prolongera jusqu'à la rencontre de l'arc E ; puis on mènera la ligne BE qui est la perpendiculaire.

En prenant un point quelconque C au-dessus de la ligne donnée (fig. 823),

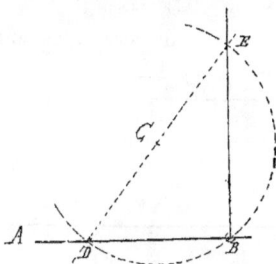

Fig. 823.

on ouvre le compas jusqu'à une ouverture dont le rayon passera par B et on décrira un cercle EBD. Du point D on tirera une ligne passant par C, se

prolongeant jusqu'en E et qui sera le diamètre de l'arc ; le point E où le
diamètre rencontre l'arc, indique le pas-
sage de la perpendiculaire.

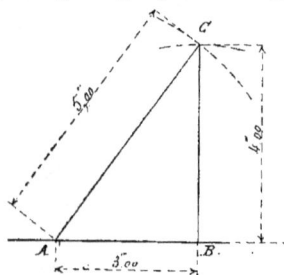

On peut encore obtenir une perpendiculaire sur un point donné ou à l'extrémité
d'une ligne par le moyen suivant (fig. 824) :

Prenant pour base une ligne de 3 mètres
de longueur de A en B, on trace, en prenant A et B comme centres, deux rayons,
l'un de 4 mètres, l'autre de 5 mètres.

Le point C, où se rencontrent les arcs,
réuni au point B donne la perpendiculaire.

Fig. 824.

Ce procédé a pour base le triangle rectangle, dont l'hypoténuse donne
un carré égal à la somme de ceux construits sur les autres côtés. En effet

$$3^2 + 4^2 = 5^2$$

Ces trois derniers moyens sont surtout utiles, quand on doit élever
une perpendiculaire en un point donné, et que, gêné par une cause
quelconque, on ne peut prolonger la ligne.

POUR MENER UNE PARALLÈLE A UNE LIGNE DROITE (fig. 825)

Connaissant l'écartement à donner aux lignes, prendre la même
dimension au compas, et partant de deux points CD placés à volonté

Fig. 825.

sur la ligne AB, décrire deux arcs de cercle ; les points de tangence réunis
donnent la parallèle.

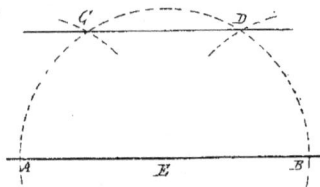

Fig. 826.

Un autre moyen (fig. 826) est de prendre un point E sur la ligne AB, et
s'en servant comme centre tracer avec un rayon arbitraire une demi-circon-

férence, et prenant une distance quelconque A C on marque le point C ;
avec la même ouverture partant du point B on trace le point D.

Une ligne passant par C et D est parallèle à celle A B.

POUR DIVISER UNE LIGNE DROITE EN PARTIES ÉGALES (fig. 827)

Sur une ligne donnée A B, tirer de l'extrémité A une oblique quelconque, porter au compas un nombre de divisions égal à celui qu'on

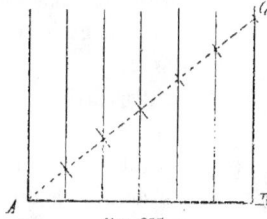

FIG. 827.

veut obtenir sur A B ; réunir la dernière division avec B, et mener des
parallèles passant par tous les autres points. Ces lignes diviseront A B
en parties égales.

POUR DIVISER UN ANGLE EN DEUX PARTIES ÉGALES (fig. 828)

Du sommet de l'angle en P décrire un arc G E ; des points G et E,

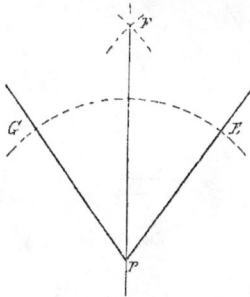

FIG. 828.

décrire deux arcs qui se couperont en F, et mener la ligne FP, ou bis-
sectrice qui partage l'angle en deux parties égales.

POUR DIVISER UNE CIRCONFÉRENCE EN UN CERTAIN NOMBRE DE PARTIES ÉGALES (fig. 829)

Prenant pour base un diamètre, faire passer une perpendiculaire par
le centre ; on aura le cercle divisé en quatre ; si on continue à diviser les

quatre angles par deux suivant le moyen indiqué figure 828, on obtiendra la division en huit; et ainsi de suite en
seize, trente-deux, etc.

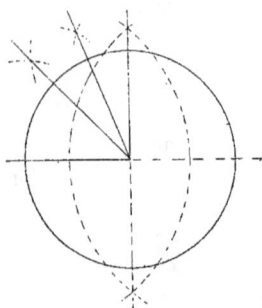

En portant sur la circonférence une ouverture de compas égale au rayon du cercle on
a la division en six; deux de ces parties prises
ensemble divisent le cercle en trois; en divisant encore chaque partie par deux, quatre,
huit, on obtient le douzième, le vingt-qua-
trième, etc.

Les autres divisions se feront au rapporteur;
exemple :

Fig. 829.

Si on veut obtenir cinq parties égales, on divisera le cercle par angles
de 72°; en dix parties, par angles de 36° en quinze parties, par angles
de 24°, etc.

POUR INSCRIRE DANS UN CERCLE UN HEXAGONE RÉGULIER (fig. 830)

Diviser au rapporteur, par angles de 60°.

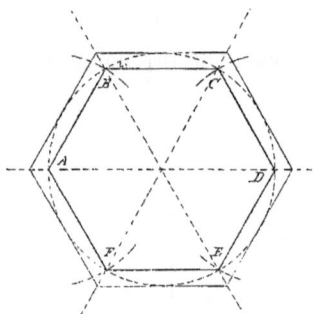

Fig. 830.

Ou bien : porter sur la circonférence six fois le rayon et joindre les
points par des cordes AB, BC, CD, DE, EF, FA.

POUR CONSTRUIRE UN OCTOGONE RÉGULIER AU MOYEN D'UN CARRÉ (fig. 831)

Mener des diagonales; du centre donné par l'intersection de ces lignes,
tracer un cercle inscrit, élever des perpendiculaires sur les diagonales à l'endroit où elle rencontre le cercle, et l'octogone régulier est
obtenu.

Ou bien : le carré ABCD étant construit, mener les diagonales AC,

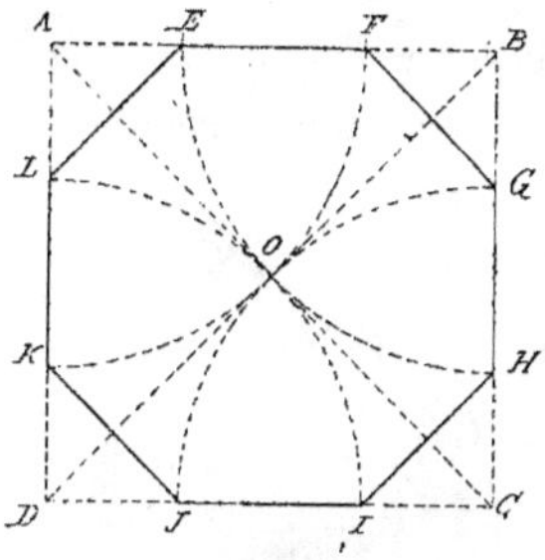

FIG. 831.

BD ; des points A, B, C, D avec un rayon égal à la moitié de la diagonale OA pour rayon, décrire les arcs EH, FK, GJ, IL et réunir LE, FG, HI, JK ; l'octogone régulier est également obtenu.

POUR TRACER LA SPIRALE A L'AIDE D'UN CARRÉ (fig. 832)

Mener les lignes AH, EB, ED, GF, formant un carré à leur départ. A, pris comme point de départ, on trace un quart de cercle E a ; du

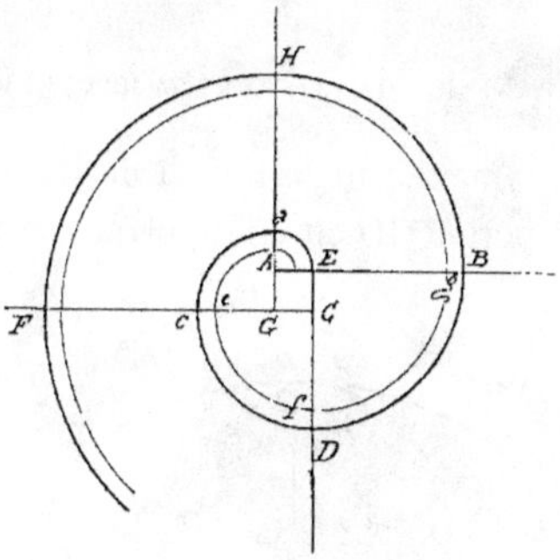

FIG. 832.

point G avec une ouverture augmentée du côté du carré, on trace l'arc ac ; du point G, en augmentant de même l'ouverture, on décrit un autre arc c D ; enfin du point E, en ouvrant davantage le compas, un arc DB, et ainsi de suite.

Nous indiquons par e, f, g une spirale parallèle qui peut être menée en même temps que la première, ayant les mêmes points de centre.

POUR TRACER UNE OVOÏDE SUR UNE DROITE DONNÉE (fig. 833)

Sur une droite donnée comme diamètre, décrire une demi-circonférence AEB ; élever sur le milieu une perpendiculaire ED, marquer avec

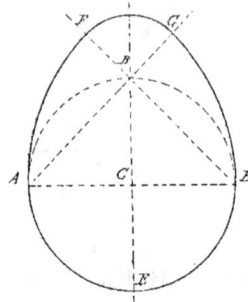

FIG. 833.

le rayon le point D sur la perpendiculaire, et mener les lignes droites
AG, BF. Du centre A décrire un arc GB et du centre B un autre arc AF,
puis réunir FG par un arc dont le centre est en D, et l'ovoïde est construite.

POUR TRACER L'ANSE DE PANIER, CONNAISSANT SA HAUTEUR ET SA BASE (fig. 834)

Elever perpendiculairement, sur le milieu de la base AB, la hauteur
CD ; joindre AD, BD ; porter CD en CF ; porter AF en DH et DO, puis

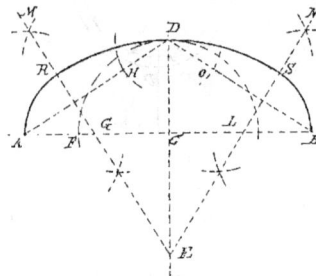

FIG. 834.

élever les perpendiculaires GM, LN qui se rencontreront au point E sur
la ligne CD prolongée ; des points G et L décrire les arcs AR, BS et
du point E, l'arc RDS.

POUR TRACER UNE OVALE TANGENTE AUX CÔTÉS D'UN LOSANGE (fig. 835)

Étant donné un losange ACBD, mener les diagonales AB, CD ; sur

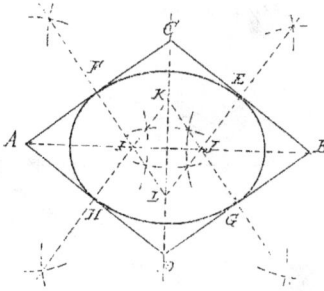

Fig. 835.

le milieu des côtés, élever les lignes perpendiculaires HK, GK, EL, FL ; des points I et J, décrire les arcs HF, EG, et des points K et L, les arcs FE, HG.

POUR TRACER L'ELLIPSE PAR POINTS (fig. 836)

Les axes de l'ellipse étant connus, c'est-à-dire qu'on a les deux dimensions extrêmes en longueur et largeur, on trace sur la ligne AB, à une distance égale de ces deux points, une perpendiculaire qui est le petit axe ; puis on décrit deux cercles dont les diamètres sont égaux aux deux longueurs des axes.

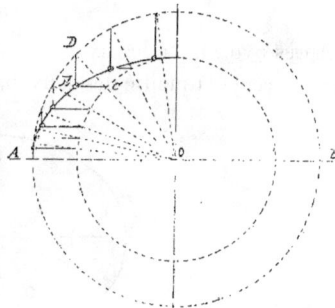

Fig. 836.

Cela fait, on divise l'angle par des lignes placées arbitrairement, mais d'autant plus rapprochées qu'on est plus près du grand axe et on fait sur chacune de ces lignes l'opération suivante.

Du point où la ligne OD rencontre le petit cercle, on mène une ligne parallèle au grand axe de C en E, et du point D où la ligne oblique rencontre le grand cercle, une ligne parallèle au petit axe de D en E ; l'intersection E à la rencontre des deux lignes est un des points de l'ellipse.

POUR TRACER L'ELLIPSE AU MOYEN DES FOYERS (fig. 837)

Croiser perpendiculairement et par le milieu les deux axes AB, DG ;
de l'extrémité D du petit axe, et avec une ouverture égale à la moitié

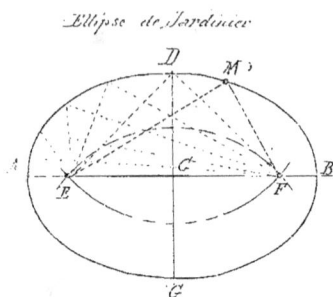

Ellipse de Jardinier

Fig. 837.

A C du grand axe, tracer un arc de cercle dont les points de rencontre
sur le grand axe donnent les foyers ; on prend ensuite un fil ou un cordeau
dont la longueur égale le grand axe, on en fixe les bouts aux deux
foyers E, F ; puis on place une pointe en M dans le pli du cordeau, et on
décrit l'ellipse.

C'est le procédé dit « de jardinier ».

POUR TRACER L'ELLIPSE AU MOYEN D'UNE RÈGLE OU D'UNE BANDE DE PAPIER
(fig. 838)

Après avoir tracé les axes comme dans les cas précédents, on marque
sur une règle la moitié des deux diamètres. en B, A, C, puis A C petit dia-

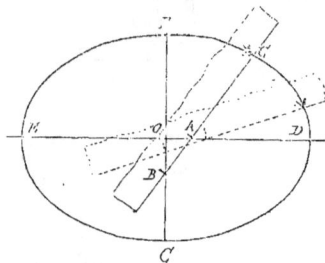

Fig. 838.

mètre en O, F, et on part en promenant A sur le grand axe et B sur le
petit en marquant sur la courbe formée par le passage de C des points
successifs qui sont les points formant l'ellipse.

On a donné à ce procédé une forme plus mécanique en se servant de
deux règles fixées en croix avec un canal au milieu et une verge portant

deux pointes et un crayon ou pointe à tracer ; c'est exactement la même chose que ci-dessus.

POUR OBTENIR LA COUPE D'UNE TOLE DEVANT FORMER UN CYLINDRE COUPÉ SUIVANT UN ANGLE QUELCONQUE (fig. 839)

L'angle de la coupe et le diamètre du cylindre étant connus, on divise le cercle en un certain nombre de parties égales, seize par exemple, et on relève les lignes sur l'élévation.

Sur une ligne AB, après avoir calculé la circonférence du cylindre,

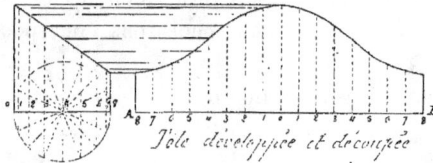

FIG. 839.

c'est-à-dire multiplié le diamètre par 3, 14159..., on marque cette dimension et on la divise en un même nombre de parties qu'on a divisé la circonférence, soit seize pour le cas qui nous occupe, et qu'on numérotera comme il est indiqué.

On élève des verticales sur chaque division et on porte les hauteurs relevées sur l'élévation suivant leurs numéros.

Ainsi le point le plus haut est 0, et le point le plus bas 8, en réunissant les points on obtient une ligne qui est la coupe cherchée.

POUR OBTENIR LE DÉVELOPPEMENT D'UN CÔNE, TRONQUÉ OU NON (fig. 840)

Nous admettons que la forme A A'B B' est arrêtée en vue géométrale.

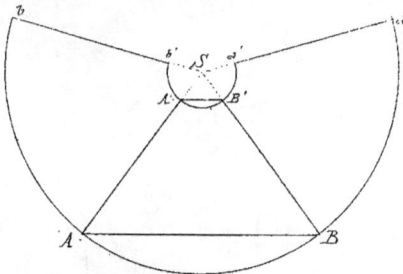

FIG. 840.

Prolonger les côtés A A', B B' jusqu'en S, décrire un cercle ayant pour centre ce point S et passant par A et B.

Calculer la circonférence que donne le diamètre A B, et en reporter
la longueur sur le cercle de *a* en *b*, joindre ces points au centre, et le
cône est développé.

Pour le cône tronqué, il suffit de faire passer un arc en A' B' avec S
pour centre.

Dans le travail il est indispensable de réserver l'assemblage; il faut donc
laisser en *b b'* et en *c c'* une certaine quantité de métal.

POUR RABATTRE LES ARÊTIERS, NOUES, ETC. (fig. 841, 842, 843, 844, 845, 846)

Ces trois figures ne sont que des variétés de formes; les procédés de
rabattement sont les mêmes; nous choisirons donc pour exemple les
figures 843, 844.

Nous avons donné la composition des combles; on a vu que dans tous

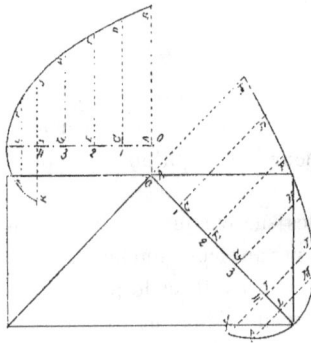

Fig. 841, 842.

les travaux on a arrêté les lignes géométrales des fermes, des chevrons;

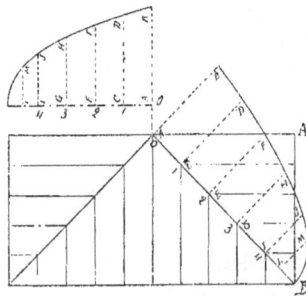

Fig. 843 et 844.

mais les arêtiers, les noues, pièces qu'on voit toujours en projection,
en raccourci, prennent leur forme de celle des fermes.

Ainsi, par exemple, l'arbalétrier OA donne la forme à l'arêtier OB et il faut qu'une règle partant parallèlement de la ligne AB puisse être promenée parallèlement jusqu'au sommet toujours en contact avec les fermes et avec l'arêtier.

La demi-ferme établie, sa courbe arrêtée (fig. 843), on divise sa ligne

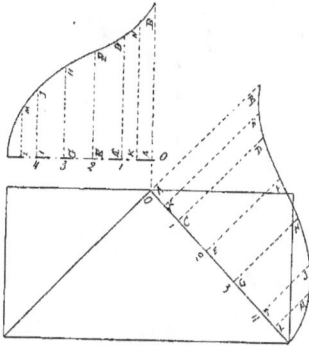

FIG. 845 et 846.

de base en un certain nombre de parties égales ; on divise la base OB de l'arêtier en autant de parties, on élève des perpendiculaires sur les deux figures, on donne des numéros aux lignes pour obtenir plus de clarté et on reporte les hauteurs ; celle AB de la demi-ferme en AB de l'arêtier, CD de la demi-ferme en CD de l'arêtier, etc.

Pour être plus précis à l'endroit où la courbe est plus prononcée, on peut doubler le nombre de lignes comme l'indique la figure.

POUR TRACER LES ÉPURES D'ESCALIER (fig. 847, 848.)

L'épure en plan étant établie, le balancement des marches dansantes arrêté, on divisera la hauteur à monter suivant le nombre des marches prévues, et on numérotera 1,2,3,4, etc., puis au compas, ou mieux encore à l'aide d'un ruban d'acier, on prendra les différentes largeurs de marches au droit du limon, qu'on marquera également sur la ligne de base, et élevant des perpendiculaires à cette ligne, les intersections des lignes portant le même numéro donneront les angles de chaque marche ; on fera alors le tracé de découpage pour marches en bois ou en pierre, puis avec une ouverture de compas de $0^m,13$ à $0^m,15$, on tracera en pointant à la partie la plus avancée du découpage de petits arcs dont les points de tangence réunis entre eux formeront une ligne brisée qu'on adoucira en en faisant une courbe continue qui sera le dessous du limon.

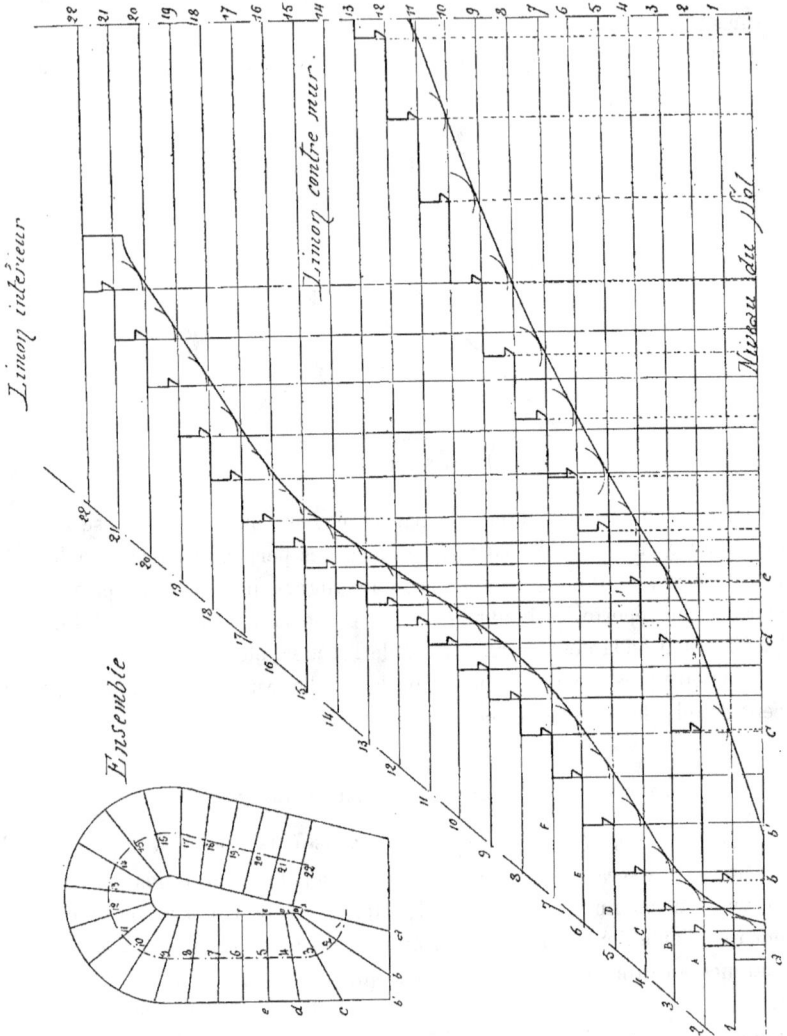

Fig. 847, 848.

Nous indiquons sur la même figure le développement du limon contre mur ou faux limon.

Les points a, b, c, d sont relevés sur le plan et rapportés sur la ligne de base.

DE LA MESURE DES CORPS

SURFACES

La surface d'un *triangle* rectiligne est égale à la moitié du produit de la base par la hauteur :

$$S = \frac{hb}{2}.$$

Pour obtenir la surface d'un *triangle* en fonction des trois côtés, faire la demi-somme de ces côtés, en retrancher alternativement chacun d'eux ce qui donne trois restes, multiplier entre eux ces trois restes et la demi-somme elle-même et extraire la racine carrée du produit :

$$S = \sqrt{p\,(p-a)\,(p-b)\,(p-c)}.$$

La surface d'un *paraléllogramme* quelconque est égale au produit de la base par la hauteur.

La surface du *losange* a pour mesure l'une de ses diagonales par la moitié de l'autre.

La surface du *trapèze* est égale au produit de la demi-somme des deux côtés parallèles par la hauteur prise entre ces côtés.

Un *polygone* régulier a pour mesure la moitié du produit de son périmètre par le rayon du cercle inscrit.

Le cercle a pour mesure la moitié du produit de la circonférence par le rayon, ou le produit du carré du rayon par le rapport de la circonférence au diamètre :

$$S = \pi R^2$$

La surface d'une *ellipse* est égale à la superficie d'un cercle ayant pour diamètre la racine du produit des axes de cette ellipse.

Une *pyramide régulière*, lorsqu'on n'y comprend point sa base, a pour mesure la moitié du produit du périmètre de cette base par la perpendiculaire abaissée du sommet sur un des côtés.

Un *cône droit* a pour mesure le produit de la moitié de la circonférence du cercle à sa base par sa génératrice.

Un *cylindre* a pour mesure la circonférence du cercle de la base par la hauteur.

Une *sphère* a pour mesure le produit de la circonférence d'un grand cercle par son diamètre, ou le carré du diamètre par π, ou 4 fois la surface d'un grand cercle :

$$S = 4 \pi R^2.$$

Une *calotte sphérique*, ou une *zone de sphère* a pour mesure sa hauteur multipliée par la circonférence d'un grand cercle :

$$S = 2 \pi R h.$$

Le *segment de sphère* a pour mesure le produit de la plus grande hauteur par le grand diamètre de la sphère multiplié par π.

La surface latérale du *tronc de cône* est égale à la demi-somme des circonférences des deux bases multipliée par la plus courte distance de ces deux bases.

VOLUMES

Les volumes de la *pyramide* et du *cône* se mesurent en multipliant le produit de la superficie de la base par le tiers de la perpendiculaire qui tombe du sommet sur cette base.

Le volume de la *sphère* est égal à la superficie multipliée par le tiers du rayon, ou à la superficie de son grand cercle multipliée par les deux tiers du diamètre :

$$V = \frac{4 \pi R^3}{3}.$$

Le volume d'un *secteur sphérique* est égal à la superficie du segment sur lequel il s'appuie, multipliée par le tiers du rayon.

Le volume d'un *sphéroïde* est quadruple d'un cône dont la base a pour diamètre le petit axe, et pour hauteur la moitié du grand axe de ce même sphéroïde.

Le volume d'un *tronc de prisme* triangulaire est le même que celui de trois pyramides qui auraient même base que ce prisme et dont les sommets seraient aux extrémités des trois arêtes.

Le volume d'un *tronc de pyramide* dont les deux bases sont parallèles est égal au volume de trois pyramides ayant pour hauteur commune la hauteur du tronc, et pour bases, l'une la base supérieure, l'autre la base inférieure, et la troisième la racine du produit de ces deux bases.

Le volume d'un *anneau* (jante de roue) s'obtient en multipliant par 3,1416 le produit du diamètre moyen par la largeur et par l'épaisseur de l'anneau.

TABLE ALPHABÉTIQUE DES MATIÈRES

TABLE ANALYTIQUE DES MATIÈRES

INTRODUCTION

PAGE 1

CHAPITRE PREMIER

DU FER, DE LA FONTE, DE L'ACIER, DES COMBUSTIBLES

PAGE 1

CHAPITRE II

PLANCHERS EN FER, LINTEAUX, FILETS, POUTRES ORDINAIRES ET ARMÉES

PAGE 27

CHAPITRE III

COLONNES EN FONTE, CONSOLES EN FONTE, MODÈLES, COLONNES EN FER CREUX, PANS DE FER, MONTANTS EN FER COMPOSÉS

PAGE 81

CHAPITRE IV

CHARPENTES EN FER, COMBLES, HANGARS, MARCHÉS COUVERTS

PAGE 97

CHAPITRE V

PASSERELLES ET PETITS PONTS

PAGE 141

CHAPITRE VI

ESCALIERS EN FER

PAGE 161

CHAPITRE VII

CHASSIS DE COUCHE, BACHES, SERRES, JARDINS D'HIVER, CHAUFFAGE, VITRERIE

PAGE 197

CHAPITRE VIII

VOLIÈRES, TONNELLES, KIOSQUES

PAGE 225

CHAPITRE XIV

ÉLÉMENTS GÉOMÉTRIQUES

PAGE 367

TABLE ALPHABÉTIQUE DES MATIÈRES

PAGE 383

Contenant les mots techniques employés en serrurerie et leurs synonymes.

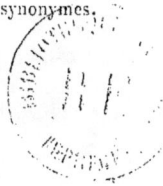

ÉVREUX IMPRIMERIE DE CHARLES HÉRISSEY

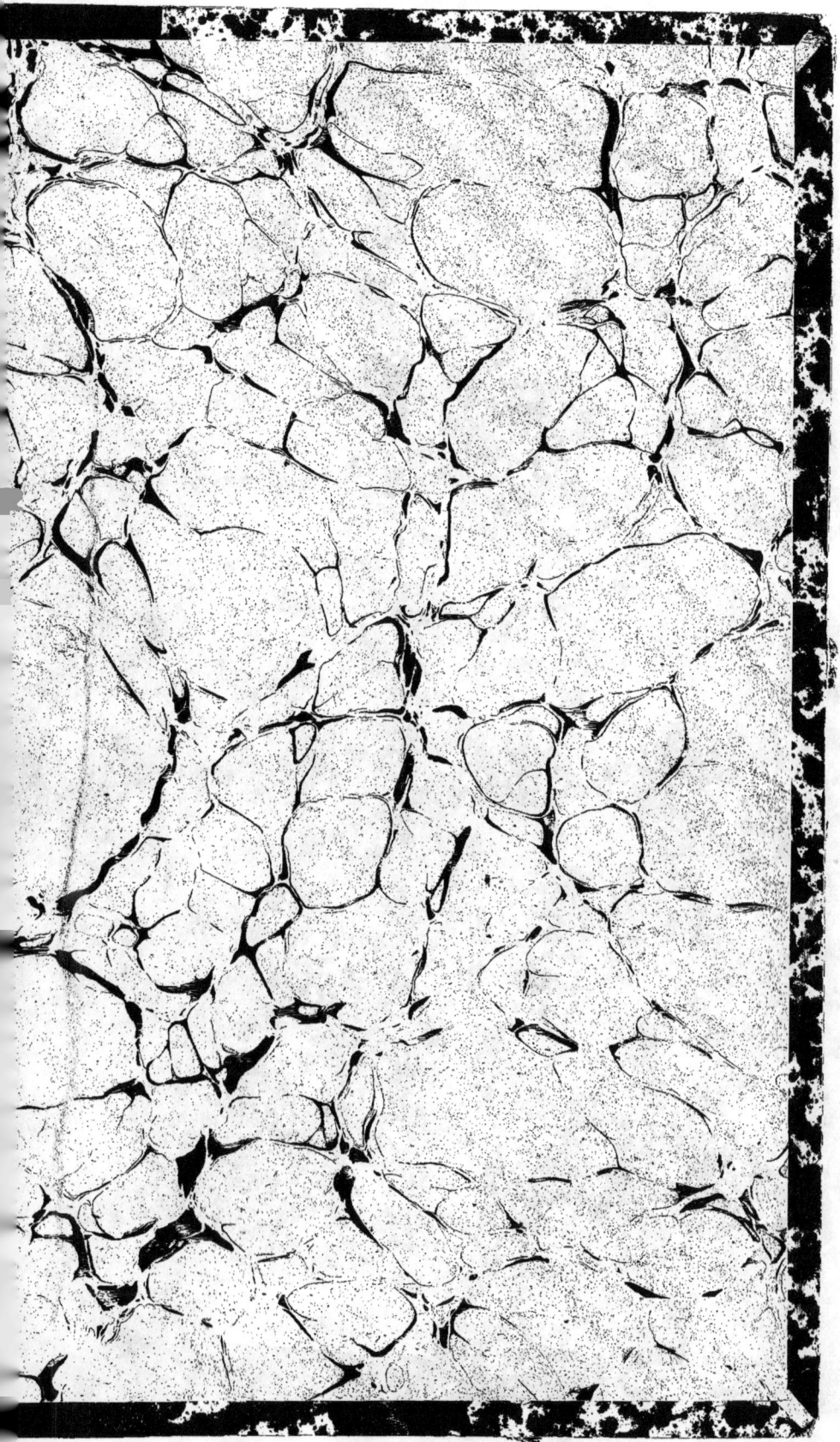

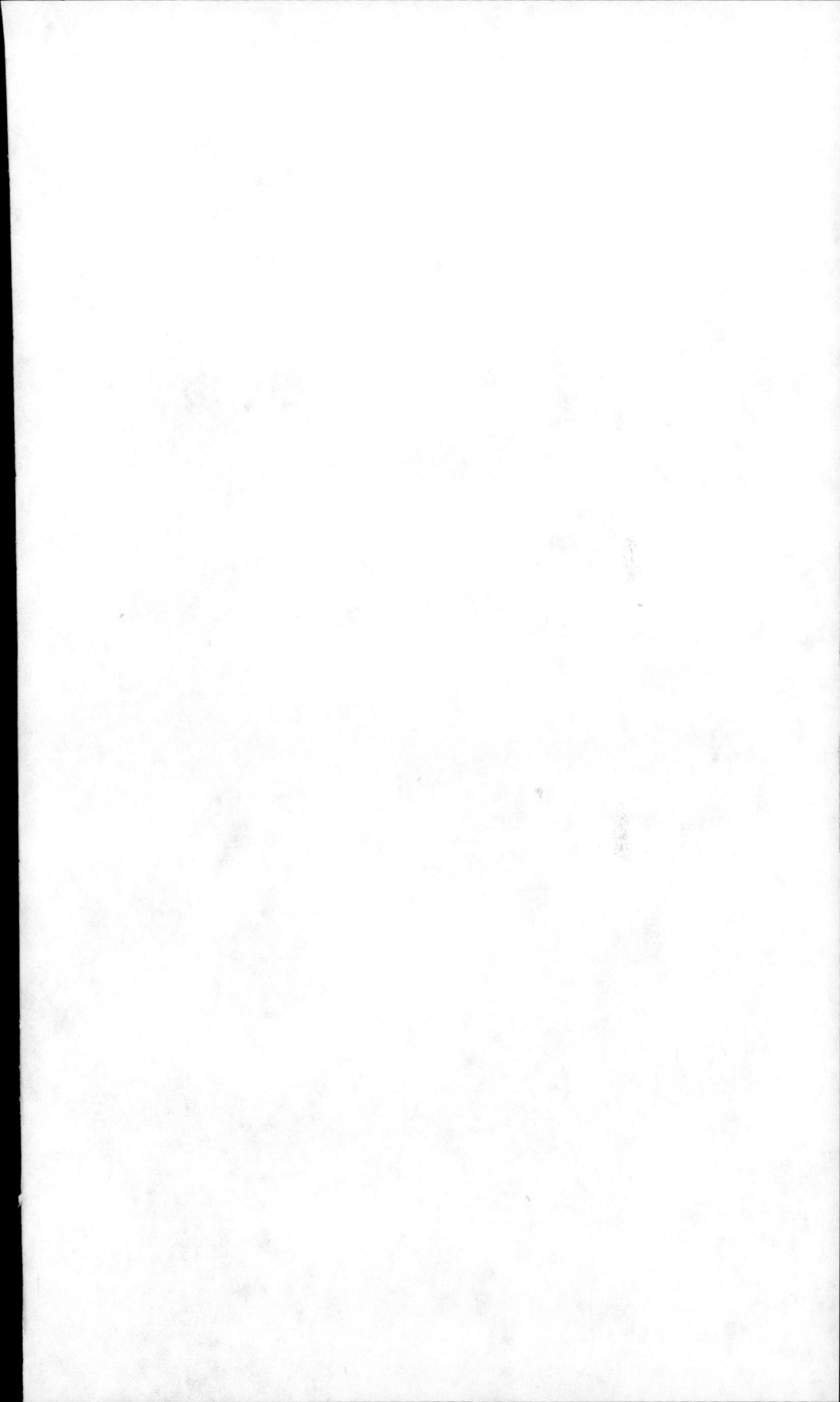

www.ingramcontent.com/pod-product-compliance
Lightning Source LLC
Chambersburg PA
CBHW061001220326
41599CB00023B/3787